本书研究工作获国家自然科学基金重点项目（51038008）资助

总主编 伍 江 副总主编 雷星晖

程 欣 著 陈以一 审

非塑性铰H形截面钢构件分类准则与滞回特性

Cross-section Classification and Hysteretic Behavior of Non-plastic-hinge H-section Steel Beam-columns

内容提要

本书是有关非塑性铰H形截面钢构件分类准则与滞回特性的理论著作，共8章内容，主要阐述了非塑性铰H形截面压弯钢构件承受常轴压力和绕不同主轴或双向反复弯曲的抗震性能，研究了构件的构型、受力条件等参数对非塑性铰截面压弯构件的破坏模式，研究考虑了塑性阶段板件屈曲的相关性对构件抗弯承载影响的截面分类以及对构件滞回特性的影响，建立了反映塑性阶段板件屈曲相关参数的恢复力模型以及极限承载力计算方法，揭示了板件屈曲相关特性和影响因素。

本书适合土木工程及相关专业的专业人士作为参考用，也可供对此有兴趣的人士参考。

图书在版编目(CIP)数据

非塑性铰H形截面钢构件分类准则与滞回特性 / 程欣著. —上海 : 同济大学出版社，2017.8

(同济博士论丛 / 伍江总主编)

ISBN 978-7-5608-7038-0

Ⅰ. ①非… Ⅱ. ①程… Ⅲ. ①建筑结构—钢结构—抗震结构—研究 Ⅳ. ①TU391

中国版本图书馆CIP数据核字(2017)第093903号

非塑性铰H形截面钢构件分类准则与滞回特性

程 欣 著　　陈以一 审

出 品 人　华春荣　　责任编辑　马继兰　熊磊丽

责任校对　徐春莲　　封面设计　陈益平

出版发行　同济大学出版社　　www.tongjipress.com.cn

（地址：上海市四平路1239号　邮编：200092　电话：021-65985622）

经　　销　全国各地新华书店

排版制作　南京展望文化发展有限公司

印　　刷　浙江广育爱多印务有限公司

开　　本　787 mm×1092 mm　1/16

印　　张　15.5

字　　数　310 000

版　　次　2017年8月第1版　2017年8月第1次印刷

书　　号　ISBN 978-7-5608-7038-0

定　　价　93.00元

“同济博士论丛”编写领导小组

"同济博士论丛"编辑委员会

总 序

在同济大学110周年华诞之际，喜闻"同济博士论丛"将正式出版发行，倍感欣慰。记得在100周年校庆时，我曾以《百年同济，大学对社会的承诺》为题作了演讲，如今看到付梓的"同济博士论丛"，我想这就是大学对社会承诺的一种体现。这110部学术著作不仅包含了同济大学近10年100多位优秀博士研究生的学术科研成果，也展现了同济大学围绕国家战略开展学科建设、发展自我特色，向建设世界一流大学的目标迈出的坚实步伐。

坐落于东海之滨的同济大学，历经110年历史风云，承古续今、汇聚东西，秉持"与祖国同行、以科教济世"的理念，发扬自强不息、追求卓越的精神，在复兴中华的征程中同舟共济、砥砺前行，谱写了一幅幅辉煌壮美的篇章。创校至今，同济大学培养了数十万工作在祖国各条战线上的人才，包括人们常提到的贝时璋、李国豪、裘法祖、吴孟超等一批著名教授。正是这些专家学者培养了一代又一代的博士研究生，薪火相传，将同济大学的科学研究和学科建设一步步推向高峰。

大学有其社会责任，她的社会责任就是融入国家的创新体系之中，成为国家创新战略的实践者。党的十八大以来，以习近平同志为核心的党中央高度重视科技创新，对实施创新驱动发展战略作出一系列重大决策部署。党的十八届五中全会把创新发展作为五大发展理念之首，强调创新是引领发展的第一动力，要求充分发挥科技创新在全面创新中的引领作用。要把创新驱动发展作为国家的优先战略，以科技创新为核心带动全面创新，以体制机制改革激发创新活力，以高效率的创新体系支撑高水平的创新型国家建设。作为人才培养和科技创新的重要平台，大学是国家创新体系的重要组成部分。同济大学理当围绕国家战略目标的实现，作出更大的贡献。

大学的根本任务是培养人才，同济大学走出了一条特色鲜明的道路。无论是本科教育、研究生教育，还是这些年摸索总结出的导师制、人才培养特区，“卓越人才培养”的做法取得了很好的成绩。聚焦创新驱动转型发展战略，同济大学推进科研管理体系改革和重大科研基地平台建设。以贯穿人才培养全过程的一流创新创业教育助力创新驱动发展战略，实现创新创业教育的全覆盖，培养具有一流创新力、组织力和行动力的卓越人才。“同济博士论丛”的出版不仅是对同济大学人才培养成果的集中展示，更将进一步推动同济大学围绕国家战略开展学科建设、发展自我特色、明确大学定位、培养创新人才。

面对新形势、新任务、新挑战，我们必须增强忧患意识，扎根中国大地，朝着建设世界一流大学的目标，深化改革，勠力前行！

万　钢

2017 年 5 月

论丛前言

承古续今，汇聚东西，百年同济秉持“与祖国同行、以科教济世”的理念，注重人才培养、科学研究、社会服务、文化传承创新和国际合作交流，自强不息，追求卓越。特别是近20年来，同济大学坚持把论文写在祖国的大地上，各学科都培养了一大批博士优秀人才，发表了数以千计的学术研究论文。这些论文不但反映了同济大学培养人才能力和学术研究的水平，而且也促进了学科的发展和国家的建设。多年来，我一直希望能有机会将我们同济大学的优秀博士论文集中整理，分类出版，让更多的读者获得分享。值此同济大学110周年校庆之际，在学校的支持下，“同济博士论丛”得以顺利出版。

“同济博士论丛”的出版组织工作启动于2016年9月，计划在同济大学110周年校庆之际出版110部同济大学的优秀博士论文。我们在数千篇博士论文中，聚焦于2005—2016年十多年间的优秀博士学位论文430余篇，经各院系征询，导师和博士积极响应并同意，遴选出近170篇，涵盖了同济的大部分学科：土木工程、城乡规划学(含建筑、风景园林)、海洋科学、交通运输工程、车辆工程、环境科学与工程、数学、材料工程、测绘科学与工程、机械工程、计算机科学与技术、医学、工程管理、哲学等。作为“同济博士论丛”出版工程的开端，在校庆之际首批集中出版110余部，其余也将陆续出版。

博士学位论文是反映博士研究生培养质量的重要方面。同济大学一直将立德树人作为根本任务，把培养高素质人才摆在首位，认真探索全面提高博士研究生质量的有效途径和机制。因此，“同济博士论丛”的出版集中展示同济大学博士研究生培养与科研成果，体现对同济大学学术文化的传承。

"同济博士论丛"作为重要的科研文献资源，系统、全面、具体地反映了同济大学各学科专业前沿领域的科研成果和发展状况。它的出版是扩大传播同济科研成果和学术影响力的重要途径。博士论文的研究对象中不少是"国家自然科学基金"等科研基金资助的项目，具有明确的创新性和学术性，具有极高的学术价值，对我国的经济、文化、社会发展具有一定的理论和实践指导意义。

"同济博士论丛"的出版，将会调动同济广大科研人员的积极性，促进多学科学术交流、加速人才的发掘和人才的成长，有助于提高同济在国内外的竞争力，为实现同济大学扎根中国大地，建设世界一流大学的目标愿景做好基础性工作。

虽然同济已经发展成为一所特色鲜明、具有国际影响力的综合性、研究型大学，但与世界一流大学之间仍然存在着一定差距。"同济博士论丛"所反映的学术水平需要不断提高，同时在很短的时间内编辑出版 110 余部著作，必然存在一些不足之处，恳请广大学者，特别是有关专家提出批评，为提高同济人才培养质量和同济的学科建设提供宝贵意见。

最后感谢研究生院、出版社以及各院系的协作与支持。希望"同济博士论丛"能持续出版，并借助新媒体以电子书、知识库等多种方式呈现，以期成为展现同济学术成果、服务社会的一个可持续的出版品牌。为继续扎根中国大地，培育卓越英才，建设世界一流大学服务。

伍　江

2017 年 5 月

前 言

本书将不满足钢结构构件截面分类准则中塑性截面要求的板件组成的构件称为“非塑性铰截面构件”。由于截面较为开展，当单位长度重量一定时，非塑性铰截面钢构件比塑性截面钢构件具有更大的弹性抗弯刚度、屈服弯矩以及弹性整体稳定性，因此具有良好的经济优势，更满足节约资源、降低能耗等可持续发展要求，多用于轻量化低多层钢框架体系中。然而由于板件宽厚比较大，非塑性铰截面钢构件的破坏模式具有板件局部失稳的显著特点，难以充分发展构件的弯曲塑性变形能力，构件的延性与耗能能力较低，因而在需要利用构件塑性耗能能力的抗震设计规定中，受到较大限制。为推广非塑性铰截面钢构件的应用并确保其在地震作用下的安全性，亟需对非塑性铰截面钢构件的抗震性能展开系统研究。本书以非塑性铰H形截面钢构件为主要对象，对其绕不同截面主轴压弯的各项滞回性能展开研究。

首先对各国现行规范的截面分类方法进行了综述，比较了各国规范给出的H形截面宽厚比限值，指出大部分规范没有考虑板件相关作用及不同弯矩方向的影响。又对H形截面构件抗震性能的研究现状进行了综述，包括绕不同截面主轴压弯的平面性能及绕双向压弯的空间性能，总结了现有研究的不足。

随后介绍了15个不同宽厚比及轴压比组配下的大宽厚比H形截面钢构件在定轴压力下分别绕强轴和弱轴滞回压弯的试验，对试验结果包括二阶效应、破坏模式、承载力、延性及耗能能力等进行了全面分析。试验结果表明，近柱底部分构件段的局部屈曲破坏是所有试件的主导破坏模式，板件宽厚比及轴压比的不同会导致构件屈曲模式的差异，进而引起承载力、延性及耗能能力的相异，证实了板件塑性屈曲相关作用的存在。采用有限元软件 Abaqus 建立了 H 形截面悬臂构件单轴压弯的有限元模型，模型考虑了材料非线性、几何非线性、初始缺陷等影响，模型的正确性通过本书试验及相关文献试验结果进行了校核。

基于上述有限元模型进行不同宽厚比及轴压比组配下的 H 形截面钢构件绕不同截面主轴单调压弯的参数，对构件达到承载峰值状态的非线性性能进行了详细分析。研究表明，板件屈曲对应着构件达到承载峰值状态，板件屈曲发生时刻及屈后应力分布形式与相邻板件的宽厚比及应力分布形式相关，在计算极限承载力时应考虑板件宽厚比及轴压比的共同作用。以截面极限状态应力分布特点为基础，提出了考虑板件塑性阶段屈曲相关作用的有效塑性宽度法计算截面的极限抗弯承载力，并以此为基础提出了考虑板件相关作用及弯矩作用方向的Ⅱ、Ⅲ、Ⅳ类截面分类方法。

基于上述有限元模型进行不同宽厚比及轴压比组配下的 H 形截面钢构件绕不同截面主轴滞回压弯的参数，对 H 形构件的滞回性能和破坏机理进行全面的分析。针对压弯构件的受力特点，提出“铰区”模型，得到不计弯矩梯度及构件长度影响的截面层次的弯矩-曲率关系。基于参数分析结果并结合有效塑性宽度法，建立 H 形截面铰区绕不同截面主轴压弯的弯矩-平均曲率恢复力计算模型，该模型考虑了板件宽厚比及轴压比的共同作用，能够准确地模拟出 H 形截面铰区单轴压弯变形全程的各项非线性性能，通过试验分析及有限元计算分析的比较，验证了恢复力模型的可靠性。

为将非塑性铰截面构件引入抗震设计中，针对部分非塑性铰截面构件提出了“屈曲铰”的概念，屈曲铰区是由局部失稳作为控制破坏模式的铰区。研究结果表明，屈曲铰区在屈曲后通过板条以部分部位发展塑性的方式消耗能量，具有一定的耗能能力，但耗能能力低于整个部位均匀发展塑性的无屈曲板条，即不同破坏模式的耗能能力差异的根源在于材料塑性以何种方式发展以及可能发展的程度。通过铰区的恢复力模型，得到不同宽厚比及轴压比组配下的屈曲铰的承载-延性-耗能综合曲线；提出综合考虑承载-延性-耗能的屈曲铰条件，以此为基础，给出屈曲铰用于抗震结构中的宽厚比限值。

本书还针对H形构件双向压弯的受力性能进行理论研究，考察加载方向、加载路径及截面几何构型对构件单调及滞回加载条件下的承载及变形性能的影响，给出基于单轴压弯的有效塑性宽度法的双向压弯极限承载力的相关曲线。

本书最后对全书内容进行了总结并指出进一步的研究方向。

目 录

主要符号和术语

1. 几何参数

b	H 形截面宽度
h	H 形截面高度
b_f	H 形截面翼缘外伸宽度
h_w	H 形截面腹板高度
t_f	H 形截面翼缘厚度
t_w	H 形截面腹板厚度
A	H 形截面面积
A_f	H 形截面翼缘面积，$A_f = 2bt_f$
A_w	H 形截面腹板面积，$A_w = h_w t_w$
W (W_x, W_y)	截面模量(绕强轴方向截面模量,绕弱轴方向截面模量)
I (I_x, I_y)	截面惯性矩(绕强轴方向惯性矩,绕弱轴方向惯性矩)
L	构件高度
L_h	铰区长度
L_{es}	弹性段长度
$\bar{\lambda}$ ($\bar{\lambda}_x$, $\bar{\lambda}_y$)	构件相对长细比(绕强轴相对长细比,绕弱轴相对长细比)
K	构件抗弯刚度，$K = V/\Delta$
K_0	初始弹性刚度，$K_0 = 3EI/L^3$
b_e	翼缘有效宽度
h_e	腹板有效高度
A_e	有效截面面积

2. 材料相关

E	钢材弹性模量

E_h	强化段切线模量
$f_y(f_{yf},f_{yw})$	钢材屈服强度(翼缘屈服强度,腹板屈服强度)
$f_u(f_{uf},f_{uw})$	钢材极限抗拉强度(翼缘极限强度,腹板极限强度)
δ	延伸率
$\sigma\ (\sigma_f,\sigma_w)$	应力(翼缘应力,腹板应力)
ε	应变
ε_y	屈服应变
$\sigma_{cr}(\sigma_{crf},\sigma_{crw})$	弹性屈曲应力(翼缘弹性屈曲应力,腹板弹性屈曲应力)
σ_N	轴压力产生的正应力,$\sigma_N = N/A$
$\sigma_u(\sigma_{uf},\sigma_{uw})$	极限状态应力(极限状态翼缘应力,极限状态腹板应力)
η_σ	强化系数

3. 荷载相关

F	水平千斤顶力
$V\ (V_x,V_y)$	剪力(沿 x 方向水平剪力,沿 y 方向水平剪力)
f	摩擦力
N	轴压力
N_{wcr}	临界轴压力
$M\ (M_x,M_y)$	截面弯矩(绕强轴方向弯矩,绕弱轴方向弯矩)
M_z	扭矩
$M_{ec}(M_{ecx},M_{ecy})$	边缘屈服弯矩(绕强轴方向边缘屈服弯矩,绕弱轴方向边缘屈服弯矩)
$M_{pc}(M_{pcx},M_{pcy})$	全截面塑性弯矩(绕强轴方向全截面塑性弯矩,绕弱轴方向全截面塑性弯矩)
$\bar{M}(\bar{M}_x,\bar{M}_y)$	相对弯矩(绕强轴方向相对弯矩,绕弱轴方向相对弯矩) $\bar{M}=M/M_{ec}$
$\bar{M}_q$	反向加载点相对弯矩

4. 变形相关

Δ	水平侧移
Δ_e	屈服水平侧移
θ	构件弦转角;屈曲铰转角
θ_e	屈服转角
φ	截面曲率

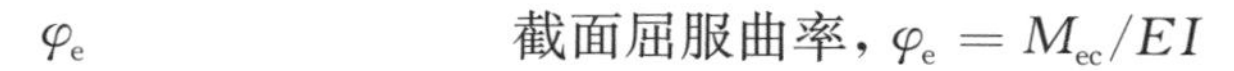

φ_e　截面屈服曲率，$\varphi_e = M_{ec}/EI$

$\bar{\varphi}$　相对曲率，$\bar{\varphi} = \varphi/\varphi_e$

$\bar{\varphi}_q$　反向加载点相对曲率

$u\ (u_x, u_y)$　水平位移(沿 x 方向水平位移,沿 y 方向水平位移)

$u_e(u_{ex}, u_{ey})$　水平屈服位移(沿 x 方向屈服位移,沿 y 方向屈服位移)

w　竖向位移

γ　扭转角

α　双向加载方向角

5. 主要参数定义

r_f　翼缘等效宽厚比，$r_f = b_f/t_f\sqrt{f_{yf}/235}$

r_w　腹板等效宽厚比，$r_w = h_w/t_w\sqrt{f_{yw}/235}$

n　轴压比，$n = \dfrac{N}{A_f f_{yf} + A_w f_{yw}}$

6. 主要性能指标

μ　延性系数

$M_u(M_{ux}, M_{uy})$　极限抗弯承载力(绕强轴,绕弱轴)

$\bar{M}_u(\bar{M}_{ux}, \bar{M}_{uy})$　相对极限抗弯承载力(绕强轴,绕弱轴)

E　总耗能量

E_M　屈曲铰弯曲耗能量

E_N　轴压耗能量

E_{ub}　截面无屈曲总耗能量

ζ_M　弯曲耗能系数，$\zeta_M = E_M/E$

ζ_b　屈曲耗能系数，$\zeta_b = E_M/E_{ub}$

R_S　腹板剪切失稳的翼缘宽厚比上限值

$R_e(R_{ex}, R_{ey})$　截面Ⅲ类截面宽厚比上限值(绕强轴,绕弱轴)

$R_p(R_{px}, R_{py})$　截面Ⅱ类截面宽厚比上限值(绕强轴,绕弱轴)

$\rho(\rho_x, \rho_y)$　板件相关作用系数(绕强轴,绕弱轴) $\rho_{x(y)} = r_f/R_{px(y)}$

R_μ　屈曲铰延性条件宽厚比限值

$R_E(R_{Ex}, R_{Ey})$　屈曲铰能耗条件宽厚比限值(绕强轴,绕弱轴)

第1章 绪论

1.1 研究背景和研究意义

钢材具有可循环使用和重复再生的特性，使得建筑钢结构有利于节能减排，符合可持续发展要求。我国钢产量持续多年位居世界前列，2011 年已达 6.83 亿吨，这为我国建筑钢结构的发展创造了极好的条件[1]。在建筑钢结构中，轻量化钢结构不仅具有普通钢结构的共同优势，而且由于耗材量、加工量、运输量、起重量等的减少进一步凸显了钢结构节材、节能和环境友好的特点。随着我国城镇化的不断发展，近年来轻量化钢结构体系应用于量大面广的住宅建筑中，这在国内已引起高度关注[2,3]。

根据力学性能的不同，在以截面分类为基础的钢结构设计规范中，不同截面类别的构件对应着不同的设计准则[4]。本书将能够形成具有充分转动能力的“塑性铰”的Ⅰ类截面称为“塑性铰截面”，将非Ⅰ类截面统称为“非塑性铰截面”，将“非塑性铰截面”组成的钢构件称为“非塑性铰截面构件”。由于截面较为开展，当单位长度重量一定时，非塑性铰截面钢构件比塑性铰截面钢构件具有更大的抗弯刚度、屈服弯矩以及弹性整体稳定性，因此非塑性铰截面钢构件具有良好的经济优势，可用于轻量化低多层钢框架体系中[5]。但是由于板件宽厚比较大，非塑性铰截面钢构件的破坏模式具有板件局部失稳的显著特点，难以充分发展构件的弯曲塑性变形能力，构件的延性与耗能能力较低，因而在需要利用构件塑性耗能能力的抗震设计规定中，受到较大限制[6]。陈以一[7-11]对非塑性铰 H 形截面构件绕强轴压弯抗震性能的研究显示，非塑性铰截面构件的塑性性能是可以考虑利用的。

然而迄今国内外对非塑性铰截面构件抗震性能的研究还很不足，为确保永久性轻量化钢结构建筑在地震作用下的安全性，对非塑性铰截面钢构件抗震性能的研究刻不容缓。本书以非塑性铰 H 形截面钢构件为主要研究对象，采用试验与理论相结合的方法，研究其绕不同截面主轴单向压弯及双向压弯的各项抗震性能，包括极限承载力、延性、耗能能力等，解决极限承载力、恢复力模型及耗能能力评估方法等基本问题，深入揭示板件屈曲相关作用及非塑性铰截面钢构件耗能机理的基本规律。为非塑性铰截面钢构件抵抗地震作用提供更为合理的设计建议，有效提高其在住宅建筑中的应用效率，为加速我国住宅产业化发展及城镇化建设做出贡献。

1.2 构件截面分类综述

钢结构设计中板件宽厚比是关键参数，板件宽厚比的变化是决定构件有不同性能反应的最重要原因之一。截面分类是将板件宽厚比限值与截面反应类型进行对应的过程，不同的截面类别对应着不同的设计准则，因此截面分类是当代钢结构设计规范的重要基础之一[12,13]。本节详细比较了各国现行钢结构设计规范对截面分类的处理方法及各国规范给出的各类截面宽厚比限值，可为本书提供正确的指导方向。

1.2.1 截面分类定义

为区分构件的塑性变形能力，弯曲、压弯或拉弯构件截面一般可以划分为 4 种类型，不同类别构件的弯矩(M)-转角(θ)关系如图 1-1 所示。Ⅰ类截面达到截面塑性弯矩后可持续保持或超过该承载力直到变形达到期望值，即能够形成具有充分转动能力的“塑性铰截面”，满足 $M_u \geqslant M_{pc}$ 且 $\mu \geqslant \mu_0$；Ⅱ类截面可以达到截面塑性弯矩但塑性变形量较小，只需满足 $M_u \geqslant M_{pc}$；Ⅲ类截面达到边缘屈服弯矩后板件局部失稳，满足 $M_{ec} \leqslant M_u < M_{pc}$；Ⅳ类截面在最大名义应力达到屈服弯矩之前发生局部失稳，即 $M_u < M_{ec}$。其中 M_u 是截面的极限抗弯承载力；M_{pc} 和 M_{ec} 分别是无局部屈曲时考虑

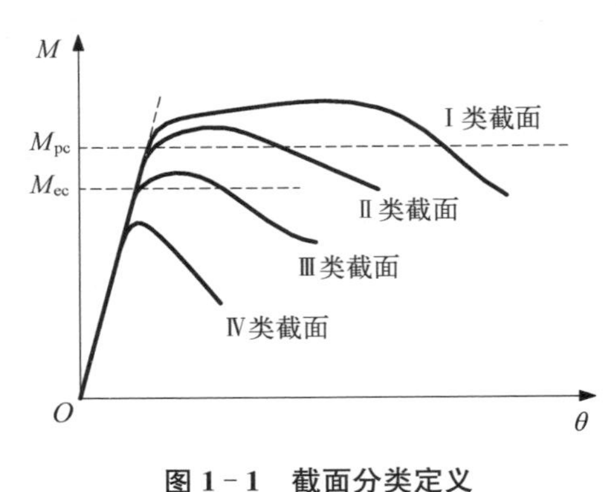

图 1-1 截面分类定义

轴力影响的截面塑性弯矩和边缘屈服弯矩；μ 表征变形能力，μ_0 为变形需求，各规范对 μ 和 μ_0 的定义略有不同(Bild[13])。

不同的截面类别对应着不同的设计准则[7]，Ⅰ类截面构件组成的结构体系可进行塑性设计；Ⅱ类截面构件可利用构件自身的塑性承载力；Ⅲ类截面构件一般采用弹性设计；Ⅳ类截面构件的承载力理论上低于边缘屈服承载力。本书将Ⅱ、Ⅲ、Ⅳ类截面统称为"非塑性铰截面"，将"非塑性铰截面"组成的钢构件称为"非塑性铰截面构件"(1.1节)。

1.2.2　各国规范截面分类方法

1. 欧洲钢结构规范

欧洲钢结构设计规范 EN1993-1-1[4] 定义了四类截面，分别是第一类(Class 1)、第二类(Class 2)、第三类(Class 3)和第四类(Class 4)截面，分别对应着图1-1中Ⅰ、Ⅱ、Ⅲ和Ⅳ类截面。EN1993-1-1在对截面分类时遵循"单一板件规则"，将腹板作为四边简支的单板、翼缘作为三边简支一边自由的单板处理，忽略翼缘和腹板的相关作用。尽管 EN1993-1-1考虑了绕弱轴压弯时翼缘上应力梯度对翼缘分类的影响，但没能明确给出绕弱轴压弯时腹板的分类方法。

欧洲抗震规范 EN1998-1[14] 规定钢构件在地震作用下的截面分类方法与单调情况相同(参照 EN1993-1-1)。进行抗震设计时，根据延性需求选用不同类型的截面，例如对延性要求高的结构采用Ⅰ类截面，对延性要求相对较低选用Ⅱ或Ⅲ类截面[15]。这种截面分类方法容易操作，但没有考虑往复荷载的不利影响。

2. 美国钢结构规范

钢结构设计规范 AISC360-10[16] 定义了三类截面，分别是：紧凑(compact)、半紧凑(non-compact)和薄柔(slender-element)截面，分别对应着图1-1中的Ⅰ、Ⅲ和Ⅳ类截面，其中紧凑截面构件要求翼缘的塑性应变在屈曲前能达到4倍屈服应变[17]。AISC360-10只给出了构件纯压和纯弯状态下截面的分类限值，这是因为压弯构件的设计承载力是通过既定的轴力和弯矩相关曲线得到的，因此只需计算构件纯压和纯弯情况下的承载力。注意到 AISC360-10在对焊接H形截面钢构件受弯情况进行Ⅲ、Ⅳ类截面分类时考虑了板件相关作用，其他情况则遵循单一板件规则。

抗震规范 AISC341-10[18] 中，在满足 AISC360-10规定的前提下，不同的框架结构体系的延性要求不同。例如对普通抗弯框架(Ordinary Moment Frame)没有附加要求;中等抗弯框架(Intermediate Moment Frame)需满足中等延性(Moderately ductile)的要求;特殊抗弯框架(Special Moment Frame)需满足高延性(Highly ductile)的要求。其中,中等延性与高延性的焊接H形截面钢构件宽厚比均属于紧凑的范围内。

3. 日本钢结构规范

由于日本处于环太平洋地震带,地震灾害严重,日本的结构设计规范同时也是抗震设计规范。如图 1-2 所示,日本规范 AIJ[19] 将截面分为 4 类,其中 P-Ⅰ-1,P-Ⅰ-2,P-Ⅱ和 P-Ⅲ截面分别对应着图 1-1 中的Ⅰ、Ⅱ、Ⅲ和Ⅳ类截面。AIJ 在截面分类时对所有类别的截面均考虑了翼缘-腹板相关作用,其相关准则主要是基于[20,21]的研究结果。然而日本规范只考虑绕强轴弯曲情况,忽略了绕弱轴弯曲的情况。

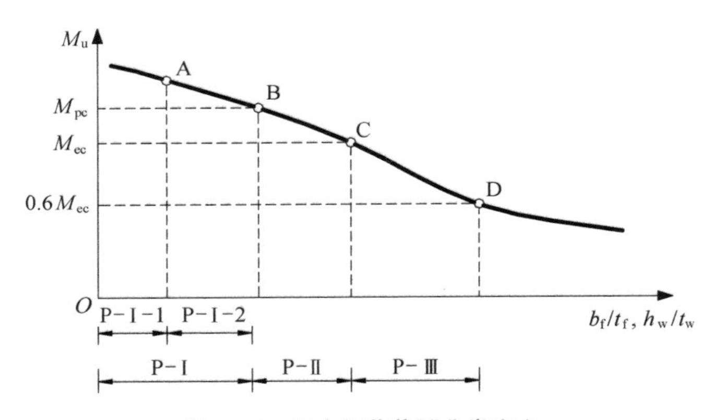

图 1-2 日本规范截面分类定义

4. 中国钢结构规范

虽然中国规范没有直接给出截面分类的概念,但根据钢结构设计规范 GB 50017[22] 和抗震设计规范 GB 50011[6] 的设计准则可以推得相关截面类别的限值。例如对一般结构(除满足塑性设计的低多层框架),GB 500017 要求构件满足弹性设计的原则,不允许板件发生弹性局部失稳,限制了Ⅳ类截面的应用,即给出了Ⅲ、Ⅳ类截面的界限值。而 GB 50011 要求构件在地震作用下需满足Ⅰ类截面的要求,即给出了Ⅰ类截面和Ⅱ类截面的界限值(表 1-1)。以此得到的截面分类方法遵循着“单一板件准则”,且只考虑了构件绕强轴弯曲的情况。

表 1-1　GB 50011—2010 Ⅰ类截面宽厚比上限值

板件类型		一　级	二　级	三　级	四　级
柱	r_f	10	11	12	13
	r_w	43	45	48	52
梁	r_f	9	9	10	11
	r_w	$72-120n\leqslant 60$	$72-100n\leqslant 65$	$80-110n\leqslant 70$	$85-120n\leqslant 75$

5. 各国规范宽厚比限值比较

表 1-2 总结了各国规范对 H 形压弯钢构件截面分类的限值(AISC360-10 只给出了纯弯的截面分类限值)。纯弯和纯压作为压弯的特殊情况,宽厚比限值可分别通过令 $n=0$ 和 1 得到。介于各国规范中板件宽厚比的表达形式不同,本书定义了考虑屈服强度的翼缘和腹板宽厚比指标 r_f 和 r_w,其中:$r_f=(b_f/t_f)\sqrt{f_{yf}/235}$,$r_w=(h_w/t_w)\sqrt{f_{yw}/235}$。

表 1-2　各国规范截面分类宽厚比上限值

规　范	r_f/r_w	Ⅰ截面	Ⅱ类截面	Ⅲ类截面
EC3 (EN1993-1-1[4])	r_f	9	10	$21\sqrt{k_\sigma}$ $k_\sigma=0.57-0.21\psi+0.07\psi^2$
	r_w	$\dfrac{396}{13\alpha-1}$	$\dfrac{456}{13\alpha-1}$	$\dfrac{2\,100}{33n+17}$
AIJ[19]	r_f/r_w	$\left(\dfrac{r_f}{14.3}\right)^2+\left(\dfrac{r_w}{46.3/\alpha}\right)^2=1$	$\left(\dfrac{r_f}{17.6}\right)^2+\left(\dfrac{r_w}{56.7/\alpha}\right)^2=1$	$\left(\dfrac{r_f}{20.9}\right)^2+\left(\dfrac{r_w}{67.8/\alpha}\right)^2=1$
AISC360-10[16] (纯弯)	r_f	11		$r_f\sqrt[4]{r_w}\leqslant 66.3\sqrt[8]{f_{yw}/235}$, $27.5\sqrt{f_{yw}/235}\leqslant r_w\leqslant 167$
	r_w	110		
GB 50017[22] GB 50011[6]	r_f	表 1-1		15
	r_w			$84.8-96n$,$n<0.2$ $72-32n$,$0.2\leqslant n\leqslant 1$

注:α 为腹板上压应力的作用范围,当 $n<\dfrac{A_w}{A}$ 时,$\alpha=0.5\left(1+n\dfrac{A}{A_w}\right)$;当 $\dfrac{A_w}{A}\leqslant n\leqslant 1$ 时,$\alpha=1$;A_w 为腹板面积;A 为截面面积;纯弯时 $n=0$,$\alpha=0.5$;纯压时 $n=1$,$\alpha=1$;ψ 为应力梯度(见 EN1993-1-5[23])。

图 1-3(a)、(b)分别显示了 $A_w/A=0.5$ 的截面，n 分别取 0 和 0.5 时，各国规范对 H 形截面绕强轴弯曲的截面分类规律，可以看到各规范截面分类限值差异明显。

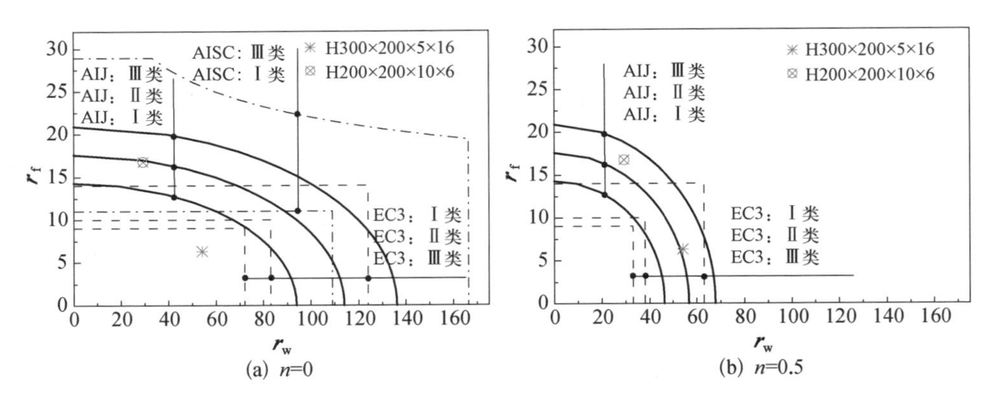

图 1-3　H 形截面构件绕强弯曲或压弯截面分类图

以 Q235B 钢的 H 形截面构件 H300×200×5×16($r_f=6.25$，$r_w=53.6$)和 H300×200×10×6($r_f=16.67$，$r_w=28.8$)为例，各国规范的分类结果列于表 1-3 中，可以看到一个相同截面，根据不同的规范可以属于不同的截面类别。

表 1-3　H300×200×5×16 和 H300×200×10×6 分类结果

n	H300×200×5×16				H300×200×10×6			
	GB	AISC	EC3	AIJ	GB	AISC	EC3	AIJ
$n=0$	Ⅰ	Ⅰ	Ⅰ	Ⅰ	Ⅳ	Ⅲ	Ⅳ	Ⅱ
$n=0.5$	Ⅲ	—	Ⅲ	Ⅲ	Ⅳ	—	Ⅳ	Ⅲ

1.2.3　各国规范截面分类的不足之处

各国钢结构设计规范基于大量研究，根据板件的宽厚比都已确定了构件在塑性设计和抗震设计中的分类，但主流方法是“单一板件规则”(除少数仅限于弹性屈曲状态的薄壁构件外一般未考虑同一构件中板件宽厚比组配对构件性能的影响)、“单纯几何规则”(难以将有重要影响的应力水平计入其中)、“单调性能规则”(未联系滞回耗能特性进行分类)。

1. 单一板件准则

除 AIJ 外，大部分规范都遵从单一板件规则，即将腹板作为四边简支的单板、翼缘为三边简支一边自由的单板处理，忽略了翼缘和腹板的相关作用，截面类别由最不利的板件宽厚比与规范规定的板件宽厚比限值比较得到。对于构件来说，它是由各个板件组成为一个整体的，当一个板件发生失稳变形后，必然牵动和它连接的其他板件。因此，构件的稳定性不能就一个板件去孤立地分析，而应当考虑其他板件对它的约束作用，这就是组成钢构件的板件相关屈曲[24]。根据“单一板件准则”，在达到极限承载力时，有些板件处于弹性状态，而有些则已进入了塑性，有些板件具有良好的变形能力而有些则较差。因现实截面的腹板与翼缘存在着相互支撑的作用，考虑板件间塑性相关屈曲作用更加符合板件的真实受力性能，也适应构件轻量化、薄柔化的趋势。

2. 单纯几何规则

不同轴压比水平和绕不同截面主轴弯曲均会导致不同的应力分布形式，并对应着不同的构件性能。例如图 1－4 显示了 H 形截面钢构件分别绕强轴和弱轴压弯时应力分布形式的显著不同，说明将基于强轴弯曲受力状态得到的板件宽厚比限值直接用于绕弱轴弯曲的受力状态是有问题的。然而目前大部分规范在进行截面分类时没能考虑各种受力状态下的应力分布形式不同对构件性能的影响。

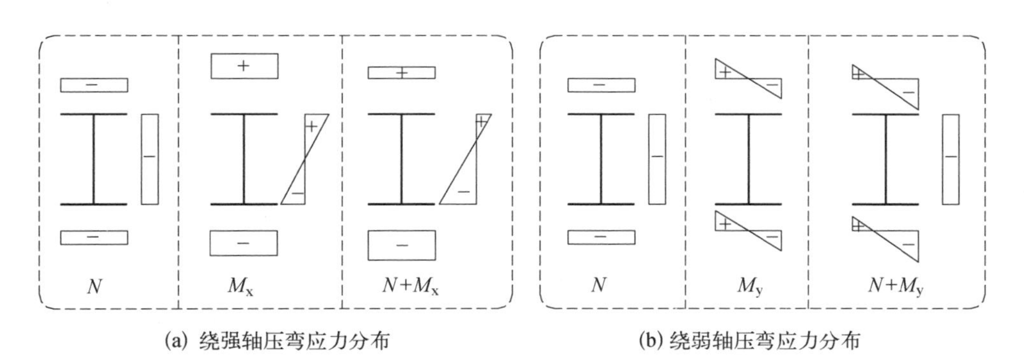

(a) 绕强轴压弯应力分布　　(b) 绕弱轴压弯应力分布

图 1－4　绕不同主轴弯曲弹性状态应力分布形式

表 1－4 总结了各国规范截面分类时所包括的受力情况，发现除欧洲规范其他所有规范均没考虑绕弱轴压弯的情况。

3. 单调性能规则

尽管各国抗震规范的截面分类方法不尽相同，但是大部分抗震规范均没考虑往复荷载对截面分类的影响。例如 EN1998－1 和 AIJ 都将按单调荷载决定的截面分类限值直接用于抗震设计中；GB 50011 只允许采用 I 类截面。

表1-4 各国规范有无考虑强弱轴弯曲情况

规范	绕强轴弯曲			绕弱轴弯曲	
	纯弯		压弯	纯弯	压弯
EC3	腹板	√	√	—	—
	翼缘	√	√	√	√
AIJ	√		√	—	—
AISC 360	√		—	—	—
GB	√		√	—	—

注：√表示考虑的情况；—表示没考虑的情况。

1.3 H形截面钢构件抗震性能研究综述

本节对长细比较小的由局部失稳控制的各类H形截面钢构件绕不同方向(包括绕强轴、绕弱轴以及双向)压弯的研究进行了整理与总结，考察了该类构件在单调加载与往复加载条件下的各项非线性性能，包括承载力、塑性变形能力及耗能能力等的研究，并对现有研究的不足进行了总结。在以往的研究中通常只重视弹性阶段的屈曲相关性，除了少数用于薄壁构件弹性屈曲外，一般都未考虑板件组配对屈曲承载力的影响，而只是采用一个统一的约束系数来考虑相邻板件的支撑作用，对于弹塑性阶段板件相关作用的研究更是少见。因此在进行文献整理时，除关注钢构件压弯性能，还特别关注了板件的塑性相关作用。

1.3.1 H形截面钢构件绕强轴压弯研究

1. 单调性能

单调荷载作用下的构件性能是研究构件滞回性能的基础，影响构件静力承载能力和塑性变形能力的板件局部屈曲特性也是影响构件耗能能力的关键因素。而研究构件滞回耗能机制，必须先解决单调荷载下塑性阶段板件屈曲相关的理论和方法。

Kato[20,21]提出了基于板件屈曲相关的板组效应的截面分类方法，并被日本设计规范采用，取得了有意义的突破。关键在于得到考虑翼缘-腹板相关作用的屈曲应力 σ_{cr} 的表达式，通过建立屈曲应力与转动能力的关系，得到与翼缘-腹板宽厚比相关的转动能力的表达式，从而得到翼缘-腹板相关的截面分类表达式。然而作为关键参数的屈曲应力 σ_{cr} 的表达式是从68根Ⅰ类H形截面轴压短柱试验回归得到的，将其用于受弯的情况不一定合适，故后续有很多研究致力于改进 σ_{cr} 的表达式，以便得到更准确的截面分类限值。例如，Kuhlmann[25]完成了24根不同翼缘-腹板宽厚比组配的H形截面梁的试验研究，研究结果显示翼缘和腹板的相互约束作用受彼此的板件宽厚比决定，这种相关作用对中等宽厚比的翼缘更为明显。Daali[26]基于Kuhlmann[25]的试验结果，将Kato[21]屈曲应力表达式中的腹板高度项修改成考虑腹板应力梯度作用的等效腹板高度。Gioncu[27-29]在Kato[21]屈曲应力表达式的基础上增加了考虑弯矩梯度和材料强度的系数以及有地震作用时考虑地震不利作用的折减系数，进行了截面分类，并建立了基于塑性绞线法的构件转动能力计算程序。

Bradford[30]得到了翼缘宽厚比分别为6、7和8的H形截面梁的极限抗弯承载力 M_u，将 M_u 与 M_{pc} 和 M_{ec} 比较，分别得到这三种翼缘宽厚比隶属于Ⅱ类和Ⅲ类截面的腹板宽厚比限值，可以看到腹板宽厚比限值随着翼缘宽厚比的增加而降低，体现了板件相关的分类理念。与之类似，Beg[31]得到了用翼缘和腹板宽厚比表示的极限承载力表达式，进而得到了翼缘和腹板相关的Ⅲ类截面上限值，结果表明对于腹板较厚实的Ⅲ类截面，可以采用比EN1993-1-1规定的限值更为薄柔的翼缘。Salem[32]提出了考虑翼缘-腹板相关作用的相关曲线。

Hasham[33,34]研究了H形压弯构件在不同轴压比作用下的抗弯承载力。轴压力和抗弯承载力的相关曲线如图1-5所示，其中S1(H366×105×5×8)和S2(H260×175×5×5)为试验得到的结果(Hasham[33])，7.5-section(H260×175×11×7.5)和10-section(H260×175×14.5×10)为有限元计算结果(Hasham[34])，M_p 为不考虑轴力作用的塑性弯矩。可以看到翼缘腹板之间存在着显著的相关性(相同轴压比作用下承载力随着板件宽厚比的增加而减小)，同时还显示这种相关性与轴压比大小相关(相关曲线的形状与轴压比大小相关)。陈以一[9]和周江[35]分别进行了一组大宽厚

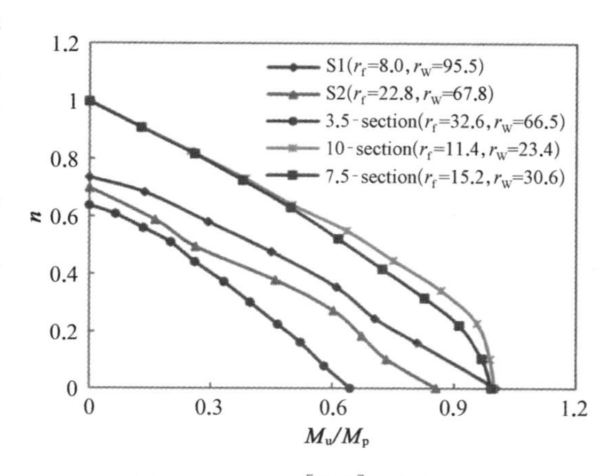

图1-5 Hasham[33,34]计算结果

比 H 形截面钢构件在常轴压力下绕强轴弯曲的试验研究，结果显示非塑性铰截面钢构件在达到极限状态时局部屈曲发生较早，塑性发展有限，极限后承载力发生退化，但仍有一定的延性和耗能能力。

以上关于 H 形截面钢构件绕强轴单调压弯非线性性能研究的表明了翼缘-腹板相关作用的存在，该相关作用对极限承载力和变形能力有影响，且板件相关作用的影响程度与轴压比大小有关。因此正确的截面分类方法应考虑翼缘-腹板的相关作用，并考虑不同的加载方式的影响。

2. 滞回性能

H 形截面钢构件常在地震设防地区用作抗弯刚架的抗侧力构件，当长细比较小或适中时(整体屈曲不起控制作用)，局部屈曲和屈后性能将主导结构直至完全破坏。与单调加载相比，H 形截面钢构件受到往复荷载作用时，由于塑性变形的累积，局部屈曲的发生会提前，屈曲后性能会伴随着更为严重的承载力和延性的退化[36]。Goto[37]也指出塑性局部屈曲对结构抗震性能有不利影响，尤其是对板壳结构更为明显。

日本的 Nakashima 教授对Ⅰ类 H 形截面钢构件的单调和滞回性能进行了试验、理论及统计分析研究。Nakashima[38,39]对一系列宽翼缘 H 形截面钢构件实施了常轴压力和单调增长的端弯矩或水平力的加载试验，考察了轴压比和长细比对试件抗弯承载力和变形能力的影响。研究结果表明，长细比和轴压比越小构件受整体弯扭失稳的影响越小；对长细比较小的试件，构件几乎不会受到整体弯扭失稳的影响。Nakashima[40,41]统计了 237 个已完成的 H 形截面压弯钢试件的极限承载力和延性，其中绝大部分试件属于Ⅰ类截面，统计结果显示试件极限承载力离散型较小，平均值为全截面塑性弯矩的 116%；而延性的离散型较大，并建议将 $n\sqrt{\lambda}$ 作为计算延性的参数之一。Nakashima[42,43]对 H 形截面钢梁进行了滞回试验和理论研究，研究结果显示加载路径对钢梁的滞回性能有较大影响，随着累积塑性的增加构件在循环荷载作用下的转动能力要低于单调荷载作用的情况；超大变形范围(最大转角达到 0.5 rad)的循环加载与大变形范围(最大转角达到 0.05 rad)的循环加载性能差异显著。Nakashima[44]对 H 形截面钢梁进行有限元参数分析，回归得到了与翼缘-腹板宽厚比均相关的转动能力表达式，得到了不同目标转角下的翼缘-腹板宽厚比限值，并提出了考虑翼缘-腹板屈曲相关作用的截面分类方法。

Lee[36]指出翼缘和腹板宽厚比以及轴压比是影响构件滞回性能的主要因素，Elghazouli[15]指出局部屈曲的发生受截面板件宽厚比的影响也受加载历史的影响。Hsu[45]和 Newell[46]研究了轴压比的影响。Hsu[45]通过对相同尺寸的梁柱构件进行不同轴压比(n=0、0.05、0.1、0.15)的滞回加载试验，结果显示当轴压比较小时，轴压比的增加会加速承载力的退化和破坏区域的扩散。Newell[46]通过相似的研究方法，研究了轴压比较大时的情况(n=0.35、0.55、0.75)，也得到了相似的结果，Newell[46]的研究结果还显示相同轴压比作用下，随着腹板宽厚比的减小，提供给翼缘的约束作用越强，推迟翼缘的局部屈曲的发生，试件的转动能力也更强，从而证明了翼缘-腹板的相关作用的存在。

同济大学钢与轻型结构研究室对非塑性铰截面钢构件的抗震性能进行了深入研究。陈以一[47]编制了弹塑性多弹簧模型的有限元程序，该模型能够较好地模拟塑性铰 H 形截面钢构件及其组成的钢框架的非线性性能。周锋[48]和赵静[49]分别对宽肢薄腹 H 形截面钢柱和大宽厚比的高频焊接 H 钢柱进行了常轴压力下的滞回压弯加载试验，试件的宽厚比超出了中国抗震规范[6]关于宽厚比限值的规定。试验结果表明：在一般低多层框架结构的长细比范围内，翼缘和腹板板件宽厚比的组合和轴压比是决定非塑性铰 H 形截面钢构件单调和滞回性能的关键因素；轴压比对构件滞回性能影响很大，甚至对破坏模式起控制作用；非塑性铰截面构件仍然可以作为耗能构件出现在抗震设计中。陈以一[9]综合已有试验和数值分析结果，提出了非塑性铰截面钢构件应用于抗震结构中的设计原则，即同时考虑构件的承载力和延性的要求，如果具有某个板件宽厚比组合的构件能同时满足这两个规定，则认为该构件在抗震结构中是适用的，根据这个原则，通过反复荷载下的数值分析提出了翼缘宽厚比-腹板宽厚比-构件轴压比三因素关联的容许范围的设计建议。在非塑性铰截面构件钢框架方面，吴香香[50]进行了两个空间足尺的非塑性铰截面构件钢框架的滞回加载试验，两个框架的梁柱构件宽厚比和轴压比有所不同；徐勇[51]进行了一榀非塑性铰截面构件门式刚架的滞回加载试验。试验结果表明，非塑性铰截面构件钢框架最终的破坏模式为构件的屈曲破坏；屈曲破坏导致非塑性铰截面构件钢框架的延性和耗能能力低于普通的塑性铰截面构件钢框架；构件的宽厚比和轴压比对非塑性铰截面构件钢框架的抗震性能有较大的影响；由于屈曲破坏机制的发展具有时序特征，单个构件退化时整体框架依然能体现强化的特性；当构件截面宽厚比和轴压比限于一定范围内时，就能保证框架具有一定的延性。

Calderoni[52]对一组冷弯成型的Ⅳ类截面钢梁分别进行了单调和滞回的加载试验，试验结果显示局部屈曲是主要的破坏机制，由于板件宽厚比过大，屈曲后承载力退化严重，延性很低。进一步证明了对非塑性铰截面钢构件用于抗震设防地区进行延性要求的必要性。

1.3.2 H 形截面钢构件绕弱轴压弯研究

目前国内外关于 H 形截面钢构件的研究主要集中在绕强轴压弯的情况，而对于 H 形截面构件绕弱轴压弯的研究非常有限。由于地震作用方向的任意性，绕弱轴压弯的情况有可能成为框架梁柱构件破坏的主导作用，为了保证结构的安全性，有必要研究构件绕弱轴压弯的性能。

Bradford[53]通过有限条带法得到了各种应力条件及宽厚比组配下的屈曲应力，比较结果显示板件的屈曲应力依赖于相邻板件的宽厚比，证明了板组相关性的存在。Seif[54]的研究也得到了相同的结论，且进一步证明了板组相关性的影响。Kim[55]和 Zubydan[56]的研究结果显示 AISC360 塑性承载力曲线对绕弱轴弯曲的情况而言过于保守。Lindner[57]提供了一组 I 形截面构件绕弱轴弯曲的试验结果，并给出了应力发展图；Chick[58,59]对一个相同尺寸的 H 形截面构件进行了不同轴压力水平下绕弱轴压弯的试验；两组试件的截面均属于Ⅳ类截面，试验结果显示规范中针对Ⅳ类截面的有效弹性宽度法过于保守地估计了截面的实际承载力，主要原因在于大部分规范将绕强轴弯曲的情况直接套用于绕弱轴弯曲的情况，忽略了两者之间应力分布的显著差异。意识到这个问题，Bambach[60-63]针对不同宽厚比的三边简支一边自由的单板进行了不同应力梯度作用下的加载试验，以考察 H 形截面翼缘的非线性反应；Bambach[64]在试验研究的基础上，提出了有效塑性宽度法计算截面抗弯承载力。Bambach 的研究考虑了不同应力梯度对板件非线性行为的影响，即考虑了轴压比的影响，但翼缘始终处理成三边简支一边自由的板件，也即没有考虑翼缘-腹板的相关作用。

1.3.3 框架梁柱构件双向压弯研究

目前关于 H 形截面钢构件双向压弯的研究较为有限，因此本节在进行文献整理时，将范围拓展至框架的梁柱构件双向压弯的情况，而不仅限于 H 形截面构件。

1. *研究钢构件双向压弯滞回性能的必要性*

作为结构抗震理论和设计的重要组成部分，多维地震作用的研究和相应抗震设计方法的不断完善是目前世界各国重点研究的课题之一[65]。建筑结构是一个空间实体，在多维地震作用下是复杂的空间反应。地震动的多维本质和建筑结构的多维反应特征是研究结构双向特性的最根本原因[66]。多维地震作用下，结构的抗侧力构件会受到轴力、双向水平剪力、双向弯矩和扭矩的作用（图1-6），如此复杂的受力状态必然导致复杂的结构反应。为研究地震动作用下结构的破坏机制，正确评估结构的安全性，需考虑多维地震动作用下结构和构件的非弹性动力性能。从结构多维抗震设计的角度看，考虑双向水平地震作用比仅考虑单向水平地震作用更能体现结构的真实地震反应状况。

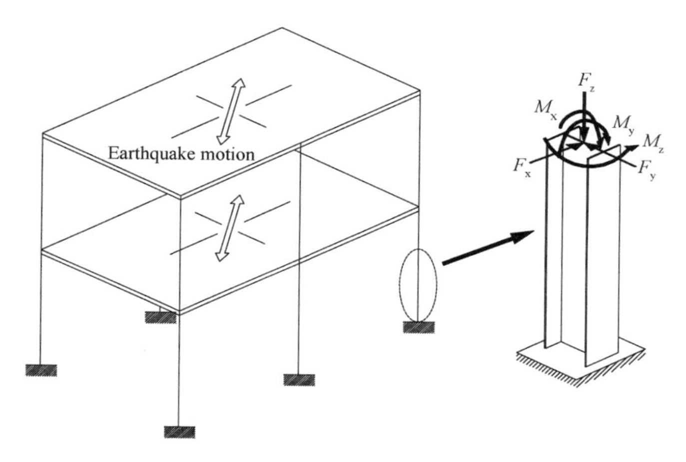

图1-6 建筑结构的多维反应

构件双向弯曲之间存在相互影响关系，具体体现为结构或构件一个主轴方向发生屈服或屈曲的同时会降低另一主轴方向的强度和刚度，也就是说双向水平地震作用下，两主轴方向存在强度、刚度及塑性变形能力的相互影响，这些相互作用将使结构的反应增大。该作用在结构进入非线性后影响显著，当有轴压力作用时，相互作用影响将更为显著，该结果既源于试验室的研究也源于地震后现场的调查[66-68]。因此构件双向压弯滞回性能与单向压弯滞回性能有着显著差别，若只按单向地震作用设计将有可能导致结构的不安全[69]。

然而，由于双向水平地震作用研究的复杂性，目前国内外对结构或构件双向作用的试验及理论研究都很匮乏，没有适用的滞回模型，阻碍了工程应用中正确考虑双向水平地震作用。现有的试验和计算模型多局限于构件单向性能，当涉及双向水平地震作用时，往往在单轴作用的模型上进行简单地扩展，没能充分考虑双向水平力及轴力的相关影响及其他因素的影响。为了得到双向水平地震作用下合理的实用化设计方法，进行构件在双向水平地震作用下抗震性能研究是非常必要的。

综上，为了得到合理的双向水平地震作用下的实用设计方法，进行构件在双向水平地震作用下试验研究、理论研究和精细化模型研究是非常关键和必要的。

2. 钢构件双向压弯单调性能的研究现状

目前关于 H 形截面构件双向性能的研究主要集中在双向偏心受压产生的双向压弯加载条件下的单调性能的研究。

对于塑性铰 H 形截面构件，即局部失稳不是主导破坏模态的情况，Birnstiel[70,71]和 Sharma[72]对其承受双向偏心竖向力的加载情况进行了试验及理论研究，并编制了有限元计算程序，研究结果显示强轴方向的偏心对极限承载力影响显著。Baptista[73]从截面应力分布入手，得到了不考虑局部屈曲的弹性及全截面塑性铰截面承载力，只考虑了截面几何组成形式、轴压比及加载方向的影响，但没有考虑扭矩的影响，也没有考虑加载路径的影响。

对于非塑性铰 H 形截面，即局部失稳为主导破坏模态的情况，Bradford[74]采用有限条带法求得各种荷载组配下的局部屈曲应力；Salem[75,76]进行了不同翼缘腹板宽厚比组配及不同偏心率的 H 形截面柱双向偏心受压试验研究，试验结果显示随着偏心率的增加极限后退化越严重，提出了承载力计算的相关曲线，并推广至楔形 H 形截面柱构件中[77]。

3. 构件双向压弯滞回性能的研究现状

构件在双向压弯滞回荷载作用下，不同的加载路径对构件性能有较大影响，其中常见的加载路径如图 1－7 所示。Bousias[67]对相同尺寸的悬臂方形混凝土柱进行了轴压力和双向滞回水平荷载的试验研究，共考察了 11 种可能加载路径，试验结果证实了加载路径对构件性能有较大影响，两主轴方向的承载力和刚度存在较强的耦合作用，轴压力对这种耦合作用有影响。Qiu[68]和 Chao[78]进行了相似的研究，对同一尺寸的悬臂混凝土柱进行了不同加载路径的试验，研究显示直线型加载路径对所选试件为最不利加载路径；Chao[78]在已有试验基础上，建立了混凝土柱在双向荷载作用下的纤维单元恢复力模型。Watanabe[79]和 Guerrero[80]进行了方钢管在双向弯矩作用下的滞回试验，主要考察了局部屈曲

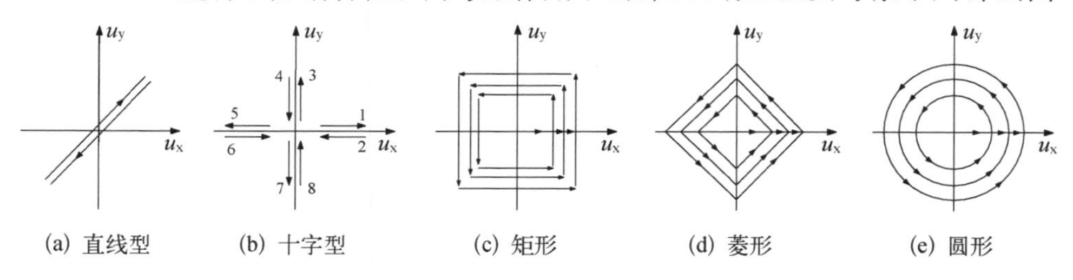

(a) 直线型　(b) 十字型　(c) 矩形　(d) 菱形　(e) 圆形

图 1－7　双向滞回加载的可能加载路径

对构件极限承载力的影响，同样考察了加载路径的影响，结果显示矩形加载方式将导致最低的耗能量，而直线型加载将导致最明显的承载力退化现象。Goto[81]提出了一套较为精准的3D加载体系和测量体系，进行了圆钢管常轴压力下的空间性能试验，采用是圆形加载的路径，分别完成了循环1圈和3圈的试验；Goto[82,83]利用这套装置进行了相应的拟动力试验。聂桂波[84,85]设计并开展了圆钢管空间滞回试验，考虑了构件长细比及加载路径的影响，并基于试验结果提出了考虑损伤的多维材料模型。Li[86]提供了一组相同尺寸H形截面在3种不同加载路径下的滞回加载试验结果，并提出了考虑损伤的滞回模型。

除了加载路径，加载方向对构件双向性能也有较大影响，尤其是当两主轴方向性能不一致时，即存在强弱轴的构件。Zeris[66]的研究重点之一为弱轴方向抗弯承载力是强轴抗弯承载力40%的矩形混凝土构件在不同的“方向角α”(图1-8)作用下混凝土柱的空间性能，可以看到构件在双向荷载作用下承载力和刚度都有一定的退化；α的变化对弱轴方向极限承载力影响更为明显，对强轴的方向极限承载力影响较小，说明强弱轴抗弯承载力之比是影响构件双向滞回性能的重要参数之一，Guerrero[80]对方向角的研究也得到了相同的结论。Hsu[87]进行了钢骨混凝土柱在双向荷载作用下的试验研究，表明强弱轴抗弯承载力之比对构件双向性能影响较大，这种影响随着强弱轴弯矩之比的增大而增大，原因是强轴抗弯承载力过强的情况会导致弱轴很早就出现破坏，进而影响强轴方向的承载及能量耗散能力。

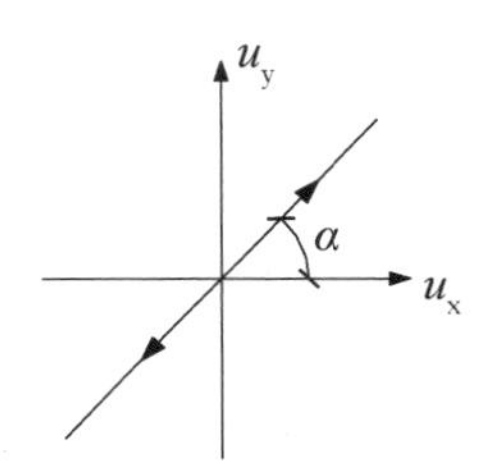

图1-8 双向加载方向角定义

1.3.4 研究不足之处

以上各节对H形截面钢构件绕不同截面主轴弯曲或压弯及双向压弯性能的研究进行了详细的整理。可以看到对H形截面钢构件绕强轴方向压弯的情况，目前国内外对各类H形截面钢构件的单调性能及塑性铰H形截面构件的滞回性能的研究较为充分；同济大学钢与轻型结构研究室对非塑性铰H形截面钢构件的滞回性能进行了深入的研究，为本书提供了重要的试验及理论基础，但已有研究的宽厚比范围有限，对板件塑性阶段屈曲相关行为及对屈曲构件的耗能机制等的研究还不足。而国内外各类H形截面钢构件绕弱轴及双向压弯的单调及滞回性能都非常有限。

已有研究结果表明板件之间存在相关作用，当有轴压力作用时相关作用变

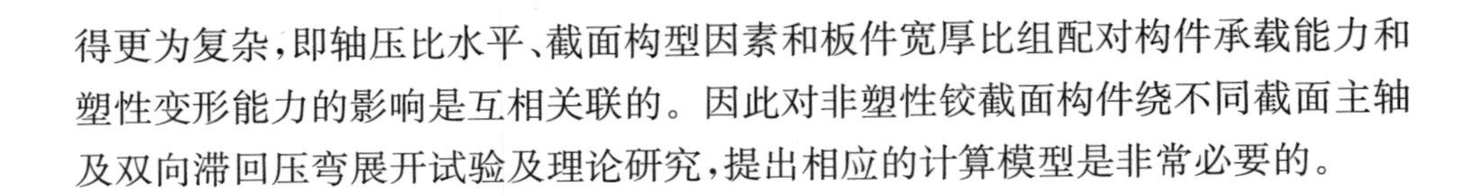

得更为复杂，即轴压比水平、截面构型因素和板件宽厚比组配对构件承载能力和塑性变形能力的影响是互相关联的。因此对非塑性铰截面构件绕不同截面主轴及双向滞回压弯展开试验及理论研究，提出相应的计算模型是非常必要的。

1.4 延性抗震设计理论

地震作为一种严重的自然灾害，引起了重大的人员伤亡和财产的损失。近几年严重的地震灾害包括：2008 年汶川 8.0 级大地震，共造成约 7 万人死亡，37 万多人受伤；2010 年青海省玉树县 7.1 级大地震，造成了近 3 000 人遇难；2010 年加勒比岛国海地发生 7.3 级大地震，共造成 22.25 万人死亡，19.6 万人受伤。地震破坏力巨大，结构抗震设计一直是国内外相关学者研究的热点，其主要目的是最大限度地降低经济损失和人员伤亡，具有重要意义。

随着人们对地震动和结构特性理解的加深，目前已发展了多种抗震设计理论。按结构地震反应分析方法来分类，可将结构抗震设计理论归纳为：静力理论、反应谱理论、动力理论和结构控制理论等四个阶段[88]。按设计参数来分类，可分为强度设计理论、延性设计理论、减隔震设计理论和振动控制理论；此外，以能量、位移和结构性能为基本设计参数的抗震设计理论，也正在积极探索和发展之中[89]。

在不发达地区或基础设施简陋的地区，地震引起的损失主要集中在人员的伤亡；相反，在发达地区或建设有现代化建筑群的地区，地震引起重大的经济损失，包括建筑倒塌引起的经济损失以及修复费用等。Gioncu[90] 指出控制结构的延性是降低经济损失的同时减少人员伤亡的关键。本节简要介绍延性抗震设计理论，并对中国抗震规范及欧洲抗震规范的设计方法进行了比较，可为非塑性铰截面钢构件在抗震结构的应用提供理论基础。

1.4.1 延性抗震设计理论的发展

1956 年，Housner[91] 首先讨论了极限设计概念在抗震设计中的应用，首次将塑性变形与反应谱相结合。20 世纪 60 年代，对结构非线性地震反应的研究盛行，以 Newmark[92] 为首的研究者提出用“延性”这个简单的概念概括结构物超过弹性阶段的抗震能力。他们认为，在抗震设计中，除了强度和刚度之外，还必须重视延性，并提出了按延性系数将弹性反应谱修改为弹塑性反应谱的具体方法。

基于对结构非线性抗震反应的考虑，Housner[91,93]提出了能量平衡的观点，认为地震输入能量与结构总耗能量应该是相等的，且线弹性体系与弹塑性体系的地震输入能量相等。他们之间存在如下平衡关系式：

$$E_{\mathrm{k}}(t)+E_{\mathrm{D}}(t)+E_{\mathrm{H}}(t)+E_{\mathrm{E}}(t)=E_{\mathrm{I}}(t) \tag{1-1}$$

式中，E_{k} 为结构的动能；E_{D} 为结构的阻尼耗能；E_{H} 为结构的塑性应变能；E_{E} 为结构的弹性应变能；E_{I} 为地震输入结构的总能量。在结构不发生倒塌破坏的情况下，能量守恒关系总是存在的。E_{k} 和 E_{E} 合称为结构的能容，E_{D} 和 E_{H} 合称为结构的能耗，如果结构的能容大于地震输入总能量，则不论其有无耗能能力，结构始终不会损坏；另一方面，如果结构能及时地将地震动输入的能量耗散掉，则尽管结构已经破坏，但它始终不会倒塌[89,94]。

从能量观点看，基于延性的抗震设计理论即允许结构部分构件在预期的地震动下发生反复的弹塑性变形，通过这些构件在地震动作用下发生的反复的弹塑性变形，耗散掉大量的地震输入能量，从而保证结构的抗震安全。

1.4.2 中国抗震规范

我国建筑结构抗震设计规范 GB 50011－2010[6]的抗震设防目标具体化为“三水准设防”，即“小震不坏，中震可修，大震不倒”。其中小震为“多遇地震”，比设防烈度低 1.5 度，50 年超越概率约为 63%；中震为“设防地震”，50 年超越概率约为 10%；大震为“罕遇地震”，为设防烈度+1 度，50 年超越概率为 2%～3%。

对于大多数结构，GB 50011－2010 采用二阶段设计的方法实现三水准设防的目标：第一阶段为强度验算，取多遇地震的地震动参数计算结构的弹性地震作用及相应的地震作用效应，进行结构构件的截面承载力抗震验算；第二阶段为“大震不倒”的具体化，大多数结构可通过概念设计和抗震构造措施来满足。因此两阶段设计法也即“多遇地震-抗震措施”设计法。第一阶段设计中，多遇地震作用力由设防地震降低 1.5 度折算得到，多遇地震作用力决定了结构屈服荷载需求值，在这种情况下结构屈服荷载需求与延性水平无关，延性要求仅被当作结构抵御灾害性地震的安全储备。

表 1－1 显示了 GB 50011－2010 中钢框架 H 形截面梁柱构件宽厚比限值，可见 GB 50011－2010 限制了非塑性铰 H 形截面构件在抗震设防地区的应用，这是抗震设计方法的局限性所导致，与现今钢结构朝轻量化发展的趋势相

悖[95,96]。沈祖炎[97]也指出GB 50011－2010在抗震设计中不考虑结构延性水平不同对设计地震作用的影响，既不科学也不经济，同时会阻碍技术进步。

1.4.3 欧洲抗震设计规范

欧洲抗震EN1998－1[14]采用两阶段设计方法，即承载能力极限状态(ultimate limit states)和损伤极限状态(damage limitation states)。其中前者对应着设防地震(相当于中震)作用下结构构件的强度验算，具体为通过折减系数(behavior factor q)对地震力进行折减，然后验算各构件的承载力。EN1998－1规定Ⅰ、Ⅱ和Ⅲ类截面构件组成的结构均属于耗能结构，Ⅳ类截面构件组成的结构属于低耗能结构，可不考虑延性设计的折减。根据构件截面类别和组成形式的不同，钢框架可分为低延性(DCL)、中延性(DCM)和高延性(DCH)框架，不同类别的框架对应着不同的折减系数值。

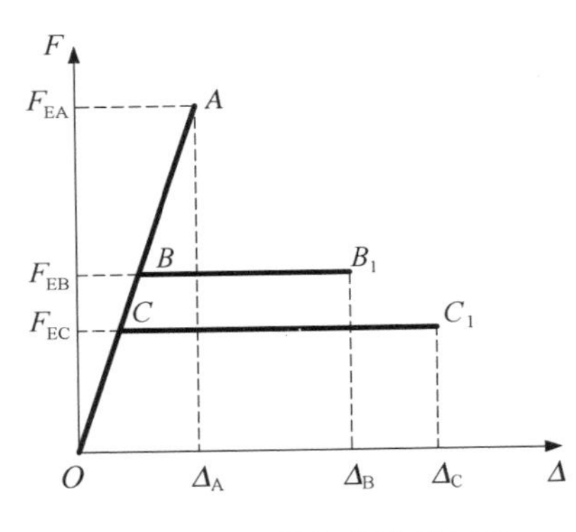

图1－9　延性抗震设计概念

EN1998－1的抗震设计方法采用基于延性的设计法的思路[97]，即不同结构具有不同延性，通过对构件设计力或构件强度的调整来体现不同延性结构(构件)在抵御地震反应能力上的区别。延性设计法的抗震设计理念在EN1998－1表述上简略表达为弹性地震作用的折减，如图1－9所示：设地震作用力为F_{EA}(中震)，按弹性设计时，荷载-位移曲线为OA，结构屈服荷载为F_{EA}，变形为Δ_A，用结构的弹性承载力去抵抗中震作用，结构必然很不经济；按延性设计法，可以将结构的屈服荷载设计在点B，地震作用时，到达B点后即进入塑性变形阶段，最后变形为Δ_B，荷载-位移曲线为OBB_1；类似的有荷载-位移曲线OCC_1；各曲线之间可通过能量平衡观点来转换。

1.4.4 小结

GB 50011－2010[6]由于抗震设计方法存在不足，限制了非塑性铰截面构件在抗震设防地区的应用，而欧洲规范EN1998－1[14]采用的延性设计法考虑了不同延性下屈服荷载的不同，是弱延性的非塑性铰截面构件在抗震设防地区应用的实例。表明在中国抗震规范中作为超限构件的非塑性铰截面构件可采用延性设计法引入抗震设计中。

1.5　钢框架非线性分析方法综述

钢框架在地震作用下的非线性分析是结构工程中非常重要的研究课题之一。完善的非线性分析方法要能够考虑材料非线性、几何缺陷、二阶效应、屈曲后效应等，并且具有对计算机性能要求不高、计算省时、易于操作等优点[98]。钢框架在地震作用下的非线性行为非常复杂，影响因素众多，难以直接从结构体系层次得到明晰的结构反应。材料、纤维（弹簧）、截面和构件是组成框架体系不同层次的子结构，是研究结构体系非线性反应的重要基础[90]。

钢框架可由不同层次的子结构按不同方式组合而成，图 1 - 10 显示了其中的 5 种组合方式，代表了目前常见的 5 种钢框架体系非线性分析方法。本节对这 5 种方法进行详细比较和说明，可进一步阐述本书的研究背景和研究范畴，同时也能选出适合本书的分析方法，从而为本书的操作路线提供理论上的支持。

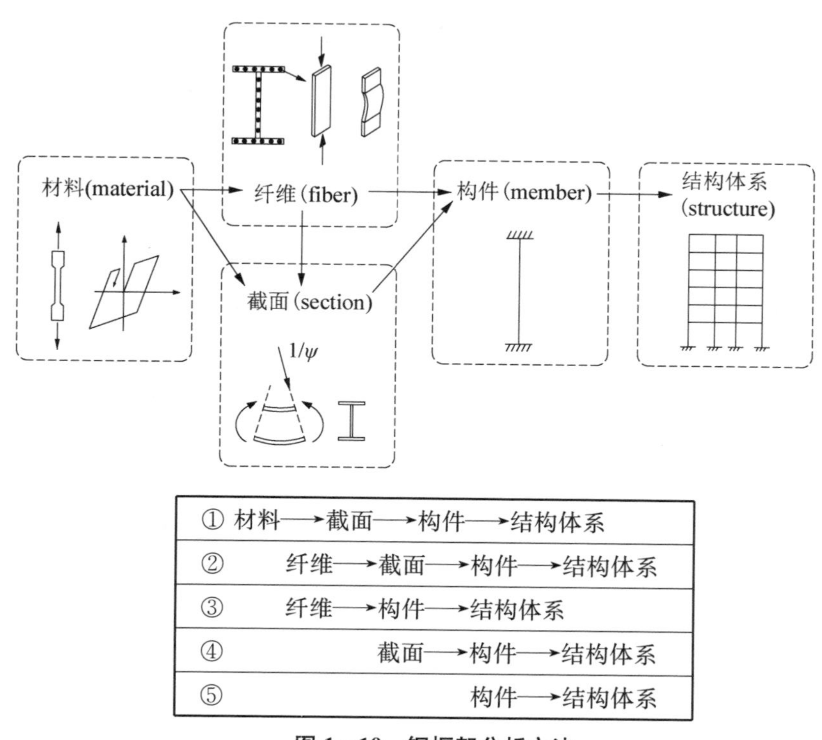

①	材料⟶截面⟶构件⟶结构体系
②	纤维⟶截面⟶构件⟶结构体系
③	纤维⟶构件⟶结构体系
④	截面⟶构件⟶结构体系
⑤	构件⟶结构体系

图 1 - 10　钢框架分析方法

1.5.1 方法① 材料→截面→构件→结构体系

方法①是最基本的有限元数值分析方法,结构体系由含材料属性的有限大小的基本单元(如实体单元、壳单元等)直接组成。该方法的优点在于,当材料模型合理时,可考虑二阶效应、局部失稳、整体失稳甚至断裂等复杂行为的影响,能够较为准确地预测结构的弹塑性非线性行为,在难以准确理解截面、构件或结构的非线性行为时,该方法常作为分析的唯一手段和必要基础。其缺点在于单元数量众多,建模过程复杂,刚度矩阵形式庞大,求解过程复杂,计算成本高,适用于特例分析,不适用于结构体系的批量计算,并且材料的特性相对于截面、构件和结构层次而言是一种微观的层次,可为研究构件和结构体系提供计算手段,但不能直接提供表征截面、构件和结构抗震性能的指标。

方法①中,材料的非线性行为直接决定了结构体系的非线性反应,因此得到合理而简便的材料本构关系是该方法的关键。对普通钢结构,常用的材料强化模型包括理想弹塑性模型和双折线模型;常用的滞回规则为随动强化模型,可考虑包兴格效应,但不能体现屈服面形状的改变[99]。Popov 等人[100,101]提出了二面模型(two surface model),在屈服面的基础上增加了边界面(bounding surface),考虑了后继屈服面及边界面的大小和移动位置,就可以计算该循环内的塑性模量以及屈服应力。Chang[102]将二面模型引入 H 形截面构件的空间受力状态中。Minagawa[103]在二面模型基础上提出了一种新的材料滞回模型,首先对等效塑性应变进行了修正,只计入当前循环超过前次循环应变幅部分的塑性应变,其次增加了计入应变强化的影响函数,考虑包兴格效应的权函数和考虑加载历史的权函数。孙伟[104]完成了一系列不同加载路径下的材料循环加载试验,考察了加载路径对材料滞回特性的影响;吴旗[105]考察了大应变情况下材料的滞回特性,在大应变范畴内做出了一个大突破。

1.5.2 方法② 纤维→截面→构件→结构体系

方法②首先将一个构件沿轴线方向划分成若干个构件段,每个构件段为一个基本单元,再将每个单元划分成若干有限面积分区,有限面积分区被称为纤维(fiber),单元刚度由纤维特性累加形成,单元抗力也由纤维的抗力效应累加形成,该方法又可称为塑性区法(plastic zone method)。该方法在通用有限元软件普及之前是最为通用的一种方法,当截面划分足够细时,在本质上接近方法①,被认为是当时最为精确的计算方法。Pi[106]、Izzuddin[107]和 Jiang[108]将材料的非线性行为赋予纤维单元,通过自编程序实现了塑性在各个方向的传播;郝继平[109]和沈祖炎[110]也采用这种方法得到了H形截面构件在往复加载条件下的非线性反应。由于纤维只体现材料属性,为保证计算的准确性,截面往往划分得很细,造成结构的整体刚度矩阵十分庞大,求解过程耗时较长,且无法考虑局部失稳的影响。

随着研究者对构件性能的进一步了解,将截面划分成数量较少的面积分区,这种情况下,纤维段又称为弹簧段(spring)。弹簧模型相对于纤维模型,刚度矩阵形式更为简洁,大大节省了计算时间,且根据对组成构件的板件受力性能的研究成果,可赋予弹簧特定的本构特点,进而可考虑局部失稳和局部断裂等特性的影响。例如Goto[111]将悬臂圆钢管柱底部分划分成8个弹簧段,并赋予弹簧段考虑包兴格效应的二面模型的恢复力模型,悬臂圆钢管多弹簧模型示意见图1-11。刘永明[112]和赵静[49]给出了弹簧局部断裂和局部失稳的判别准则,并在陈以一[47]H形弹塑性多弹簧模型的基础上赋予了弹簧考虑局部断裂和局部屈曲影响的性能指标,这是对非塑性铰截面钢构件分析方法的重要尝试,模型示意见图1-12。采用类似的方法,王萌[113]建立了考虑累积损伤的弹簧滞回模型,并将其应用于H形截面钢构件及钢框架的非线性分析中。

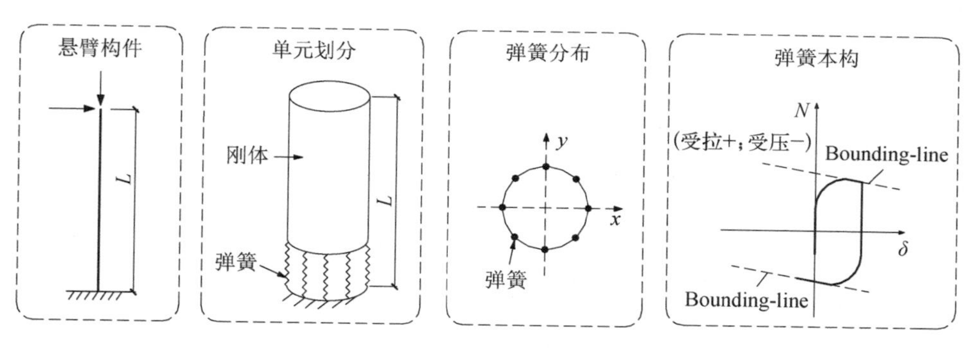

图1-11 悬臂圆钢管多弹簧模型(Goto[111])

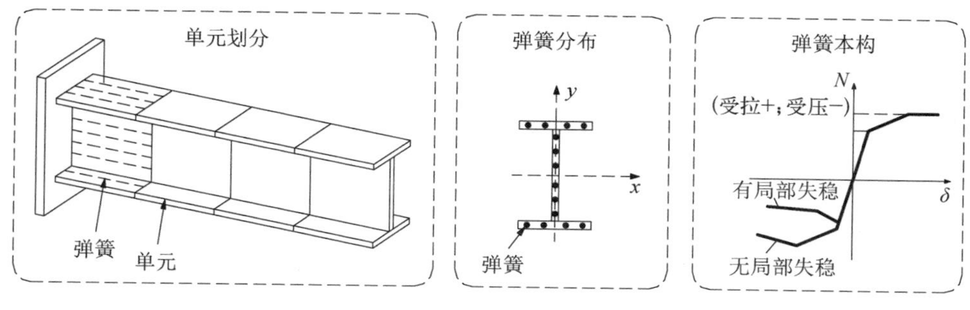

图1-12 H形构件多弹簧模型(赵静[49])

由于纤维(弹簧)的本构关系中已赋予相应的物理性能,例如边界条件和局部屈曲等,能较好地体现塑性在各个方向的发展,采用迭代的数值解法能考虑二阶效应的影响,因此能够较准确地模拟出构件的弹塑性非线性行为,且模型相对简便,计算效率比方法①要高。除了自编程序,该方法也能够和许多大型商业软件包括 ABAQUS、ANSYS、MARC 等连接,随着个人计算机性能的快速提高,用这种方法进行大型结构的分析和辅助设计是可能的。

虽然方法②计算效率比方法①要高,但计算成本仍然较高,且同方法①一样,该方法是仍然一种中介计算方法,相对截面、构件和结构体系是微观层次的,不能直接给出截面、构件或结构的抗震性能指标。其次,目前钢结构的纤维模型的恢复力模型多由经典板壳理论得到,将翼缘和腹板作为单板研究,各纤维段通过平截面假定组装成构件的单元,没有考虑翼缘-腹板的相关作用以及不同应力分布对翼缘-腹板相关作用的影响。最后,很多纤维(弹簧)的恢复力模型拟合回归得到,表达较为复杂,较难推广应用。

1.5.3 方法③ 纤维→构件→结构体系

方法③是介于方法②和塑性铰模型之间的一种方法,由 Kim[114] 提出。每个构件为一个单元,每个单元的截面划分成若干个面积分区,如图 1-13 所示。该方法在一定程度上能够体现塑性在构件段的发展,相对方法②计算成本较低,但不能考虑局部失稳和二阶效应的影响,计算精度较差,目前采用的人并不多。

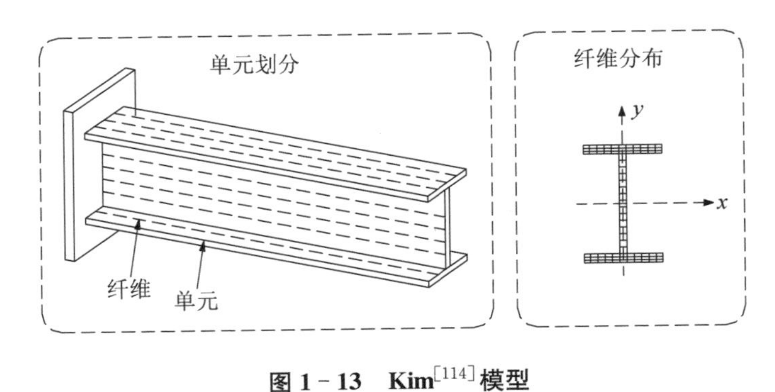

图 1-13 Kim[114] 模型

1.5.4 方法④ 截面→构件→结构体系

截面的性能可由截面的 $M-\varphi$(弯矩-曲率)关系表征,从 $M-\varphi$ 曲线可得到截面的承载力、塑性变形能力及耗能能力等,研究截面在地震作用下的非线性反应是研究构件行为的基础。基于截面得到构件非线性反应的具体操作方法为：将一根构件沿轴线方向划分若干个构件段，每个构件段作为一个单元，通过数值迭代计算法，可获得各种边界条件和加载条件下构件的非线性反应。因为影响截面特性的因素纵多，如何提取出影响 $M-\varphi$ 关系的主要影响因素并将主要影响因素考虑进 $M-\varphi$ 模型是方法④的难点，也一直国内外的研究热点。

方法④最典型的代表为 Kato[20,21]，基于简化的双翼缘模型（将 H 形截面根据面积和惯性矩不变的原则等效成只有双翼缘的截面）和简化的材料本构关系（刚塑性模型）得到了Ⅰ、Ⅱ类截面的 $M-\varphi$ 关系，如图 1－14 所示，并将其用于钢构件的计算中。Koto[20,21]还给出了考虑翼缘-腹板相关作用的应力-应变关系，首次提出了板件相关作用的截面分类准则。

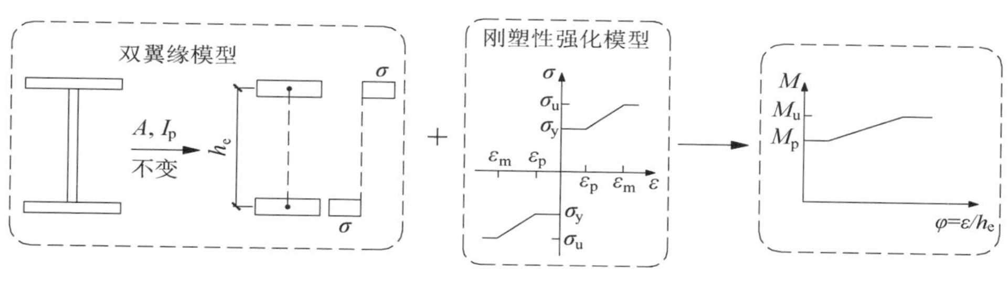

图 1－14 Kato[20,21]模型

方法④虽是构件和结构体系的微观层次，但直接给出了构件设计时的重要指标，包括截面承载力和变形能力等，方便设计者理解和使用；当单元划分合理时，能够准确反映塑性在截面及构件的发展，也能准确考虑二阶效应的影响；大大节省了计算成本，便于操作。

1.5.5 方法⑤ 构件→结构体系

方法⑤是求解结构体系非线性反应的最直接方法。在研究构件的非线性行为时需考虑构件在实际的结构体系中可能存在的各种复杂因素的影响，例如不同的边界条件、弯矩梯度和轴压力水平等。考虑构件行为最为简单的方法是将构件处理成线弹性杆单元，得到杆单元的杆端弯矩-转角关系，这种方法只考虑一阶弯矩作用，在线弹性范畴内适用，不能考虑塑性的发展[115]。另一种常见的方法是塑性铰法[116-118]，即一根构件由一个或两个单元组成，一般假定构件不发生局部屈曲（限定构件采用Ⅰ类截面），允许单元端部形成零长度的塑性铰，单元的其他部分则保持完全弹性，用稳定函数模拟几何非线性，如图

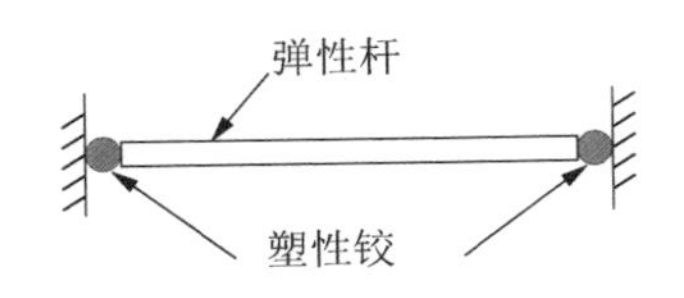

图 1-15　塑性铰模型

1-15 所示。该方法计算简便，在一定程度上考虑了非弹性的影响，但不能考虑塑性在两铰之间的扩展，且不能考虑局部失稳和二阶效应等影响，因此在预测构件非线性行为时存在一定的误差。Kim[119]提出了改进的塑性铰法，通过赋予塑性铰有限长度，可以考虑塑性铰形成区域的刚度退化及两塑性铰之间构件段的刚度退化，这种方法和零长度的塑性铰法一样简单有效，同时保持了对结构体系和构件承载力和稳定性计算的较高精度。

Gioncu[120]总结了梁柱构件在结构体系中可能出现的 3 种弯矩分布形式及塑性铰可能出现的位置，如图 1-16(a)、(b)和(c)所示。根据弯矩梯度的不同，每根柱构件可由不同长度的一根或两根标准梁组装而成，此处标准梁为两端简支承受跨中集中荷载的构件，以此来考虑弯矩梯度的影响。Gioncu[120]通过采用塑性倒塌机制获取了不同长度下标准梁的非线性反应(图 1-16(d))，从而将长度和边界条件对构件非线性反应的不同影响引入到结构体系行为中。

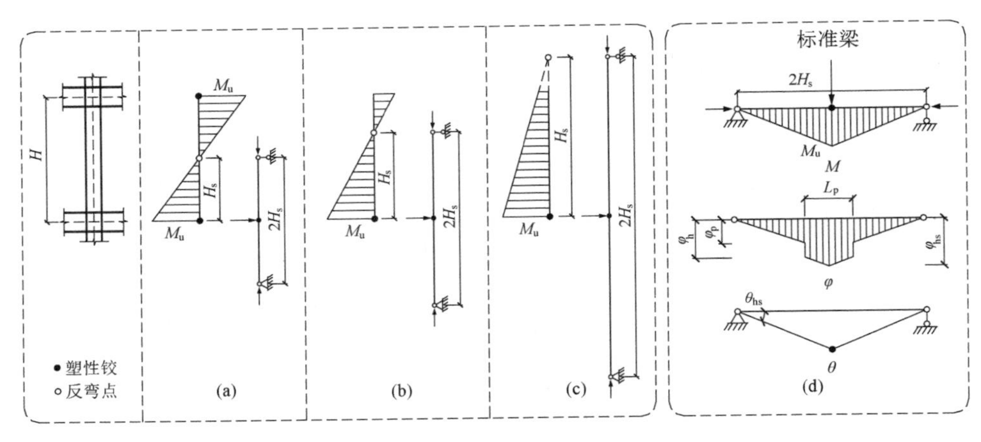

图 1-16　Gioncu[120]模型

方法⑤是求解结构体系非线性反应最直接的方法，计算成本最低。然而梁柱构件中，必须考虑二阶效应的影响，由于基本方程的非线性，基本不可能得到弹塑性梁柱构件的直接解，需要对挠度进行迭代数值积分求解，因此难以描述结构体系的问题，也难以确定影响结构反应的重要影响因素。很多学者在研究构件的抗震性能时，只针对构件在特定的边界条件和受力模式的情况下进行分析，如悬臂构件受柱端水平力的加载模式、两端铰接的构件承受跨中集中力的加载模式等，在此基础上得到的构件行为是有限制条件的，只适合于特定的情况，当受力形式发生改变即不能适用。并且当有局部失稳或断裂出现时，现有的研究水平还不足以在构件层次上给出完善的求解方法。

1.5.6 小结

本书的研究对象是非塑性铰截面构件的抗震性能，不考虑变轴力的情况，在以上五种分析方法中，方法④（截面→构件→结构体系）的分析方法计算时间合理，目的明晰，操作方便，适用性广，是最适合由局部失稳控制破坏模态的非塑性铰 H 形截面构件的分析方法。

1.6 本书研究内容

1.6.1 主要研究内容和研究目标

由于板件宽厚比较大，非塑性铰截面钢构件的塑性发展与板件屈曲将耦联出现，塑性与屈曲耦联的耗能机制与构件板件宽厚比的组配，构件的内力条件（包括轴压力水平和弯矩作用方向等）关系密切。研究非塑性铰截面钢构件抗震性能（包括极限承载力、滞回特性、塑性变形能力和耗能机制等），必须清晰追踪构件极限承载力前后的全过程性能，正确分析塑性阶段板件屈曲相关行为导致构件整体性能的变化。本书主要考察非塑性铰 H 形截面压弯钢构件承受常轴压力和绕不同主轴或双向反复弯曲的抗震性能，相关研究内容为：

（1）研究截面构型（宽厚比及宽厚比组配），受力条件（轴压比水平、弯矩作用方向，加载路径）等参数对非塑性铰截面压弯构件破坏模式的影响，考察上述参数对构件非线性性能（承载力-变形-耗能能力）的影响机理。

（2）确定决定 H 形截面塑性阶段板件屈曲相关的宽厚比组配因素、应力条件因素和其他因素，研究塑性阶段板件屈曲相关行为对截面极限承载力的影响机理，提出考虑板件屈曲相关作用的绕不同方向压弯的极限承载力计算方法。

（3）研究考虑塑性阶段板件屈曲相关性对构件抗弯承载影响的截面分类方法。

（4）研究塑性阶段板件屈曲相关行为对构件滞回特性的影响，建立反映塑性阶段板件屈曲相关参数的恢复力模型。

（5）研究板件宽厚比组配和轴压比对构件滞回耗能能力的定性及定量关系，揭示屈曲过程耗能机理，并给出非塑性铰构件用于抗震结构中的宽厚比限值。

本书的研究目标为，揭示板件屈曲相关的特性和影响因素，揭示板件宽厚比组配、轴压力水平及加载方向等对不同破坏模式的发生顺序及耗能能力的影响机理，阐明塑性和屈曲耦合条件下的滞回耗能机制；建立反映塑性阶段板件屈曲相关影响的极限承载力计算方法及恢复力模型；提出考虑板件相关作用的基于承载力的截面分类方法；给出非塑性铰截面构件用于抗震结构的宽厚比组配限值。

1.6.2 研究思路

Nethercot[121]指出试验与数值分析方法相结合的方法在科研过程中的重要性。本书采用试验、有限元参数分析及机理分析相结合的方法，全书研究思路见图 1－17，具体如下：

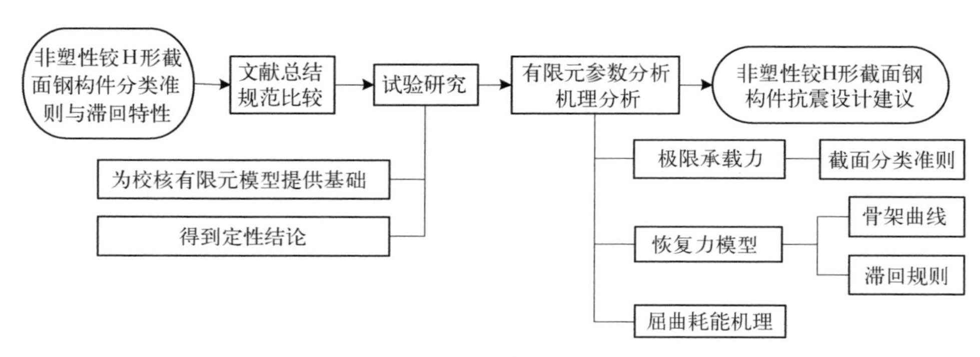

图 1－17　本书研究思路

1．钢构件滞回压弯试验研究

根据弯矩作用方向共分为两组试验，共计 15 个试件，其中绕强轴滞回压弯试件 6 个，绕弱轴滞回压弯试件 9 个。试件形式以“单一板件准则”下的Ⅲ、Ⅳ类非塑性铰 H 形截面钢构件为主，主要试验参数为截面板件宽厚比及组配参数、轴压比及压弯组合中的弯曲轴。

2．有限元参数分析和构件行为机理研究

对试验试件进行有限元预测和对比分析，建立能与试验结果吻合良好的精细化有限元模型，采用经试验结果检验的分析模型，进行系统的参数计算和数据分析解释构件行为机理。

3．模型工具研究

根据参数分析结果，构筑适合非塑性铰 H 形截面钢构件的滞回模型，引入板件屈曲相关作用和其他非线性现象，为结构系统的动力反应计算建立基础。

4. 设计方法研究

在试验观察，参数分析和机理分析的基础上，提出板件塑性屈曲相关情况下构件极限抗弯承载力的计算模型和计算公式，及考虑塑性阶段板件屈曲相关性的截面分类方法，依据对构件承载、变形和滞回耗能能力提出适用于非塑性铰 H 形截面构件的抗震设计建议。

1.6.3 本书结构

全书共分 8 章，各章主要内容如下：

第 1 章为绪论。首先阐述了本课题的研究背景和研究意义；对各国现行规范截面分类方法进行了综述，比较了各国规范给出的各类 H 形截面宽厚比限值，指出大部分规范没有考虑板件相关作用及不同弯矩作用方向的影响；然后对 H 形截面构件抗震性能的研究现状进行了详述，包括绕不同截面主轴压弯的平面性能及绕双向压弯的空间性能研究，总结了现有研究的不足；通过延性抗震设计理论和现行中欧抗震设计理念的简述，指出在中国抗震规范中作为超限构件的非塑性铰截面构件可采用延性设计法引入抗震设计中；随后对钢框架结构体系非线性分析的 5 种典型方法进行了比较，表明截面→构件→结构体系的分析方法是最适合应用于由局部失稳控制破坏模态的非塑性铰 H 形截面构件分析；最后给出了本书的研究内容，研究目标及研究思路。

第 2 章为非塑性铰 H 形截面钢构件单轴滞回压弯试验研究。作者完成了 15 个不同宽厚比及轴压比组配下的大宽厚比 H 形截面钢构件在定轴压力下分别绕不同截面主轴滞回压弯的试验。考察了压弯构件二阶效应的影响机理；扣除摩擦力的影响得到各试件实际弯矩-弦转角滞回曲线；通过分析各级荷载下板件实测应变变化情况及试验现象确定了试件的破坏模式；得到了大宽厚比 H 形截面钢构件绕不同截面主轴压弯的滞回特性；得到了几何参数及荷载参数对试件承载-延性-耗能能力的影响特性；考察了塑性阶段板件屈曲相关行为及其对构件滞回特性的影响机理。

第 3 章为有限元模型的建立与校核。采用有限元软件 Abaqus 建立 H 形截面悬臂压弯构件的有限元模型。模型考虑了材料非线性、几何非线性、初始缺陷等影响，与试验的对比显示该模型能够很好地反映非塑性铰 H 形截面压弯构件的各项非线性性能，验证了有限元模型的可靠性，为批量参数分析提供准确可靠的工具。

第 4 章为 H 形截面构件单轴压弯极限承载力研究。作者进行了不同宽厚比及轴压比组配下的 H 形截面钢构件绕不同截面主轴单调压弯的有限元参数分析；考察了几何参数和荷载参数对极限承载力的影响及塑性阶段屈曲相关性对截面承载影响机理；以截面极限状态应力分布特点为基础，提出了考虑板件塑性阶段屈曲相关作用的有效塑性宽度法计算截面的极限抗弯承载力，采用试验及有限元结果验证了该方法的可靠性；提出了考虑板件相关作用的截面分类方法。

第 5 章为 H 形截面铰区单轴压弯恢复力模型研究。作者实现了不同宽厚比及轴压比组配下的 H 形截面钢构件绕不同截面主轴滞回压弯的有限元参数分析；通过“铰区”的概念，从参数分析结果中提取了各构件扣除长度及弯矩梯度作用的铰区弯矩-平均曲率滞回曲线；考察了板件塑性阶段屈曲相关行为对铰区滞回性能的影响；提出了考虑板件相关作用的 H 形截面铰区单轴压弯的弯矩-平均曲率的恢复力模型，并通过与试验及有限元分析结果的比较验证了模型的可靠性。

第 6 章为 H 形截面屈曲铰耗能机制及宽厚比限值。该章阐述了 H 形截面屈曲铰的屈曲耗能原理，提出了评价屈曲铰耗能能力的屈曲耗能系数；基于第 5 章恢复力模型，得到了不同宽厚比及轴压比组配下的屈曲铰的承载-延性-耗能曲线；得到了屈曲耗能系数与板件宽厚比及轴压比关系的表达式；提出了综合考虑承载-延性-耗能的屈曲铰条件。

第 7 章为 H 形截面钢构件双向压弯分析。在此阐述了 H 形截面构件双向压弯受力及变形特点；进行了不同宽厚比及轴压比组配下的 H 形截面钢构件双向压弯的有限元参数分析；考察了加载方向、加载路径及截面几何构型对构件单调及滞回加载条件下的承载及变形性能的影响；提出了基于单轴压弯有效塑性宽度法的双向压弯极限承载力相关曲线。

第 8 章为结论与展望。归纳全书的研究成果，同时指出本书研究存在的问题及需进一步研究的方向。

第2章 非塑性铰 H 形截面钢构件单轴滞回压弯试验

为得到非塑性铰 H 形截面钢构件滞回特性，并为后期的理论研究提供基础，本章对 15 个足尺的非塑性铰 H 形截面钢构件进行了定轴压力下的单轴滞回压弯试验研究。根据弯矩作用方向分为 2 组试验，其中绕强轴滞回压弯试件 6 个，绕弱轴滞回压弯试件 9 个，在试验中追踪测量各级荷载下板件应变变化情况；观察记录板件局部屈曲变形的发生与发展；记录试件的破坏机制，得到试件的承载力-变形-耗能等试验数据。

2.1 试验设计

2.1.1 试验目的

本试验主要目的是获取非塑性铰截面钢构件绕不同截面主轴压弯的滞回性能与耗能机制特点，并为后续参数分析提供校准依据，具体如下：

(1) 考察非塑性铰 H 形截面钢构件分别绕强、弱轴反复压弯的滞回特性与耗能特性；

(2) 考察几何参数（板件宽厚比及其组配方式），荷载参数（轴压比，弯矩作用方向）对 H 形截面压弯钢构件承载-变形-耗能能力的影响特性；

(3) 考察塑性阶段板件屈曲相关行为及其对构件滞回性能的影响；

(4) 考察现行规范截面分类方法对非塑性铰截面的适用性。

2.1.2 设计思路

影响 H 形截面钢构件滞回性能的主要因素有：加载模式、试件长度、板件的宽厚比和轴压比等，下面分别进行说明。

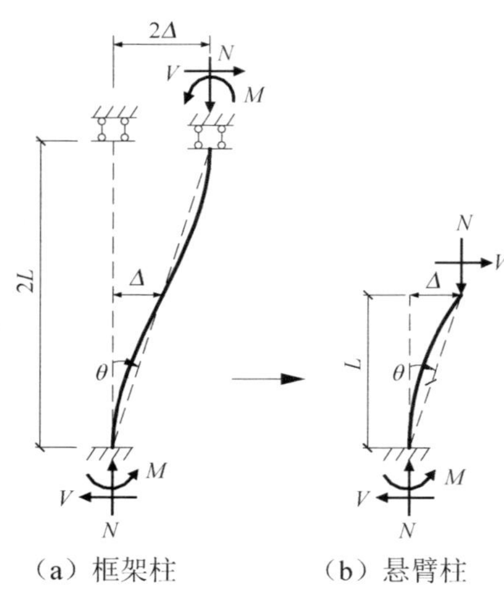

图 2-1　框架柱等效原理

1. 加载模式

本书的主要研究对象为低多层框架 H 形截面梁柱构件，研究焦点为框架梁柱构件两端可能形成的破坏集中段的弯矩作用平面内的滞回耗能性能。假定弯矩作用平面外有足够的支撑，即不考虑构件平面外弯扭失稳的影响。有侧移框架的柱(图 2-1(a))的行为与等效悬臂柱一致(Kato[21]，Nakashima[39])，因此可选取悬臂构件作为试验的基本加载模式(图 2-1(b))。其中悬臂构件高 L=1 500 mm，约为普通住宅层高的一半。

2. 板件宽厚比

翼缘和腹板宽厚比及其组配是影响压弯构件滞回性能的重要几何参数，所选试件板件宽厚比应满足以下三个条件：

(1) 板件宽厚比范围需涵盖大部分可能出现的具有代表性的情况；

(2) 以“单一板件准则”下的Ⅲ、Ⅳ类 H 形截面为主；

(3) 为方便加工，板件厚度取为 4 mm，6 mm。

3. 轴压比

轴压比是影响框架柱滞回性能的重要参数[49]。在水平地震作用下，框架柱的轴压力变化较小，故可认为轴压比是定值，选取低多层框架实际工程中最常见的 0.2 和 0.4 的情况进行试验。

2.1.3　钢材材性

试件由名义厚度为 4 mm 或 6 mm 的 Q345B 钢板焊接而成，不同的板件宽度形成了不同翼缘腹板宽厚比的组配。钢材的材性由标准拉伸试验确定，材性试验的试样与试验构件为同批钢材，每种厚度板材各取三个试样，编号为4-1、4-2、4-3 以及 6-1、6-2、6-3，各试样的实测应力应变曲线见图2-2。表 2-1为各试样的材性实测值，在后续分析中均采用钢材材性的平均值。

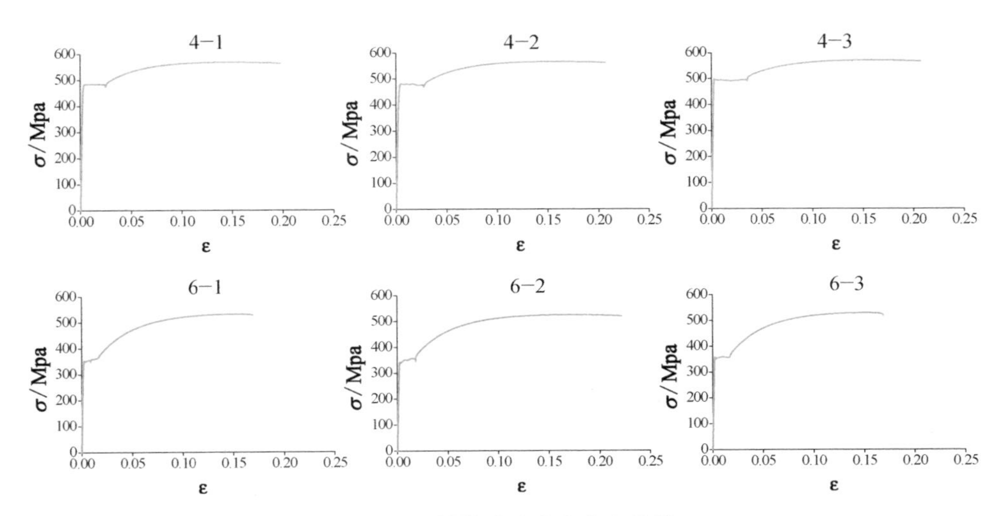

图 2-2　材性试验应力应变曲线

表 2-1　钢材实测材性基本参数

名义厚度 /mm	试样编号	实测板厚 /mm	屈服强度 f_y/MPa	极限强度 f_u/MPa	弹性模量 E/MPa	延伸率 δ
4	4-1	4.11	475.6	569.8	2.18E+5	31.9%
	4-2	4.16	469.8	567.4	1.76E+5	30.9%
	4-3	4.13	491.6	572.8	2.08E+5	29.8%
	平均值	4.13	479.0	569.9	2.01E+5	30.9%
6	6-1	5.80	348.5	533.3	2.10E+5	36.6%
	6-2	5.87	346.0	526.0	1.85E+5	38.5%
	6-3	5.84	351.5	530.4	1.96E+5	36.7%
	平均值	5.84	348.7	529.9	1.97E+5	37.3%

2.1.4　试件

1. 试件基本参数

本试验共设计了 6 种不同尺寸的 H 形截面，2 种轴压比，2 种弯矩作用方向，共 15 个试件。定义试件的编号为 S(W)- Hi - n，其中 S 表示绕强轴方向弯曲，W 表示绕弱轴方向弯曲；i 代表 H 形截面编号（i=1～6）；n 为名义轴压比（n=0.2,0.4）。例如 W-H1-0.2 表示截面尺寸为 300×200×6×4 的 H 形截面构件在轴压比为 0.2 的定轴压力作用下绕弱轴反复弯曲的试件。本试验试件由不同宽度的4 mm或 6 mm 的钢板焊接而成，形成了不同翼缘腹板宽厚比的组配，H 形截面尺寸定义见图 2-3。

表 2-2 显示了各试件的基本参数值，除名义轴压比外所有的参数均采用钢材实测值计算得到。r_f 为考虑屈服强度的等效翼缘宽厚比，r_w 为考虑屈服强度的等效腹板宽厚比，n 为轴压比，这三个参数是本书的重要参数，将贯穿全书始终，其中：

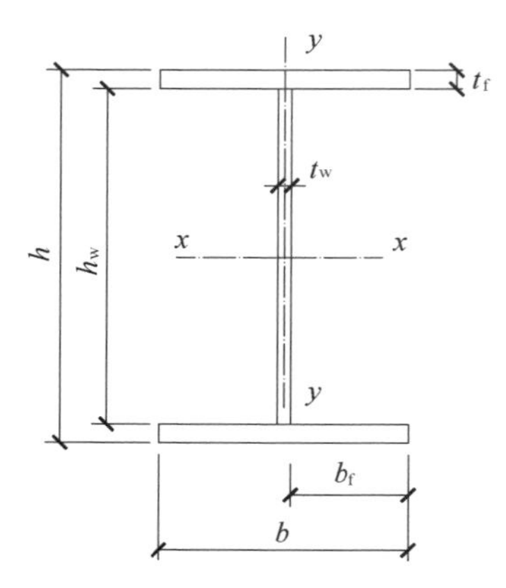

图 2-3 H 形截面尺寸及截面主轴方向定义

$$r_f = \frac{b_f}{t_f}\sqrt{\frac{f_{yf}}{235}} \tag{2-1}$$

$$r_w = \frac{h_w}{t_w}\sqrt{\frac{f_{yw}}{235}} \tag{2-2}$$

$$n = \frac{N}{A_f f_{yf} + A_w f_{yw}} \tag{2-3}$$

f_{yf} 和 f_{yw} 分别为翼缘和腹板的屈服应力；N 为轴压力；A_f 和 A_w 分别为 H 形截面翼缘和腹板的面积。

表 2-2 试件基本参数

试件编号	$h\times b\times t_w\times t_f$	r_w	r_f	N/kN	n（名义 n）	L/mm
W/S-H1-0.2	300×200×6×4	61	35	231	0.17 (0.2)	1 500
W/S-H2-0.2	350×150×4×6	117	16	217	0.17 (0.2)	1 500
W/S-H3-0.2	350×175×4×4	118	30	191	0.14 (0.2)	1 500
W/S-H4-0.2	350×200×4×6	117	21	259	0.17 (0.2)	1 500
W-H4-0.4				518	0.35 (0.4)	1 500
W/S-H5-0.2	300×200×4×6	100	21	245	0.18 (0.2)	1 500
W/S-H5-0.4				490	0.35 (0.4)	1 500
W-H6-0.2	300×150×4×6	100	16	203	0.17 (0.2)	1 500
W-H6-0.4				404	0.34 (0.4)	1 500

2. 试件宽厚比组配情况

图 2－4 总结了本团队已完成的 H 形截面钢构件滞回试验的板件宽厚比分布范围（陈以一[7-9]），并列出本书试验试件的宽厚比，可见本试验有效的拓宽了已有试验试件板件宽厚比的范围。

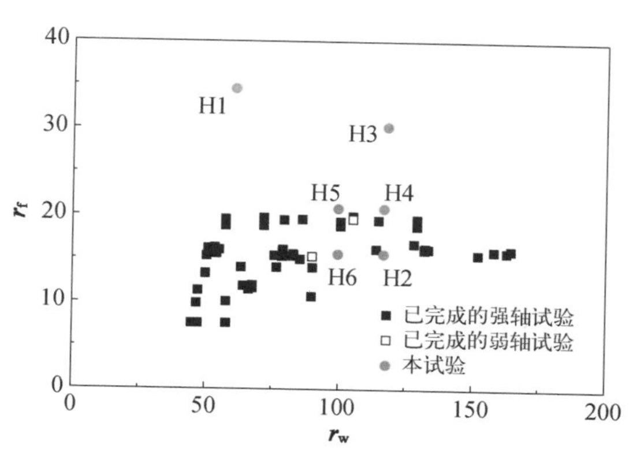

图 2－4　已完成试验宽厚比汇总

图 2－5 显示了试件板件宽厚比的组配及截面类别情况，从多个角度考察翼缘和腹板对构件滞回耗能性能的影响。试件 H1 属于翼缘厚度小于腹板厚度的情况，即翼缘宽厚比很大而腹板宽厚比很小的情况，这种宽厚比组配情况虽然在实际工程中不常见，但对于探究翼缘及腹板的相关作用具有重要的意义。试件 H2，H3 和 H4 为一组腹板宽厚比相同、翼缘宽厚比不同的试件，以研究翼缘宽厚比的不同对腹板宽厚比较大的构件滞回性能的影响；试件 H5 和 H6 为另一组腹板宽厚比相同、翼缘宽厚比不同的试件，以研究翼缘宽厚比的不同对腹板宽厚比较小的构件滞回性能的影响。类似的，试件 H2 和 H6 为一组翼缘宽厚比相同、腹板宽厚比不同的试件，以研究腹板宽厚比对翼缘宽厚比较小的构件的滞回性能的影响；试件 H4 和 H5 为一组翼缘宽厚比相同、腹板宽厚比不同的试件，研究腹板宽厚比对翼缘宽厚比较大构的滞回性能的影响。图 2－5 还显示了 EN1993－1－1[4] 及 AIJ 规范[19] 中 $n=0.2$ 和 $n=0.4$ 各类截面板件宽厚比的上限值，根据 EN1993－

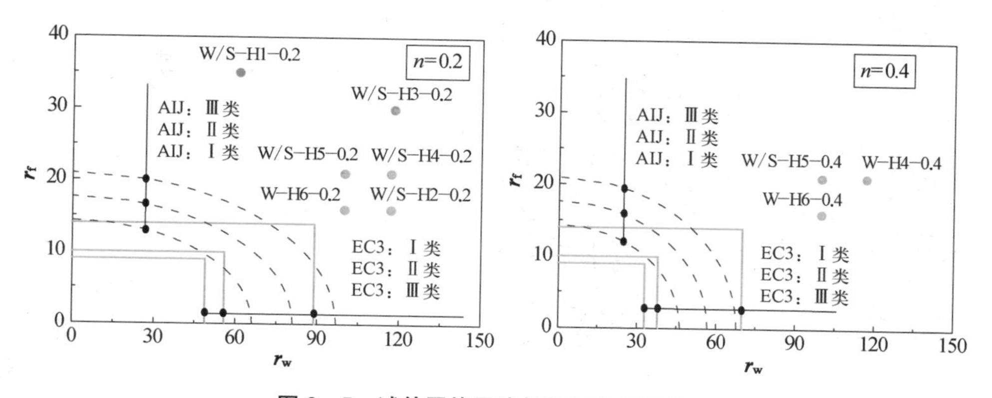

图 2－5　试件翼缘及腹板宽厚比组配情况

1－1 和 AIJ，所有试件的截面均属于Ⅳ类截面。

2.1.5 试验加载装置

本试验采用柱顶加载模式，即加载中心在悬臂构件有效计算长度的顶点处，所有外力都需通过柱顶加载中心位置传递给试件。加载时首先施加一个定值的竖向压力，然后沿截面主轴方向施加往复水平位移。该加载模式对柱顶加载装置要求较高，首先要求柱顶压力的大小不随试件的竖向及水平位移的变化而变化，且始终保持在竖直方向；其次加载方向的往复水平位移不受约束，即要求竖向千斤顶能够实现水平加载方向的自由跟动；最后加载点处不产生附加的弯矩或扭矩，即要求释放加载点各项转动约束。

本试验的加载中心为销铰装置的中心位置，采用 1 000 kN 油压千斤顶施加竖向轴压力，200 kN 或 100 kN 伺服作动器施加往复水平作用，竖向千斤顶与水平作动器的合力中心为销铰装置的中心位置，从而保证了所有外力均通过加载中心传递给试件。竖向千斤顶一端与一个精细化设计的跟动装置（图 2－6(a)）相连，另一端均与销铰装置相连，实现了竖向力在水平加载方向单向跟动，使竖向力始终保持在竖直方向，且不对加载水平位移产生约束。水平作动器的两端分别与跟动装置与销铰装置相连，因此水平力实现了在竖直方向的跟动，从而保证了水平力始终沿水平方向不改变。销铰装置里设有万向球铰（图 2－6(b)），释放了试件加载点的转动约束及扭转约束，模拟了悬臂构件加载端自由的边界条件。最后，使用 M30 高强摩擦型螺栓将试件固接在刚性反力架上，实现了悬臂构件柱底固接的边界条件，同时采用平面外支撑装置阻止了试件平面外的位移。

(a) 单向跟动装置

(b) 销铰装置

图 2－6 加载装置

依据以上条件，本书设计了一套精细化的加载装置。其中绕强轴压弯系列试验的加载装置设计图及实景照片分别见图 2 - 7 和图 2 - 8；绕弱轴压弯系列试验的加载装置设计图及实景照片分别见图 2 - 9 和图 2 - 10。绕强轴压弯系列试验与绕弱轴压弯系列试验采用相同的试验装置，不同之处有两点：一是试件的摆放方向不同；二是绕强轴压弯系列试验采用 200 kN 的伺服液压千斤顶施加往复水平位移，绕弱轴压弯系列试验采用 100 kN 的伺服液压千斤顶施加往复水平位移。

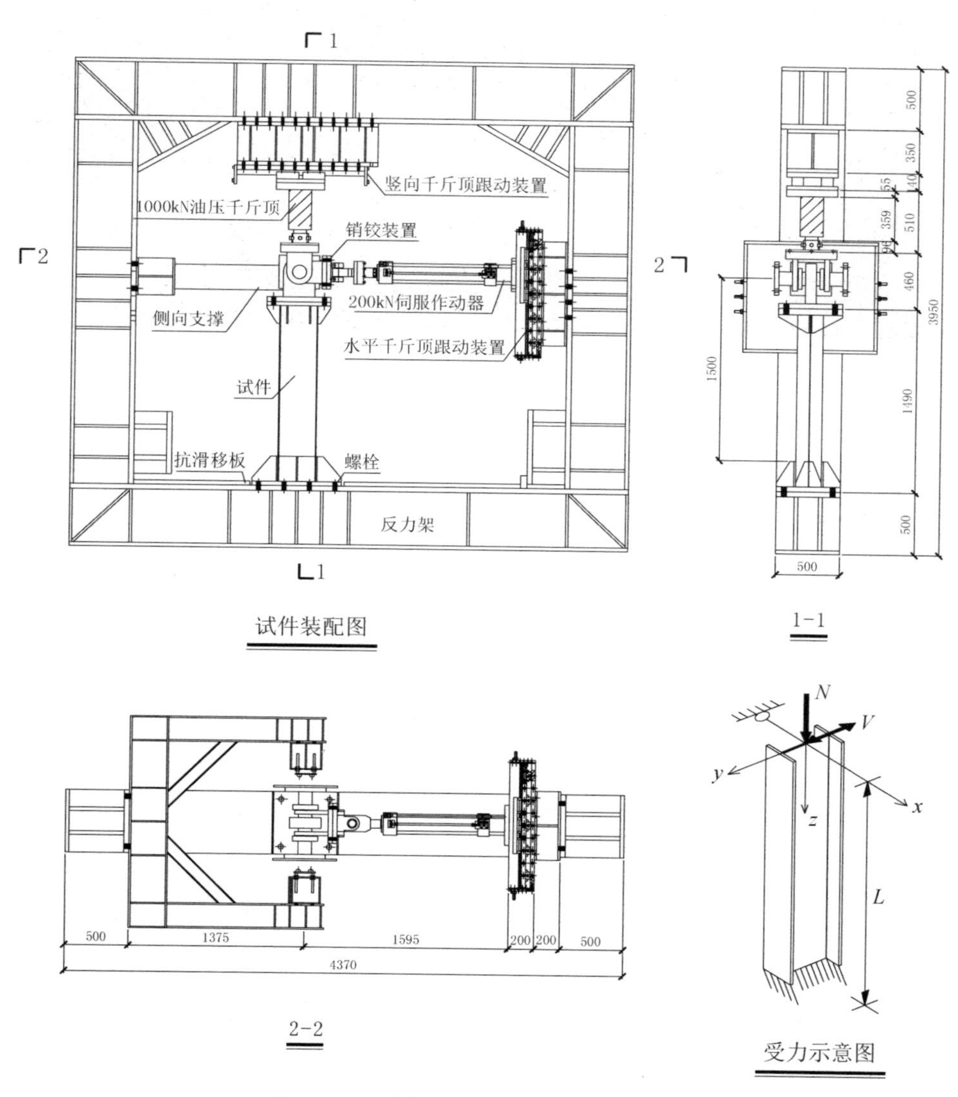

图 2 - 7　强轴系列试验加载装置设计图

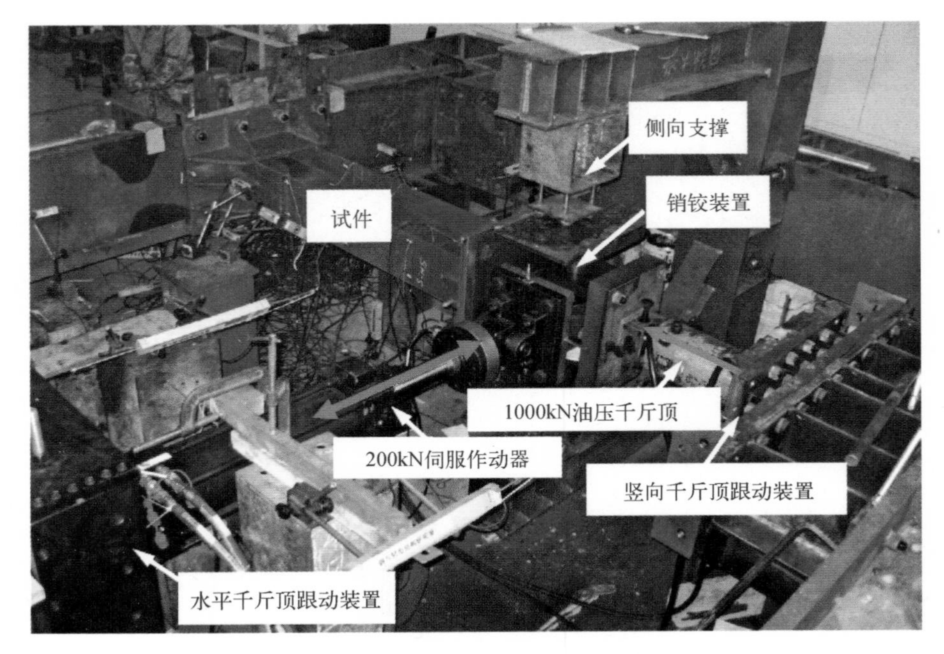

图 2-8　强轴系列试验加载装置

2.1.6　试件计算长度范围内刚度变异的影响评估

本试验要模拟的加载模型是计算长度(加载点至柱底的距离)为1 500 mm的悬臂构件,截面的弹性抗弯刚度为 H 形截面的 EI。而实际试件销轴中心至柱底 1 500 mm 长度范围内,包括加载头刚度变异段 L_1(420 mm)和正常尺寸段 L_2(1 080 mm),如图 2-11(a)所示。加载头段刚度远大于 H 形截面试件的刚度,导致试件计算长度范围内抗弯刚度不统一,记加载头段抗弯刚度为 EI',正常尺寸段弹性抗弯刚度为 EI;其中 EI'远大于 EI。在水平荷载作用下,柱顶水平位移由加载头段弯曲变形 Δ_1和正常尺寸段水平位移 Δ_2两部分组成。

当试件处于弹性状态时,各部分的位移可通过下列表达式得到:

$$\Delta_1 = \frac{VL_1^3}{3EI'} = 0.007\,32\,\frac{VL^3}{EI'} \tag{2-4}$$

$$\Delta_2 = \frac{VL_1^3}{3EI} + \frac{VL_1^2L_2}{2EI} + \left(\frac{VL_1^2}{2EI} + \frac{VL_1L_2}{EI}\right)L_2 = 0.326\,\frac{VL^3}{EI} \tag{2-5}$$

可以发现Δ_1远小于Δ_2，当计算长度L范围的抗弯刚度均为EI时，水平位移$\Delta = VL^3/3EI \approx \Delta_2$，说明当试件处于弹性状态时加载头段刚度的变化对构件的性能影响很小。进入塑性后，柱顶水平位移Δ主要受柱底段的塑性抗弯刚度影响；而加载头段始终处于弹性阶段，对构件性能影响更小。综上所述，柱顶部分抗弯刚度的改变对构件性能影响很小，可认为实际的加载装置实现了理想的加载模型的要求。

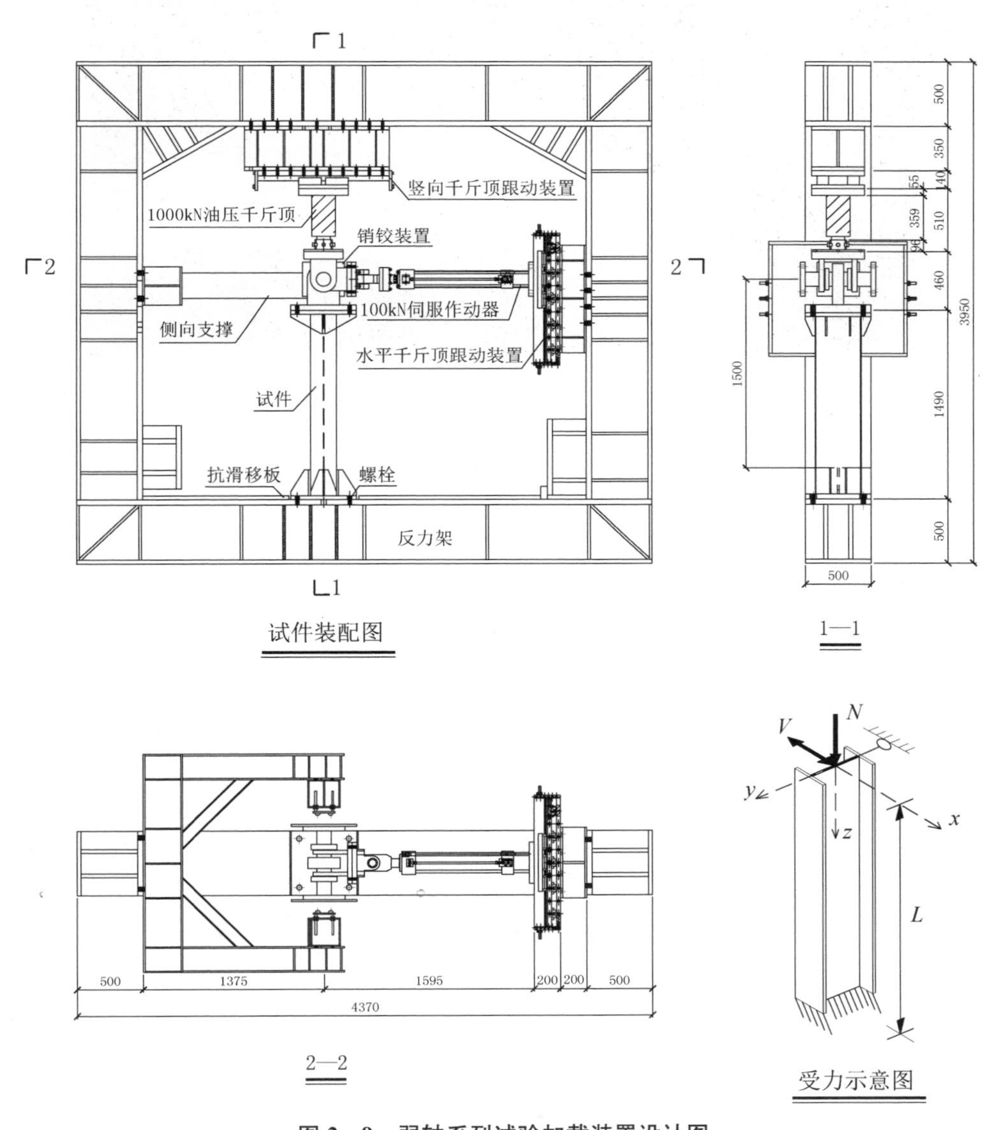

图2-9　弱轴系列试验加载装置设计图

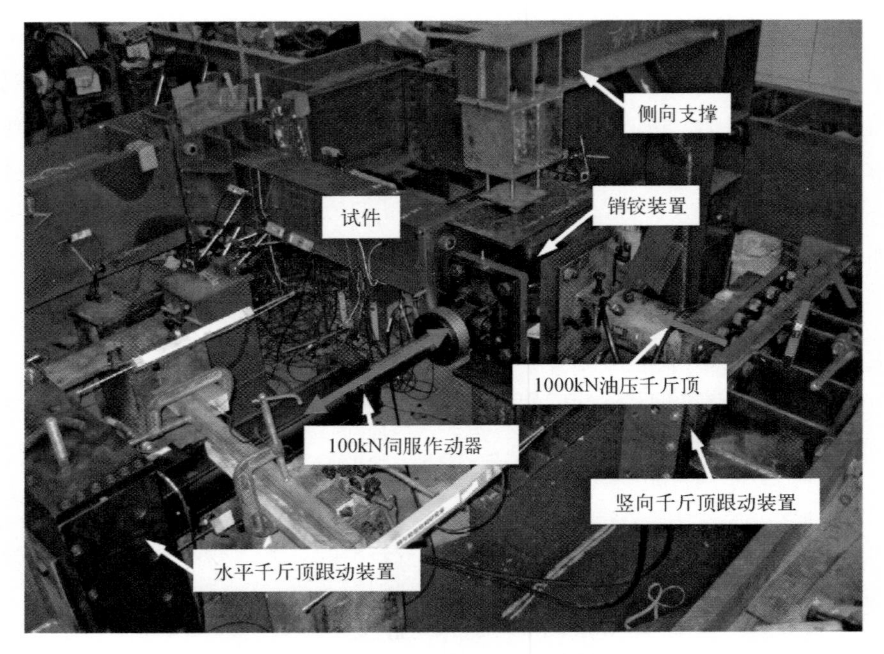

图 2-10　弱轴系列试验加载装置

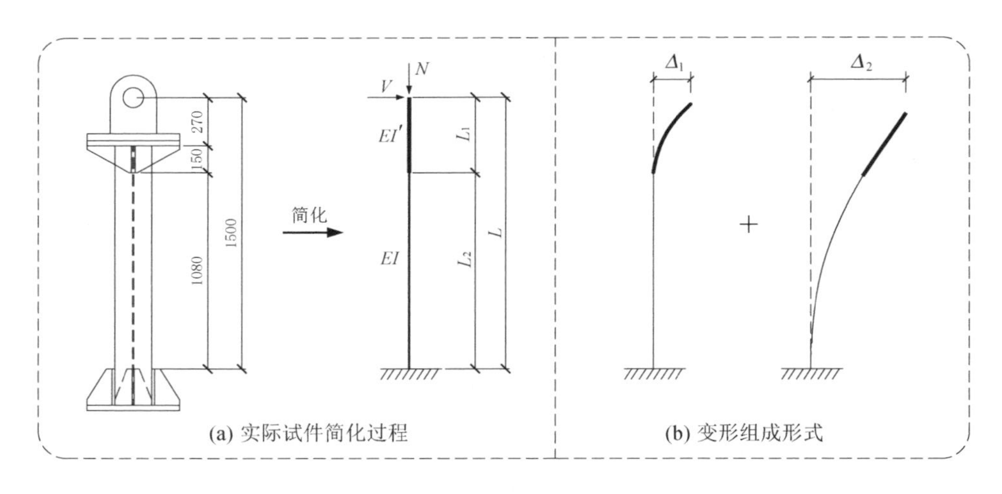

图 2-11　试件计算长度简图

2.1.7　加载制度

本试验的加载特点是常轴压＋往复水平荷载。首先在柱顶施加恒定不变的轴向荷载，由于所选轴向荷载加载器为油压千斤顶，人工监控尤为重要。然后在柱顶施加往复水平位移。往复水平荷载采用位移控制的方法施加。以试件屈服位移 Δ_e 的倍数为级差进行加载，即取 $\pm 0.5\Delta_e$、$\pm 0.75\Delta_e$、$\pm 1\Delta_e$、$\pm 2\Delta_e$、$\pm 3\Delta_e$、$\pm 4\Delta_e$……作为试验的回载控制点。由于大宽厚比构件在极限后会显现出明显的退化现象，为考察该现象，在位移达到 Δ_e 前每级荷载反复一次，位移达到 Δ_e 后每级荷载反复三次。根据有限元预分析的计算结果，对所有绕强轴压弯的试件均取 $\Delta_e = 5$ mm，对所有绕弱轴压弯的试件均取 $\Delta_e = 10$ mm，如图 2 - 12 所示。

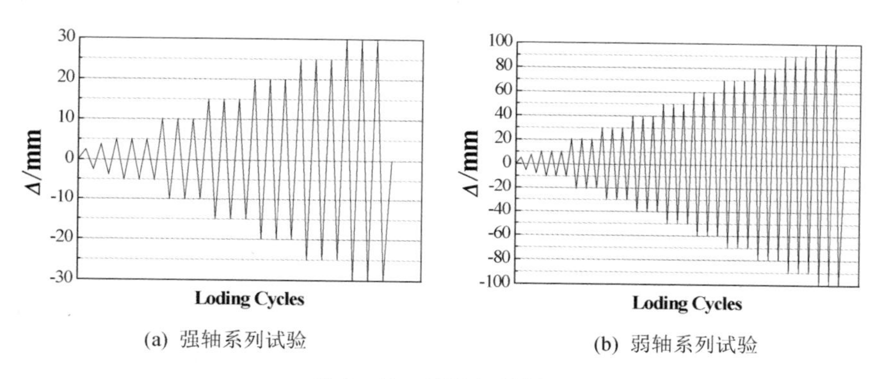

(a) 强轴系列试验　　(b) 弱轴系列试验

图 2 - 12　试验加载制度

2.1.8　测试方案

竖向荷载和水平荷载由传感器量测记录，试验中还需进行量测和监控的内容包括翼缘腹板的应变分布及变化，柱顶水平位移、轴向压缩变形、柱底水平滑移和柱脚转动等。弯矩作用方向相同的试件，应变片及位移计布置方式相同。

1. 应变片布置

绕强轴压弯系列试验在每个试件的 3 个截面处共布置了 24 个单向应变片(图 2 - 13)；绕弱轴压弯系列试验在每个试件的 3 个截面处共布置了 32 个单向应变片(图 2 - 14)。其中 1 - 1 截面和 2 - 2 截面由于弯矩作用较小，在加载过程中能始终保持弹性，可用来校准加载的正确性；截面 3 - 3 为试件局部屈曲最大变形可能出现的位置，可监测和跟踪局部屈曲的发生及发展过程。

2. 位移计布置

强、弱轴系列试验的位移计布置方法相同，每个试件共布置 19 个位移计(图 2 - 15)，位移计的布置说明列于表 2 - 3 中。

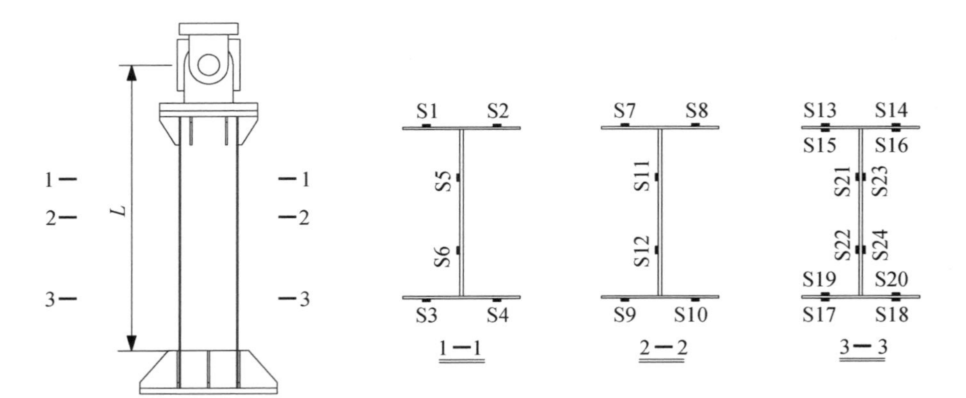

图 2-13　强轴系列试验应变片布置

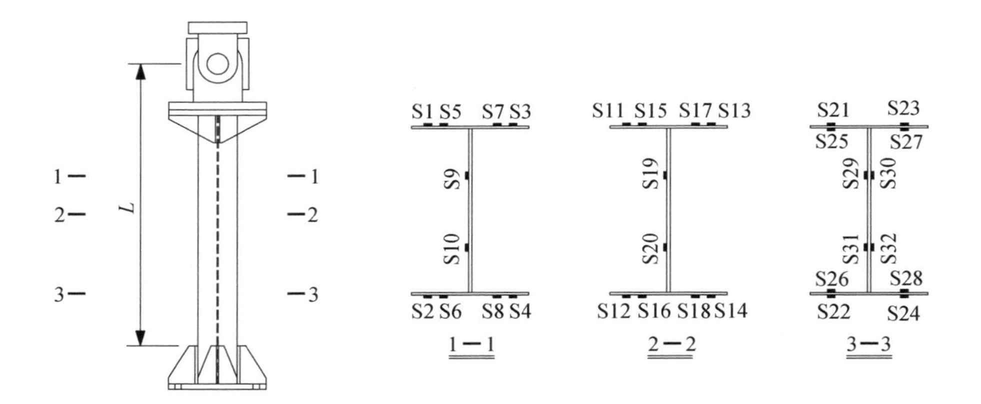

图 2-14　弱轴系列试验应变片布置

表 2-3　位移计编号及说明

位移计编号	方　向	作　　用
D1	面内水平方向	测柱底水平滑移,试件刚体平动
D2～D5	竖向	测柱脚转动,试件刚体转动
D6	面内水平方向	测柱脚刚性
D7	面内水平方向	测 1-1 截面水平位移
D8	面内水平方向	测 2-2 截面水平位移
D9～D10	面内水平方向	控制加载点水平位移
D11～D12	竖向	测轴向变形

续　表

位移计编号	方　向	作　　用
D13	面外水平方向	监测侧向支撑处平面外位移
D14～D15	面内水平方向	测试件扭转角，监测水平位移
D16～D17	面外水平方向	监测试件平面外位移，考察试件的空间效应
D18	面内水平方向	竖向千斤顶跟动装置跟动性
D19	竖向	水平千斤顶跟动装置跟动性

注：面内水平方向指的是与加载的水平千斤顶平行的平面；面外水平方向指的是与加载水平千斤顶及竖向千斤顶所在的平面垂直的面。

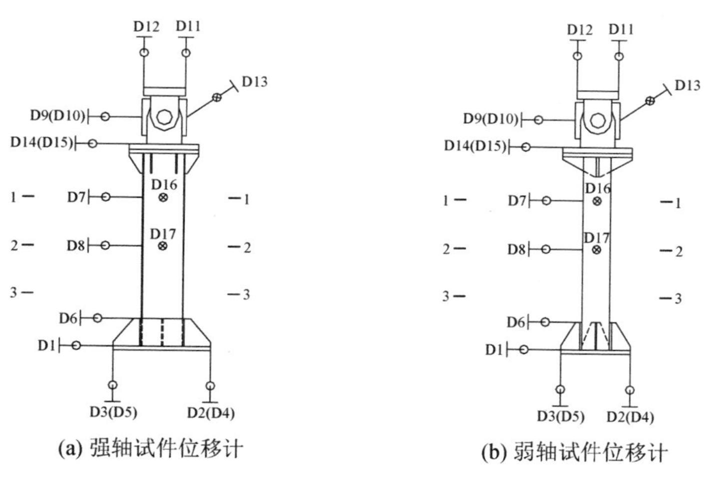

(a) 强轴试件位移计　　(b) 弱轴试件位移计

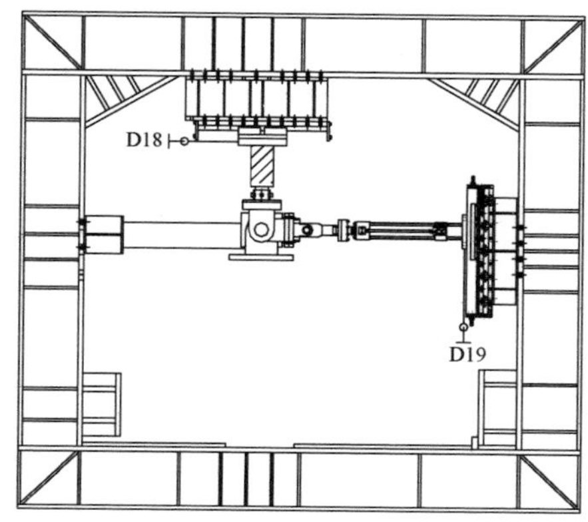

(c) 跟动装置位移计

图 2－15　位移计布置

3. 柱顶水平位移修正

试验直接测得的柱顶水平位移(D9 和 D10 的平均值)Δ_1包括试件的弯曲变形(Δ)、刚体平动(Δ_2)和刚体转动(Δ_3),如图 2-16 所示。研究用到的是弯曲变形 Δ,需扣除 Δ_2和 Δ_3的影响,即 $\Delta=\Delta_1-\Delta_2-\Delta_3$。本章后文列出的水平位移 Δ 均为扣除了刚体平动和刚体转动影响后的数据。

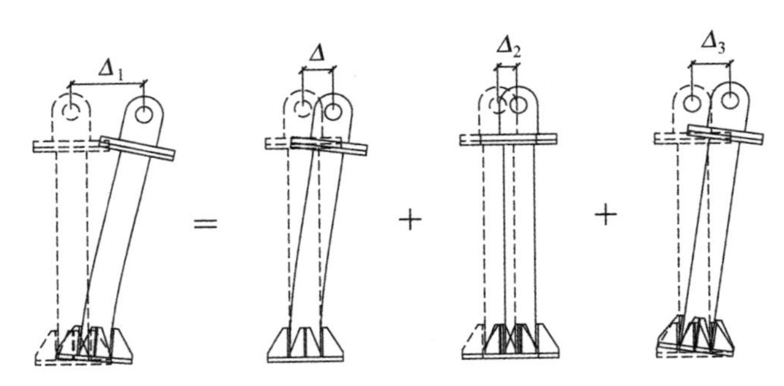

图 2-16 柱顶水平位移组成

2.1.9 H 形截面及构件参数定义

在本章及后续章节中,将会反复用到表征 H 形截面及构件特性的参数,包括考虑轴力影响的边缘屈服弯矩(M_{ec}),全截面塑性弯矩(M_{pc}),构件刚度(K)和屈服弦转角(θ_e)等。为表述方便,统一在本节说明。因本书涉及强、弱轴各项性能,为避免产生分歧,全书均用下标 e 指代屈服相关的各项分量,而下标 y 特指与弱轴相关的各项性能。

1. M_{ec}

M_{ec}为考虑轴压力作用的屈服弯矩,可根据线弹性理论得到,其中,M_{ecx}为绕强轴弯曲或压弯的屈服弯矩,M_{ecy}为绕弱轴弯曲或压弯的屈服弯矩。

当 H 形截面绕强轴压弯时,若 $f_{yf}>\dfrac{h}{h_w}f_{yw}+\left(1-\dfrac{h}{h_w}\right)\dfrac{N}{A}$(如试件 S-H1-0.2),首个屈服点将出现在腹板边缘;否则首个屈服点将出现在翼缘处边缘。M_{ecx}的表达式为

$$M_{ecx}=\begin{cases}\left(f_{yw}-\dfrac{N}{A}\right)\dfrac{h}{h_w}W_x,\ f_{yf}>\dfrac{h}{h_w}f_{yw}+\left(1-\dfrac{h}{h_w}\right)\dfrac{N}{A}\\ \left(f_{yf}-\dfrac{N}{A}\right)W_x,\ f_{yf}\leqslant\dfrac{h}{h_w}f_{yw}+\left(1-\dfrac{h}{h_w}\right)\dfrac{N}{A}\end{cases}\tag{2-6}$$

当 H 形截面绕弱轴压弯时，首个屈服点将总是出现在翼缘边缘，M_{ecy}的表达式为

$$M_{ecy}=\left(f_{yf}-\frac{N}{A}\right)W_y \tag{2-7}$$

式中，W_x，W_y分别为绕强轴和绕弱轴的弹性截面模量。

2. M_{pc}

M_{pc}为考虑轴压力作用的全截面塑性弯矩，记 M_{pcx}为绕强轴方向弯曲或压弯的全截面塑性弯矩，M_{pcy}为绕弱轴方向弯曲或压弯的全截面塑性弯矩。不考虑材料强化作用，M_{pc}通过达到极限状态时，假定轴压力产生的正应力集中在腹板和近腹板的翼缘处的应力分布形式得到，如图 2－17 所示。

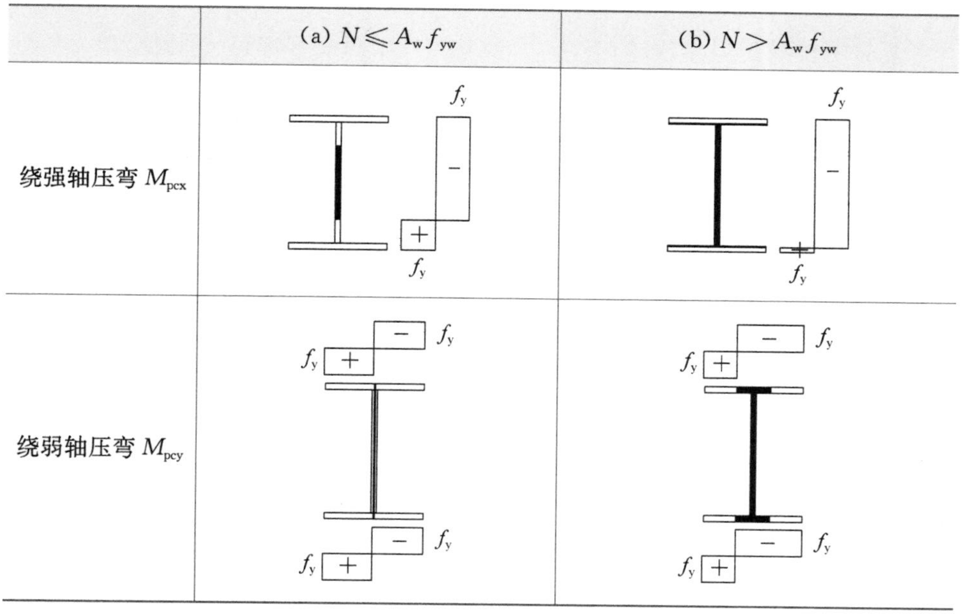

	(a) $N\leqslant A_w f_{yw}$	(b) $N>A_w f_{yw}$
绕强轴压弯 M_{pcx}	f_y − + f_y	f_y − + f_y
绕弱轴压弯 M_{pcy}	f_y + − f_y；f_y + − f_y	f_y + − f_y；f_y + − f_y

■轴压力产生正应力作用位置　　－压应力　　＋拉应力

图 2－17　全截面塑性弯矩应力分布形式

3. K 与 θ_e

轴压力的作用会使受弯杆件的抗弯刚度变小，因此有必要考虑轴压力作用下构件刚度的变化。图 2－18 显示了一根任意边界条件下的标准压弯构件的受力及变形示意图，考虑轴压力及变形对内力影响的

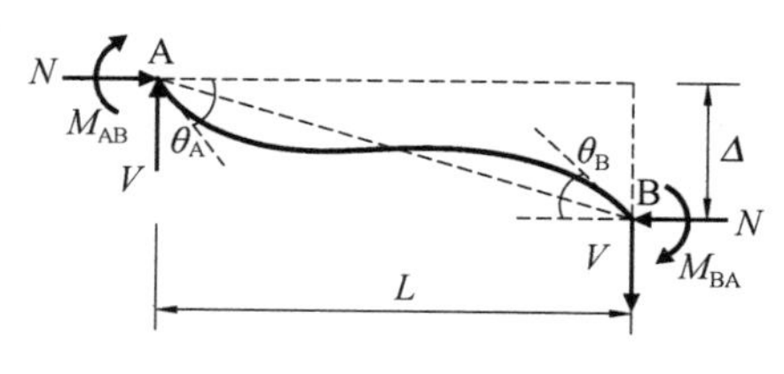

图 2－18　标准压弯构件

弯矩转角方程如下[122-123]：

$$M_{AB} = si\theta_A + ci\theta_B - \frac{c+s}{L}i\Delta \tag{2-8}$$

$$M_{BA} = ci\theta_A + si\theta_B - \frac{c+s}{L}i\Delta \tag{2-9}$$

$$s = \frac{\xi}{\tan\xi}\frac{\tan\xi - \xi}{2\tan(\xi/2) - \xi} \tag{2-10}$$

$$c = \frac{\xi}{\sin\xi}\frac{\xi - \sin\xi}{2\tan(\xi/2) - \xi} \tag{2-11}$$

式中，$\xi = L\sqrt{N/EI}$，$i = EI/L$。

悬臂构件满足边界条件 $M_{BA} = 0$ 及 $\theta_A = 0$，因此可解得 θ_B 的值，代入得到悬臂构件柱底弯矩与柱顶侧移的方程，如下：

$$M_{AB} = (c+s)\left(1 - \frac{c}{s}\right)\frac{i\Delta}{L} \tag{2-12}$$

进一步可求得 $M_{AB} = M_{ec}$ 时的变形即为屈服位移 Δ_e，此时对应的弦转角即为悬臂构件屈服弦转角 θ_e，表达式为

$$\theta_e = \frac{\Delta_e}{L} = \begin{cases} \dfrac{M_{ec}}{3i}, & N = 0 \\ \dfrac{M_{ec}}{(c+s)(1-c/s)i}, & N \neq 0 \end{cases} \tag{2-13}$$

结合 $M = VL + N\Delta$ 可得到悬臂构件的弹性刚度 K：

$$K = \frac{V}{\Delta} = \begin{cases} \dfrac{3EI}{L^3}, & N = 0 \\ (c+s)\left(1 - \dfrac{c}{s}\right)\dfrac{EI}{L^3} - \dfrac{N}{L}, & N \neq 0 \end{cases} \tag{2-14}$$

2.2 摩 擦 力

本试验采用柱顶加载模式，竖向千斤顶一端与单向滑动板跟动装置相连，一端与销铰装置相连，竖向加载的千斤顶在水平方向跟动，在跟动过程中，竖向压

力与滑轨之间将会产生摩擦力(f)。试验直接得到的水平力是伺服作动器施加的力(F),F 由 f 与试件所受到的剪力(V)组成。预分析显示绕弱轴压弯试验中试件的水平抗力在 10～20 kN 的范围内,而所施加的轴压力在 200～500 kN 的范围内,轴压力与水平抗力之比在 15～40 之间,说明 f 相对于 F 而言是不可忽略的。正确处理摩擦力是得到试件受到的剪力的关键。

2.2.1　摩擦力的计算方法

1. 摩擦力定值

加载时,在弹性范围内改变水平作动器的初始加载方向能得到相同的试验结果;所有试件在弹性阶段的 $F-\Delta$ 曲线正负方向加载斜率基本相同,如图2－19 显示的 W－H1－0.2 的 $F-\Delta$ 曲线。基于以上两点,可认为摩擦力在试验过程中是稳定的,不随加载方向的改变而改变,可认为摩擦力在每个试验过程中都是定值。

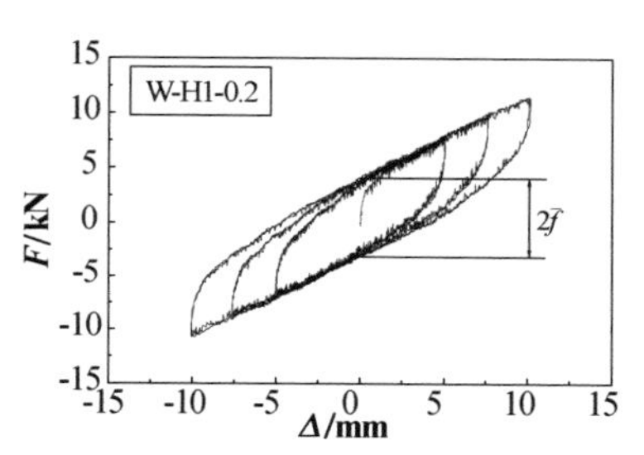

图 2－19　试件 W－H1－0.2 弹性段 $F-\Delta$ 曲线

2. 定值摩擦力求解方法

以一个弹性加载循环为例,这 F,V 和 f 的关系见图 2－20,其中 u 表示一个加载循环中,正向加载的位移峰值。可认为对一个加载循环而言,①和③为加载过程,②和④为卸载过程。加载时,f 与 V 同向;卸载时,f 与 V 反向。

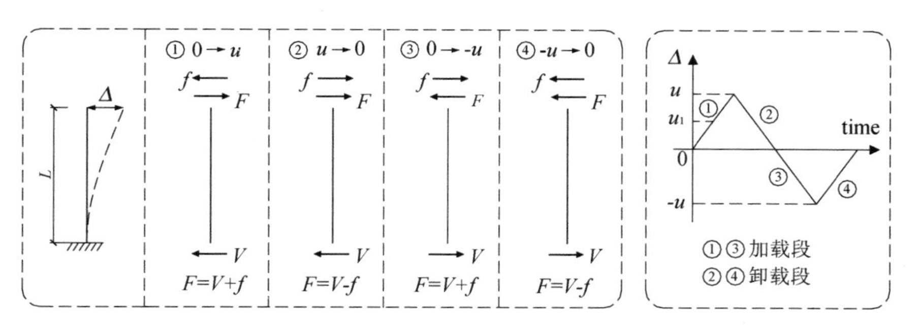

图 2－20　摩擦力与水平力的关系

加载段:
$$F_{\text{loading}} = V_{\text{loading}} + f \tag{2-15}$$

卸载段:
$$F_{\text{unloading}} = V_{\text{unloading}} - f \tag{2-16}$$

弹性阶段,V 和 u 呈线性关系,对于任意在加载和卸载过程中的相同位移(如位

移 u_1 处)，故有：

$$V_{\text{loading}} = V_{\text{unloading}} = Ku_1 \tag{2-17}$$

$$\Rightarrow f = (F_{\text{unloading}} - F_{\text{unloading}})/2 \tag{2-18}$$

因此由 F-Δ 曲线数据可得到 f-Δ 曲线及摩擦力定值 $\bar{f}$。

3. 全程摩擦力计算方法

摩擦力在加载和卸载过程中是定值，然而在加载位移反向的时刻，摩擦力反向需要一定的过渡，该过程可通过拟合可以得到，进而得到全过程 f-Δ 曲线。将 f 从 F 中扣除即可得到全过程 V-Δ 曲线。可认为摩擦力反向的过渡期为位移反向后的 5 mm 范围，其他部位摩擦力保持定值。摩擦力的计算方法如图 2-21 所示，式(2-19)显示了一个加载循环的计算公式：

$$\begin{aligned}
&a \sim b\text{：} f = \bar{f} \\
&b \sim c\text{：} f = -\frac{\bar{f}}{25}[\Delta - (u-5)]^2 - \bar{f} \\
&c \sim d\text{：} f = -\bar{f} \\
&d \sim e\text{：} f = -\frac{\bar{f}}{25}[\Delta + (u-5)]^2 + \bar{f} \\
&e \sim a\text{：} f = \bar{f}
\end{aligned} \tag{2-19}$$

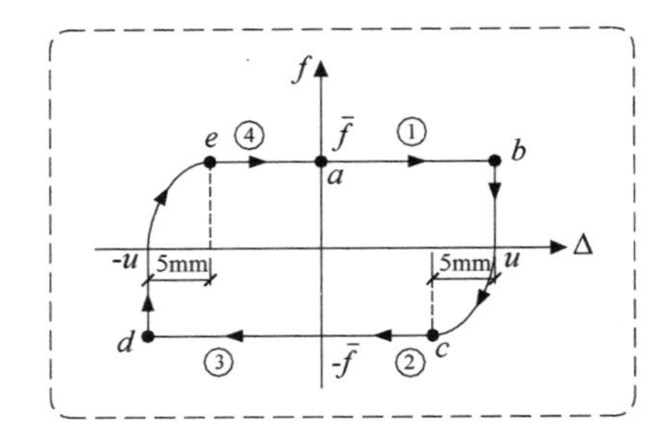

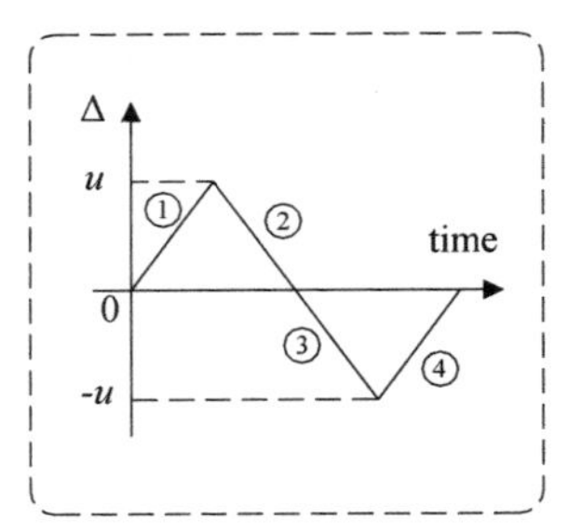

图 2-21　全程摩擦力计算示意图

2.2.2　绕弱轴系列试验摩擦力处理

1. 跟动装置紧固力

跟动装置本身存在着紧固力，即跟动装置在无轴压力作用滑动时也会产生一定的摩擦力。该紧固力用 $\bar{f}_b$ 表示，$\bar{f}_b$ 与轴压力无关。为考察该紧固力，对每根构件进行了弹性范围内的纯弯滞回预加载试验。根据2.2.1节的方法得到各试件的 $f-\Delta$ 曲线，列于图2-22中，并得到各试件的 $\bar{f}_b$。

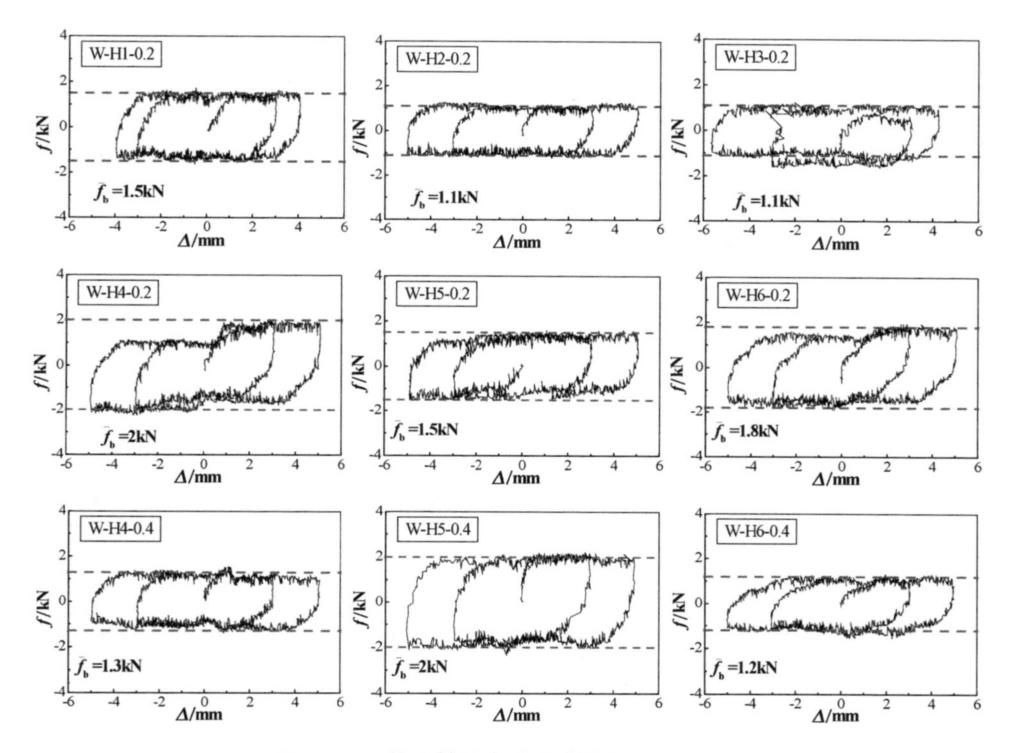

图2-22　绕弱轴纯弯试验弹性段 $f-\Delta$ 曲线

2. 总摩擦力

根据2.2.1节的方法可得到压弯试验各试件的弹性段的 $f-\Delta$ 曲线，见图2-23中的蓝色虚线，从中可得到压弯试验的总摩擦力绝对值 $\bar{f}$；并按照式(2-19)计算得到的弹性段摩擦力曲线，见图2-23中红实线，可见式(2-19)的结果与试验吻合很好，说明式(2-19)可推广应用于全过程。

3. 摩擦系数

$\bar{f}$ 由两部分组成，即紧固力 $\bar{f}_b$ 和轴压力产生的摩擦力 $\bar{f}_N$。表2-4和图2-24分别以表和图的形式显示了摩擦系数计算结果。可以看到，除试件W-H5-0.2，其他8个试件的摩擦系数 $\xi=\bar{f}_N/N$ 均在0.85%左右，摩擦系数计算结果非常稳定。说明了摩擦力定值法的准确性，表2-4中摩擦力 $\bar{f}$ 可用于全过程的计算。

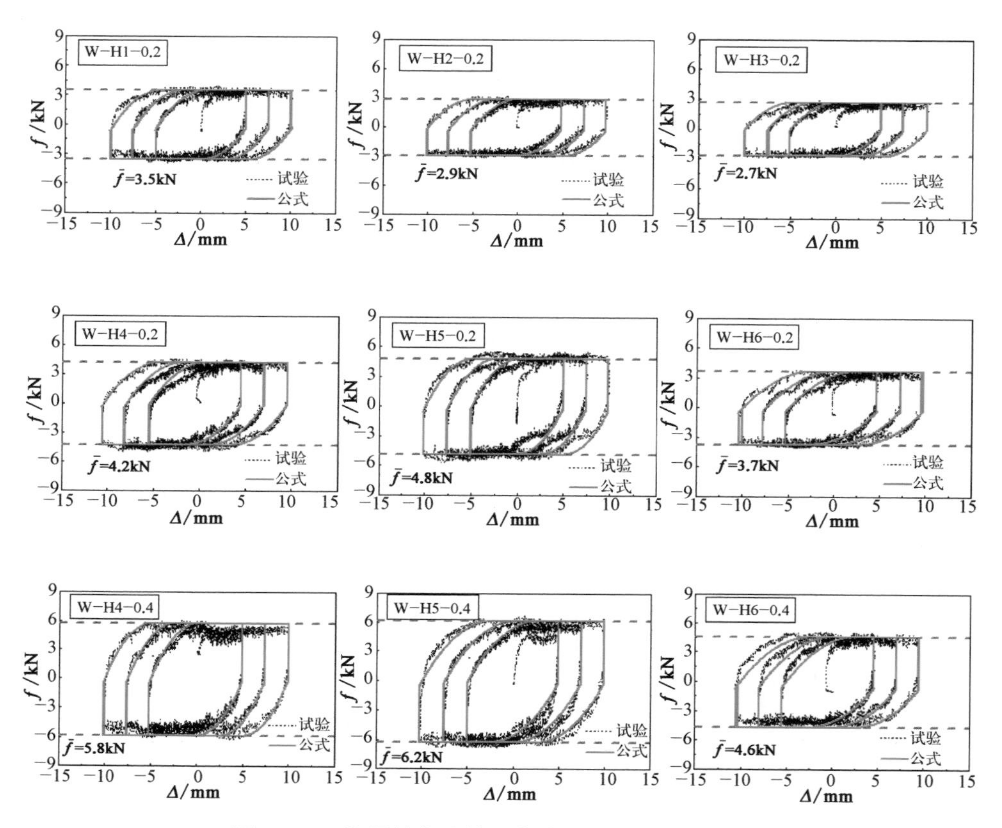

图 2-23 绕弱轴各试件压弯试验弹性段 $f-\Delta$ 曲线

表 2-4 摩擦系数计算

试件编号	$\bar{f}$/kN	$\bar{f}_b$/kN	$\bar{f}_N$/kN	N/kN	$\xi_1=\bar{f}/N$/%	$\xi=\bar{f}_N/N$/%
W-H1-0.2	3.5	1.5	2.0	231	**1.51**	**0.86**
W-H2-0.2	2.9	1.1	1.8	218	**1.33**	**0.83**
W-H3-0.2	2.7	1.1	1.6	191	**1.41**	**0.84**
W-H4-0.2	4.2	2.0	2.2	259	**1.62**	**0.85**
W-H5-0.2	4.8	1.5	3.3	245	**1.96**	**1.35**
W-H6-0.2	3.7	1.8	1.9	205	**1.82**	**0.93**
W-H4-0.4	5.8	1.3	4.5	518	**1.12**	**0.87**
W-H5-0.4	6.2	2.0	4.2	490	**1.26**	**0.86**
W-H6-0.4	4.6	1.2	3.4	408	**1.13**	**0.83**

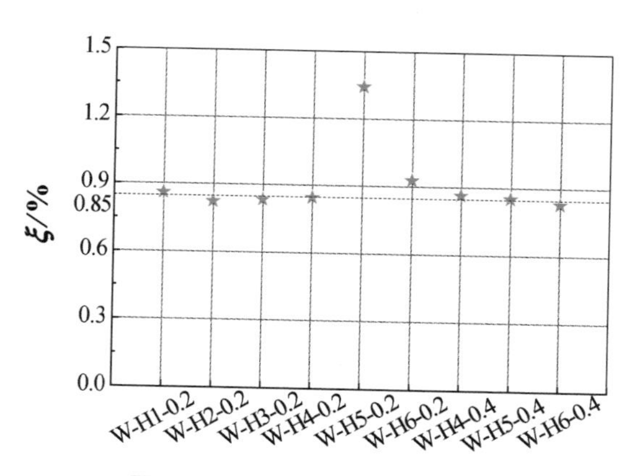

图 2-24 绕弱轴摩擦系数汇总

4. 全程摩擦力曲线

绕弱轴压弯系列各试件全程摩擦力曲线见图 2-25。

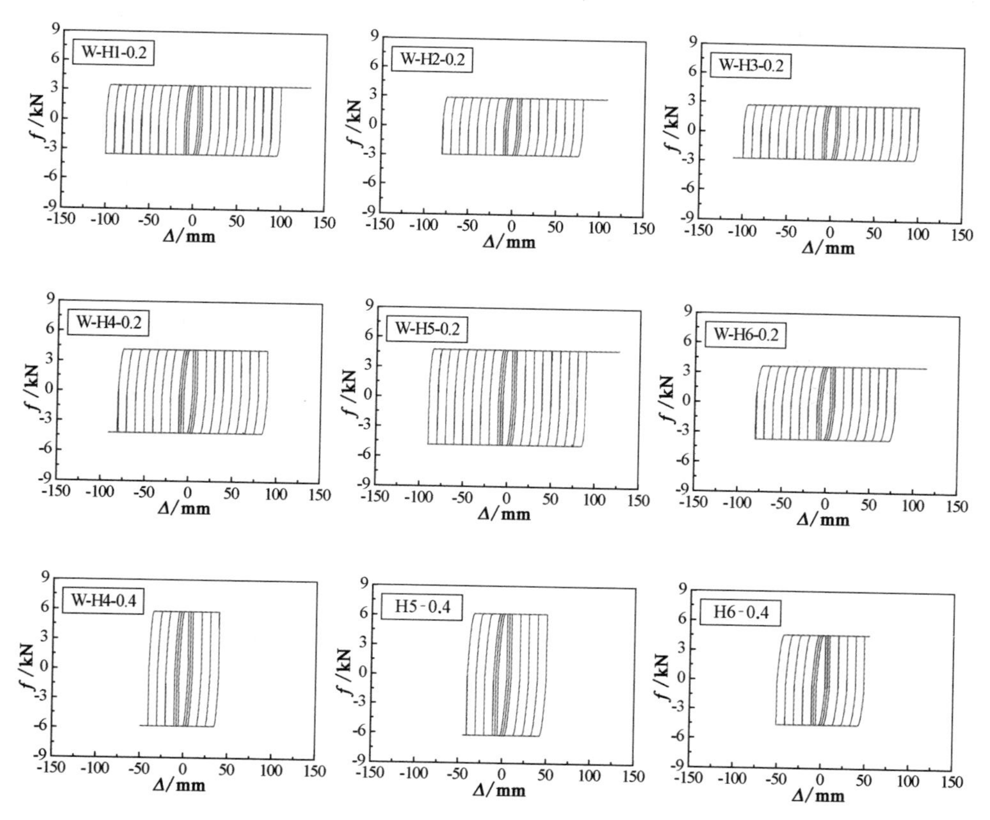

图 2-25 绕弱轴压弯各试件全程 $f-\Delta$ 曲线

5. 全程 $V-\Delta$ 曲线

从 $F-\Delta$ 曲线扣除 $f-\Delta$ 可得到全程 $V-\Delta$ 曲线，如图 2-26 所示。后续章节采用的均是扣除摩擦力后的水平力 V。

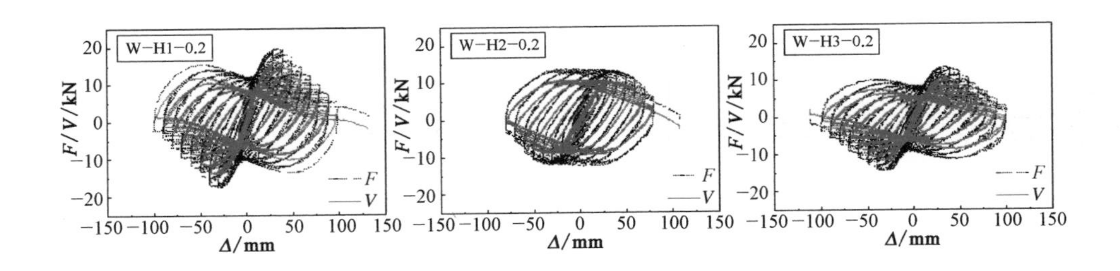

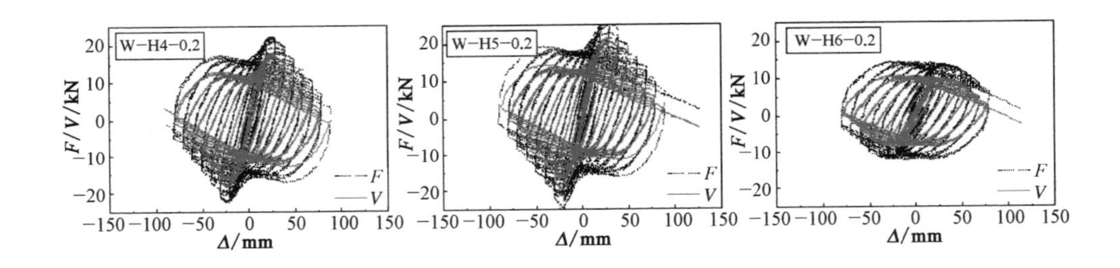

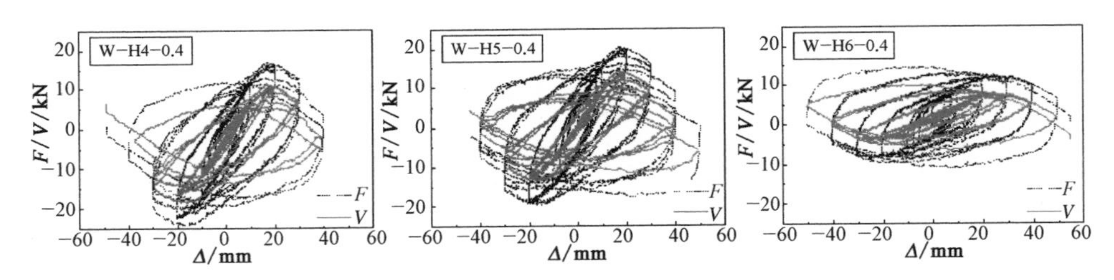

图 2-26　绕弱轴压弯各试件全程 V-Δ 曲线

2.2.3　绕强轴系列试验摩擦力处理

绕强轴压弯试验各试件的弹性段 $f-\Delta$ 曲线，列于图 2-27 中。由于强轴系列试验承载力较高，摩擦力影响较小，为计算方便不妨将所有 $n=0.2$ 的试件的摩擦力取为 $\bar{f}=3$ kN，$n=0.4$ 的试件摩擦力取为 $\bar{f}=6$ kN。然后按照式(2-19)的方法将其推广至全过程，如图 2-28 所示。后续章节采用的均是扣除摩擦力后的水平力 V。

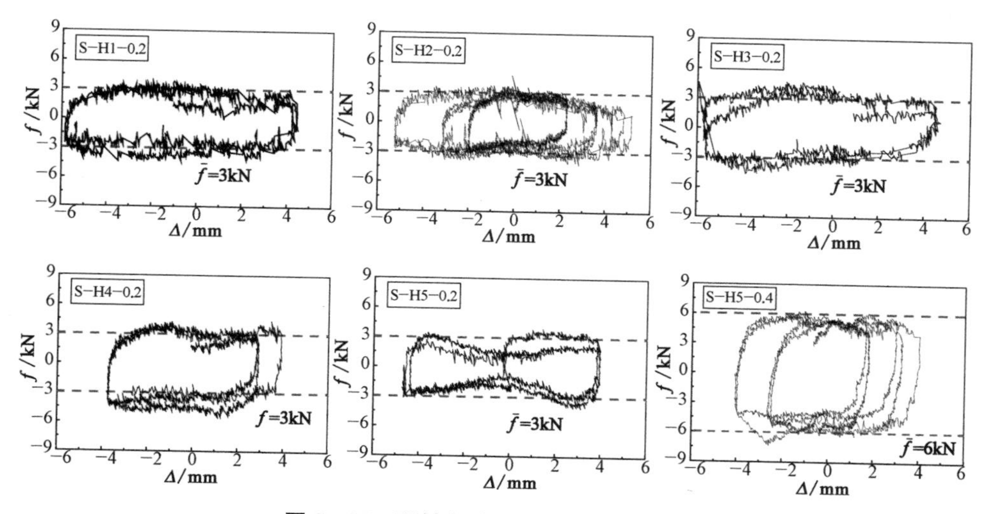

图 2-27 强轴各试件弹性段 $f-\Delta$ 曲线

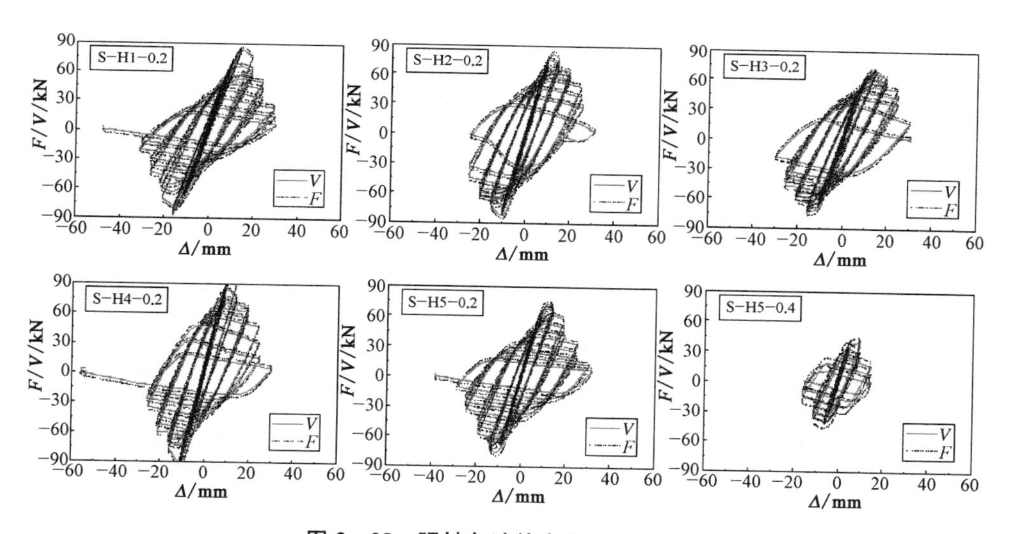

图 2-28 强轴各试件全程 $V-\Delta$ 曲线

2.3 二阶效应的影响

2.3.1 二阶效应作用

如图 2-29 所示，试件柱底截面弯矩 M 由两部分组成，包括一阶弯矩 M_1 和

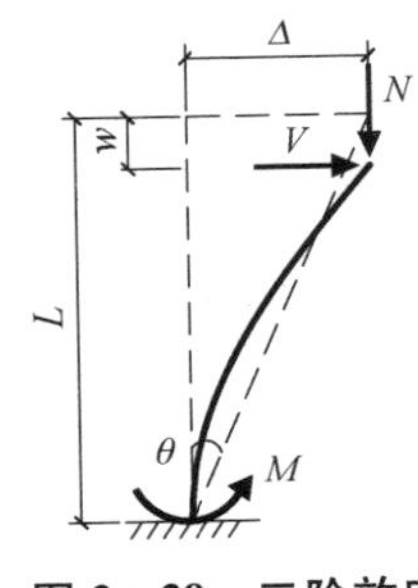

图 2-29 二阶效应

二阶弯矩 M_2。其中一阶弯矩为水平力产生的弯矩，二阶弯矩为轴压力在柱顶水平位移 Δ 上产生的弯矩，则有：

$$M_1 = VL \tag{2-20}$$

$$M_2 = N\Delta \tag{2-21}$$

$$M = M_1 + M_2 = VL + N\Delta \tag{2-22}$$

$$\theta = \Delta / L \tag{2-23}$$

式中，θ 为悬臂构件弦转角，L=1 500 mm。

相比没有二阶弯矩作用的构件，二阶弯矩的存在会使截面提前进入塑性或提前发生局部屈曲；且进入塑性后，二阶弯矩的存在会加剧构件塑性变形和鼓曲变形的发展，这些不利影响都是不可恢复的。

2.3.2 试件二阶效应的影响

为了考察二阶弯矩的影响，将 $V-\Delta$ 滞回曲线换算成 $M_1-\theta$ 滞回曲线(横纵坐标均为线性变换)，与 $M-\theta$ 滞回曲线置于同一张图中进行比较，绕强轴系列试验结果与绕弱轴系列试验结果分别列于图 2-30 和图 2-31 中，图中黑实线为 $M-\theta$ 滞回曲线，红虚线为 $M_1-\theta$ 滞回曲线。

对于绕强轴压弯的各试件(图 2-30)，强轴方向抗侧力刚度和承载力均较

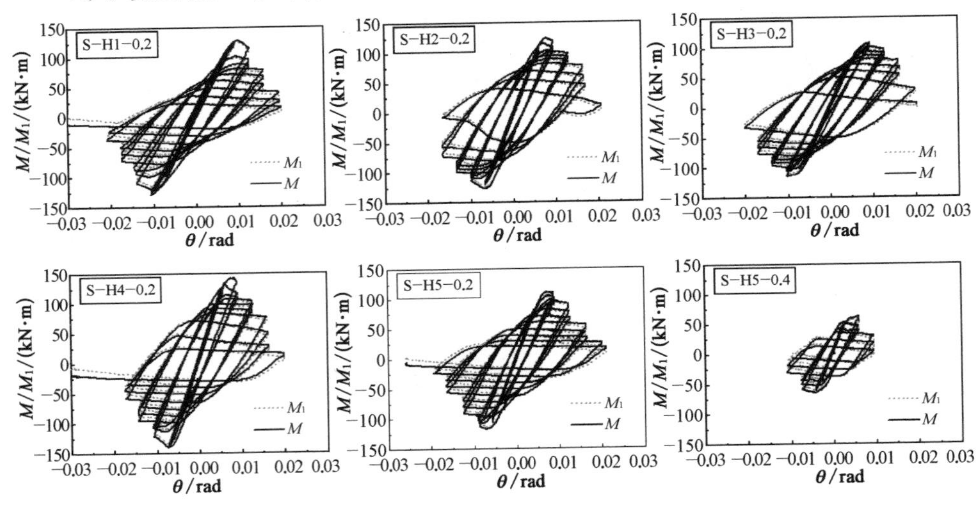

图 2-30 强轴各试件截面总弯矩与一阶弯矩比较

大，试件侧移小，轴压力产生的二阶弯矩影响较小，含二阶弯矩和不含二阶弯矩的滞回曲线基本重合，说明强轴系列试验中，二阶效应影响很小，可忽略不计。

对于绕弱轴压弯的各试件(图 2-31)，$M_1-\theta$ 与 $M-\theta$ 曲线差别较大，这是因为 H 形截面构件绕弱轴压弯的抗侧力刚度和抗弯承载力均较小，二阶弯矩在变形较大时在截面总弯矩中占有不可忽略的比重。二阶弯矩对构件滞回性能的影响以极限承载力为界分为极限前和极限后两个阶段。在试件达到极限荷载前，M_1 和 M_2 都随 θ 的增长而增长，但试件在达到极限前 M_2 值较小，故极限前对试件滞回性能起决定作用的是 M_1，二阶效应影响不明显；然而由于水平抗力比轴压力小很多，极限抗弯承载力中二阶弯矩所占的比例是不可忽略的。极限后，截面总弯矩 M 随着 θ 的增长而减小；轴压力为常数时，M_2 与 θ 始终呈线性关系，随着 θ 的增大，截面的大部分抗力甚至全部抗力均用来抵抗 M_2。

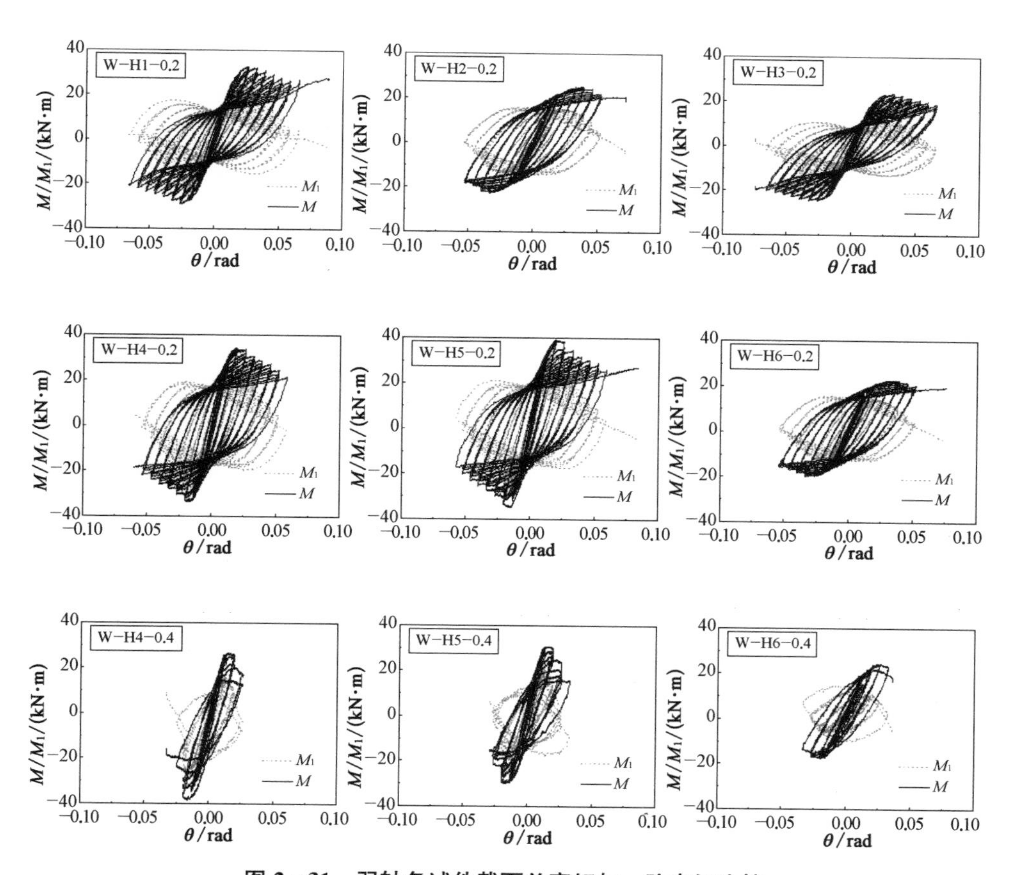

图 2-31　弱轴各试件截面总弯矩与一阶弯矩比较

2.3.3 二阶效应影响机理

由式(2-22)得弯矩增量的表达式为

$$\mathrm{d}M = L\mathrm{d}V + N\mathrm{d}\Delta \tag{2-24}$$

定义 $V-\Delta$ 曲线极限后的退化率为 K_{d}：

$$K_{\mathrm{d}} = \frac{\mathrm{d}V}{\mathrm{d}\Delta} = \frac{1}{L}\frac{\mathrm{d}M}{\mathrm{d}\Delta} - \frac{N}{L} \tag{2-25}$$

可见 K_{d} 由两部分组成，包括截面局部失稳引起的退化 $K_{\mathrm{d1}} = \frac{1}{L}\frac{\mathrm{d}M}{\mathrm{d}\Delta}$ 和轴力产生的二阶弯矩引起的退化 $K_{\mathrm{d2}} = -\frac{N}{L}$。

将 K_{d2} 用构件的初始弹性刚度 $K_0 = \frac{3EI}{L^3}$ 为基准进行无量纲化，得：

$$\begin{aligned}\frac{K_{\mathrm{d2}}}{K_0} &= -\frac{N}{LK_0} = -\frac{N}{Af_{\mathrm{y}}}\frac{Af_{\mathrm{y}}}{L}\frac{L^3}{3EI} = -\frac{n}{3}\frac{Af_{\mathrm{y}}L^2}{EI} \\ &= -\frac{n\pi^2}{12}\bar{\lambda}^2 = -0.82n\bar{\lambda}^2\end{aligned} \tag{2-26}$$

$$\bar{\lambda} = \sqrt{\frac{N_{\mathrm{y}}}{N_{\mathrm{cr}}}} = \sqrt{\frac{Af_{\mathrm{y}}\lambda^2}{\pi^2 EA}} = \frac{\lambda}{\pi}\sqrt{\frac{f_{\mathrm{y}}}{E}} = \frac{2L}{\pi i}\sqrt{\frac{f_{\mathrm{y}}}{E}} \tag{2-27}$$

式中，I 为绕强轴的截面惯性矩；i 为回转半径；λ 为构件长细比；$\bar{\lambda}$ 为构件相对长细比。

由式(2-26)可知 K_{d2}/K_0 由构件的相对长细比与轴压比决定，$\bar{\lambda}$ 和 n 越大，$V-\Delta$ 曲线极限后退化越严重。不同 n 作用下，K_{d2}/K_0 与 $\bar{\lambda}$ 的关系如图 2-32 所示。普通低多层框架柱的高度通常为 3～3.5 m，其绕强轴的相对长细比 $\bar{\lambda}_{\mathrm{x}}$ 在 0.1～0.4 之间，绕弱轴的相对长细比 $\bar{\lambda}_{\mathrm{y}}$ 在 0.3～1.0 之间；故当 H 形截面构件绕强轴压弯时，$K_{\mathrm{d2}}/K_0 \geqslant -0.05$；当 H 形截面构件绕弱轴压弯时，$K_{\mathrm{d2}}/K_0$ 可达到 -0.3。说明当 H 形截面构件绕强轴压弯时，二阶弯矩引起的刚度退化较小，而当其绕弱轴压弯时，二阶弯矩引起的刚度退化较大，这与图 2-30 和图 2-31 的结果相一致。

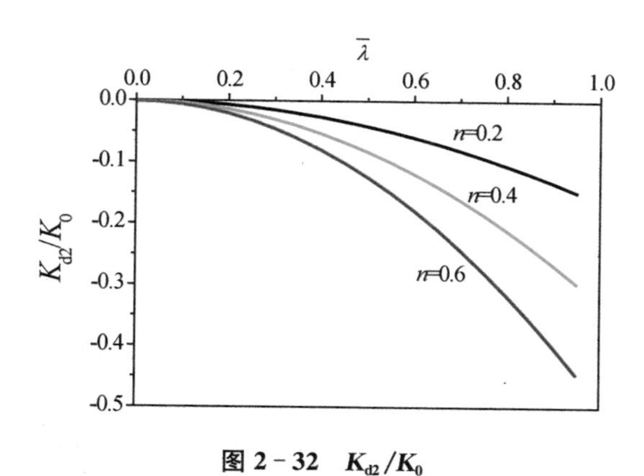

图 2-32　K_{d2}/K_0

2.3.4　$M-\theta$ 与 $V-\Delta$ 关系

$M-\theta$ 曲线提供的是构件截面抵抗外力作用的能力，与截面的几何构型及轴压比有关；而 $V-\Delta$ 曲线提供的是整个构件抵抗外力作用的能力，不光与截面的几何构型及轴压比有关，还与构件长细比及边界条件有关。

2.3.2 节及 2.3.3 节的分析显示 H 形截面构件绕强轴压弯的全过程及绕弱轴压弯的极限前阶段，二阶效应影响较小（K_{d2}/K_0 绝对值较小），可忽略二阶效应的影响，因此 $M-\theta$ 曲线与 $V-\Delta$ 曲线均能体现截面局部屈曲的影响。而 H 形截面构件绕弱轴压弯的极限后阶段，二阶效应作用明显（K_{d2}/K_0 绝对值较大），$M-\theta$ 曲线体现了局部屈曲导致的承载力退化性能，$V-\Delta$ 曲线显示的是截面局部屈曲与二阶效应的耦合作用，难以直接体现局部屈曲的影响。本书的研究重点在于得到截面局部屈曲对构件抗震性能的影响，故更关注 M 与 θ 的关系，V 与 Δ 的关系可在 $M-\theta$ 关系的基础上考虑二阶弯矩的作用得到。因此后续各节中，除特别说明，都是对含二阶弯矩的截面弯矩 $M-\theta$ 曲线进行分析。

2.4　绕强轴系列试验结果分析

本节对非塑性铰 H 形截面强轴系列试件的破坏机制、滞回曲线、极限承载力、延性和耗能能力等进行了详细的分析，特别关注了翼缘与腹板的屈曲相关作用及轴压比对板件相关作用的影响。

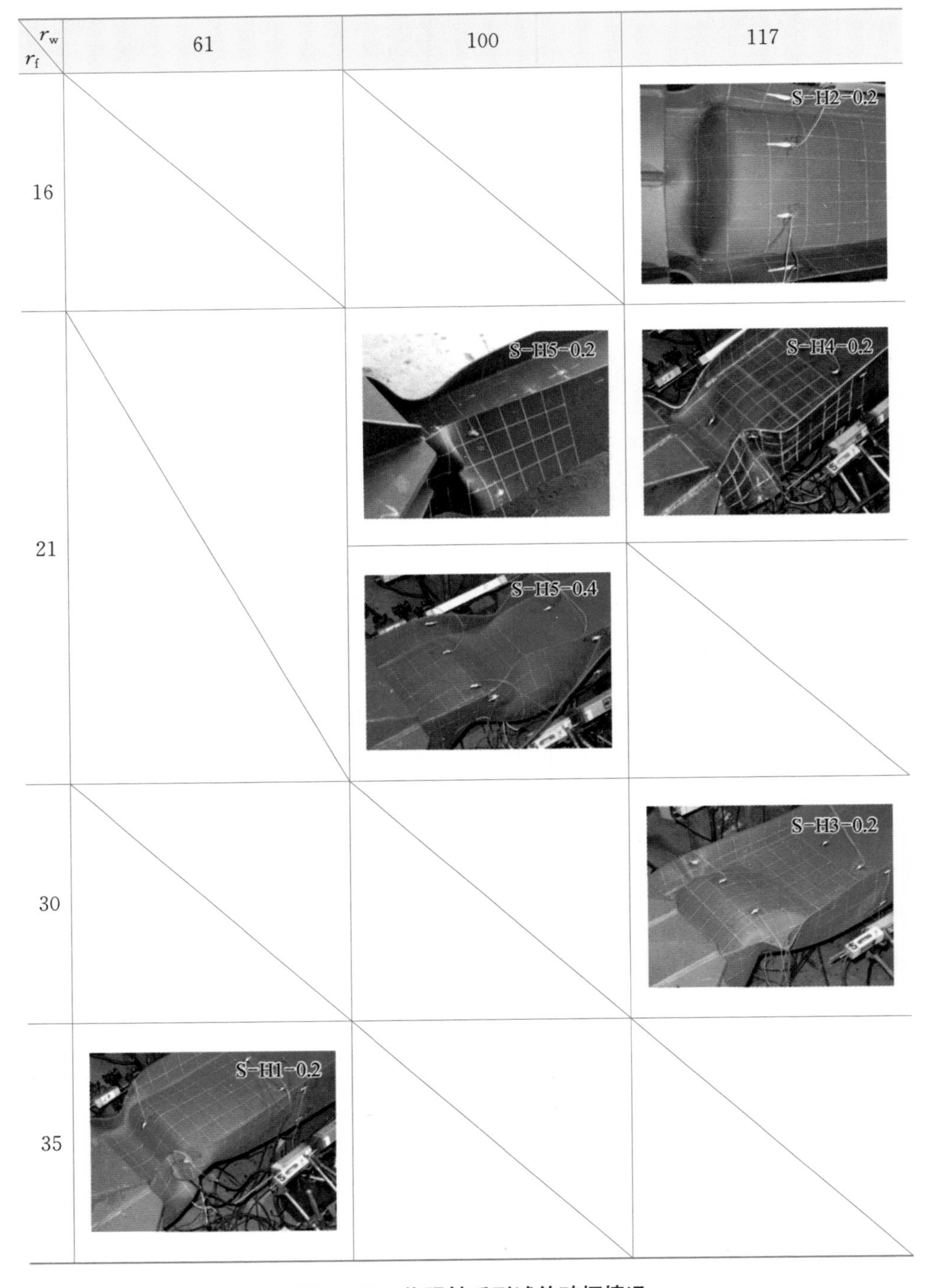

图 2-33　绕强轴系列试件破坏情况

2.4.1　试件屈曲破坏机制

1. 试件屈曲破坏形态

近柱底部分构件段的局部屈曲破坏是所有试件的主导破坏模式，没有发现平面外整体弯扭失稳的发生。将各试件在达到最大水平位移状态时的破坏图按照板件宽厚比和轴压比的顺序列于图 2－33。由于板件宽厚比较大，所有试件的翼缘和腹板都发生了明显的鼓曲变形。对于试件 S－H2－0.2，因为翼缘和腹板刚度差异较大，导致翼缘和腹板在加载后期不能协同变形，最终在 $\theta=\pm 1/75$ rad的加载级，在翼缘-腹板连接处焊缝产生了裂缝，裂缝发生后，承载力和刚度迅速退化。由于各试件的屈曲变形均很严重，较难从变形图判断出板件宽厚比及轴压比对屈曲变形的影响，需借助应变图判断。

2. 试件应变及屈曲应力

通过试件板件应变发展图可以判定板件是否发生局部屈曲，并给出局部屈曲的发生时刻。屈曲前，受压板件的压应变沿板件厚度方向基本相同；屈曲后，板件的凸起面受到拉伸将会停止增长压应变并产生增量拉应变；板件的凹起面则会继续增长压应变，即板件相同位置沿厚度方向的应变发生分叉。图 2－34 和图 2－35 分别显示了各试件 3－3 截面上翼缘和腹板同一位置正反两面的应变片在弯矩作用下的应变发展过程，可以看到各个试件的翼缘和腹板上的应变

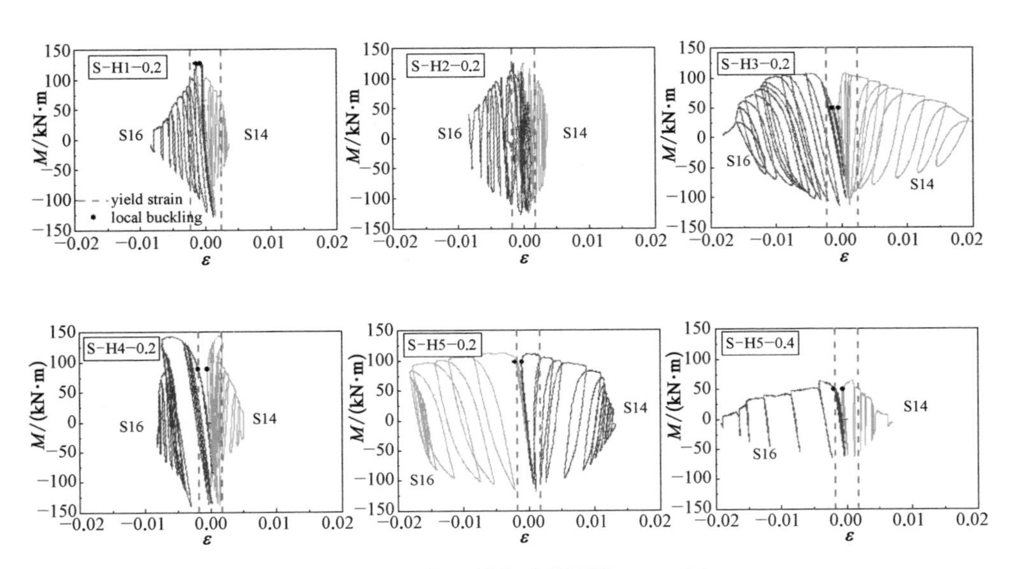

图 2－34　绕强轴各试件翼缘 $M-\varepsilon$ 图

同时发生分叉，说明翼缘和腹板在弯矩作用下同时发生了屈曲，可从中提取各试件的屈曲应变 ε_{cr}。随着鼓曲变形的发展，试件达到极限承载力，随着鼓曲变形与塑性变形的不断发展，试件的承载力和刚度发生严重退化，直至失去抵抗水平外力的能力。

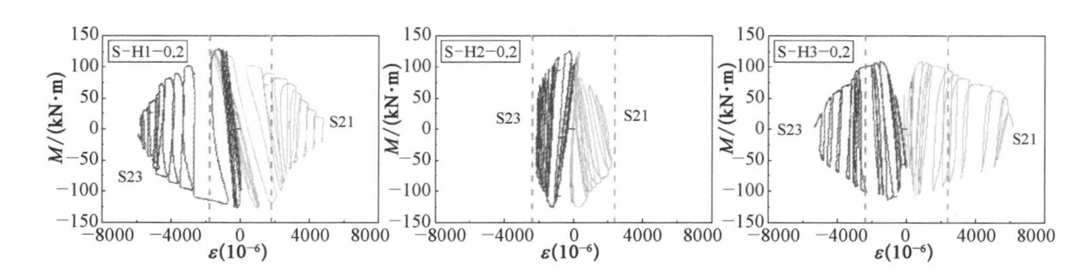

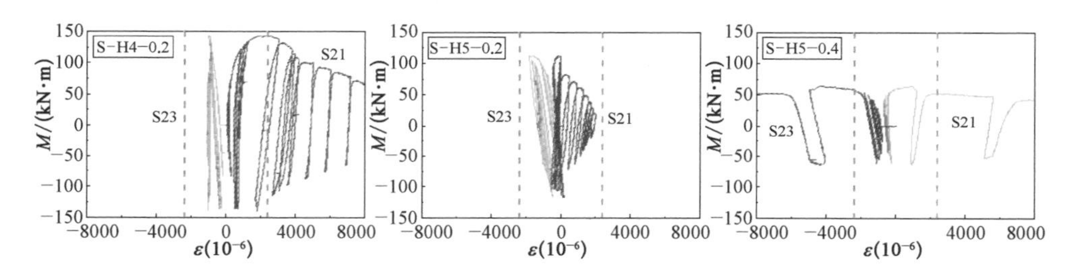

图 2-35　绕强轴各试件腹板 $M-\varepsilon$ 图

把翼缘看成三边简支一边自由的单向均匀受压板，把腹板看成 4 边简支的单向均匀受压板，并通过乘以 0.9 的系数考虑几何初始缺陷及残余应力等的影响，板件弹性临界屈曲应力表示为

$$\sigma_{crf} = 0.9\frac{k_f \pi^2 E}{12(1-\nu^2)(b_f/t_f)^2} \tag{2-28}$$

$$\sigma_{crw} = 0.9\frac{k_w \pi^2 E}{12(1-\nu^2)(h_w/t_w)^2} \tag{2-29}$$

其中，$k_f = 0.425$，$k_w = 7.81 - 6.29\psi + 9.78\psi^2$，$\psi = 2n - 1$（EN1993-1-5[23]）。

从图 2-34 和图 2-35 中提取屈曲应变 ε_{cr}，换算成屈曲应力 $\sigma_{cr} = E\varepsilon_{cr}$；并计算各试件的 σ_{crf}，σ_{crw} 和 $\sigma_N = N/A$，一并列于表 2-5 中。比较发现所有试件均有 $\sigma_{cr} > \sigma_N$，说明板件在轴压力作用下没有发生屈曲，板件的屈曲由弯矩作用引起。所有试件的翼缘和腹板同时发生屈曲，并有 $\sigma_{crf} < \sigma_{cr} < \sigma_{crw}$，说明在本试

验参数设置范围内，若不考虑板件相关作用，翼缘相对腹板更容易发生屈曲。正是由于翼缘腹板之间的相关作用，使板件同时发生失稳，实际屈曲应力有异于单板的临界屈曲应力，具体表现为相对厚实的相邻板件的存在会推迟相对薄柔板件屈曲的发生，反之亦然，因此证明了翼缘-腹板相关作用的存在。且 S－H4－0.2，S－H5－0.2，S－H5－0.4 的屈曲应力大于屈服应力，说明翼缘腹板相关作用在塑性阶段依然存在。

表 2－5　板件屈曲应力

试件编号	σ_N/MPa	σ_{crf}/MPa	σ_{crw}/MPa	σ_{cr}/MPa
S－H1－0.2	68.9	121	1 020	260
S－H2－0.2	69.1	432	430	—
S－H3－0.2	66.9	159	426	298
S－H4－0.2	69.3	243	430	375
S－H5－0.2	69.5	243	591	412
S－H5－0.4	139.0	243	419	396

注：由于试件 S－H2－0.2 的 3－3 截面的应变片没有布置在试件的局部屈曲变形最大位置，试验没能给出判断试件 S－H2－0.2 屈曲发生的应变数据。

2.4.2　$M-\theta$ 滞回曲线

本节通过分析柱底弯矩-弦转角（$M-\theta$）滞回曲线考察 H 形截面压弯构件绕强轴反复弯曲的滞回性能，其中 M 与 θ 的计算方法见式（2－22）和式（2－23），将各试件的 $M-\theta$ 滞回曲线按照板件宽厚比和轴压比的顺序列于图 2－36 中，并标出了各试件的边缘屈服弯矩 M_{ecx}。

滞回曲线的发展过程与试件的破坏模式相对应，总结为“屈服-强化-极限-极限后”4 阶段。首先，局部屈曲发生前，试件保持弹性，M 与 θ 呈线性变化；由于板件宽厚比较大，M 在 M_{ecx} 附近时，翼缘和腹板同时发生屈曲，屈曲后应力发生重分布，屈曲变形从试件屈曲域向试件未屈曲域扩展，对应着试件刚度退化，但承载力持续增长，并很快达到极限承载力；随着屈曲变形和塑性变形的不断发展，承载力发生退化，耗能能力降低，且构件的退化程度与翼缘腹板宽厚比及轴压比均有关。对于试件 S－H2－0.2，裂缝产生后，滞回曲线的刚度和承载力迅速退化，并很快完全退出工作。

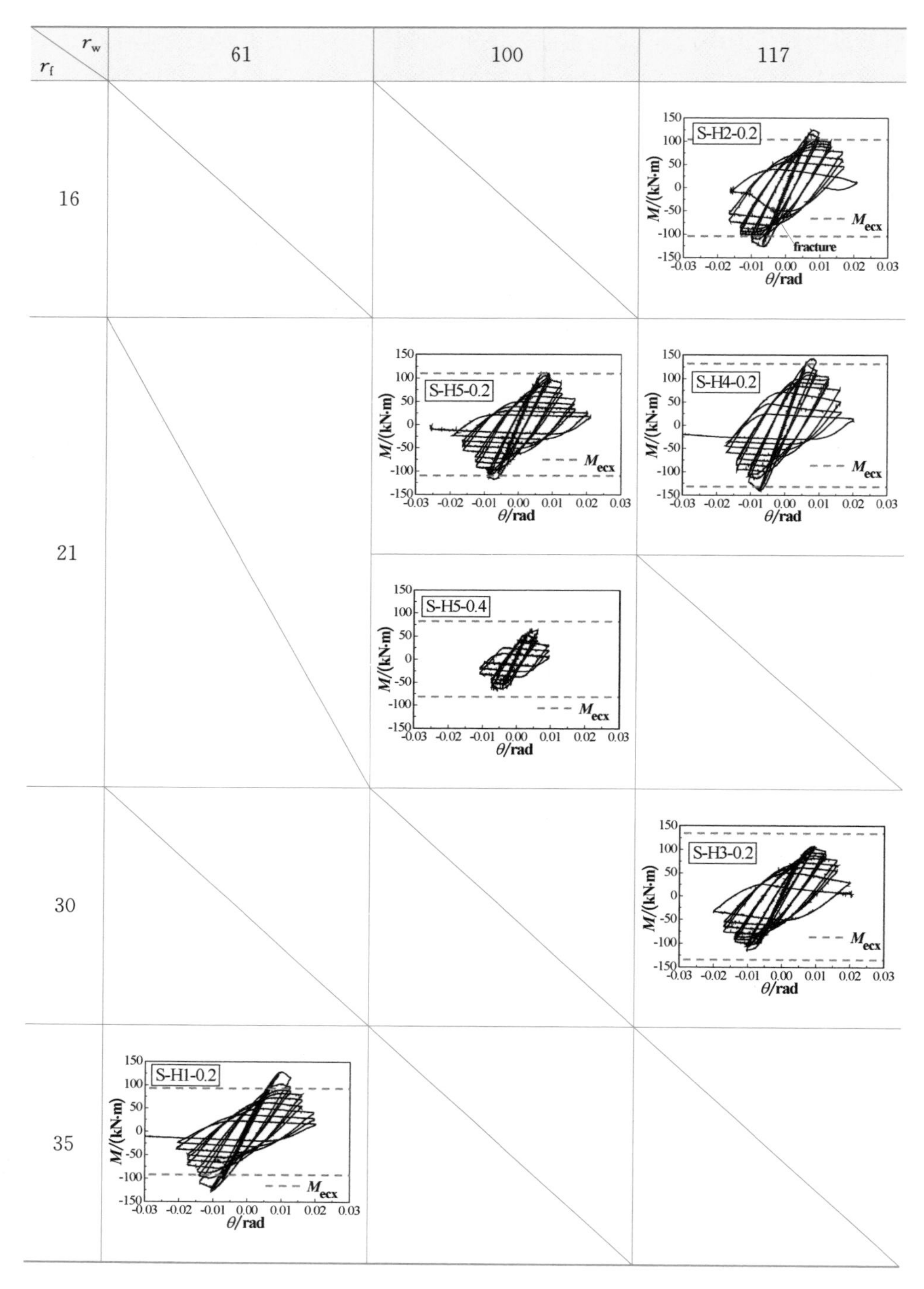

图 2-36　绕强轴各试件 $M-\theta$ 滞回曲线汇总

2.4.3　极限抗弯承载力

极限抗弯承载力 M_u 可从各试件的 $M-\theta$ 曲线提取峰值得到，无量纲化的极限承载力（M_u/M_{ec} 和 M_u/M_{pc}）在一定程度上体现了截面发展塑性的能力。将各试件 M_{ux}/M_{ecx} 和 M_{ux}/M_{pcx} 的结果汇总于表 2-6 中。可以看到所有试件的 M_{ux}/M_{pcx} 均小于 1，而 M_{ux}/M_{ecx} 有大于 1 也有小于 1 的情况，说明所选试件达到极限状态时处于弹性状态或只能发展有限塑性，属于Ⅲ类或Ⅳ类截面的范畴。而图 2-5 显示根据 EN1993-1-1[4]，所有试件均属于Ⅳ类截面，这是因为现行规范没有考虑板件相关作用，说明在考虑板件相关作用的前提下，可将板件宽厚比限值放宽。

表 2-6　试件极限承载力汇总

试件编号	M_{ecx}/(kN·m)	M_{pcx}/(kN·m)	M_{ux}/(kN·m)	M_{ux}/M_{ecx}	M_{ux}/M_{pcx}
S-H1-0.2	92.6	153.9	128.68	1.389	0.836
S-H2-0.2	104.3	155.9	125.94	1.207	0.808
S-H3-0.2	134.2	172.9	111.92	0.834	0.647
S-H4-0.2	131.9	188.4	141.67	1.075	0.752
S-H5-0.2	109.6	153.4	114.62	1.046	0.747
S-H5-0.4	82.3	130.7	64.20	0.780	0.491

将 M_{ux}/M_{ecx} 和 M_{ux}/M_{pcx} 的结果按照板件宽厚比和轴压比的顺序列于图 2-37 中。试件 S-H1-0.2 的翼缘宽厚比最大，而其 M_{ux}/M_{ecx} 值最大，主要原因是该试件的翼缘屈服应力大于腹板屈服应力（f_{yf}=479 MPa，f_{yw}=349 MPa），

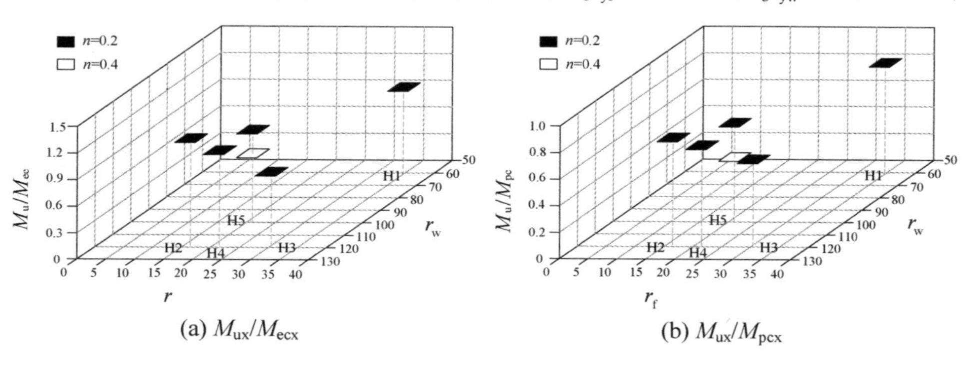

图 2-37　试件极限承载力

M_{ecx}是根据腹板边缘达到屈服确定的，而此时翼缘还处于弹性状态。除试件S-H1-0.2，其他试件翼缘越薄柔，M_{ux}/M_{ecx}和M_{ux}/M_{pcx}越小；而腹板宽厚比与M_{ux}/M_{ecx}和M_{ux}/M_{pcx}没有明显的趋势，说明翼缘宽厚比对极限承载力有重要影响，腹板宽厚比在所选试件宽厚比范围内不是极限承载力的决定因素。还可以看到，M_{ux}/M_{pcx}随着轴压比的增大而减小。从而说明翼缘宽厚比和轴压比是试件塑性发展程度的主要影响因素。

2.4.4 延性

延性是构件抗震性能的一个重要特征，表征了地震荷载作用下构件的塑性变形能力，采用延性系数($\mu=\theta_u/\theta_e$)定量描述构件的延性能力。目前关于极限位移(θ_u)和屈服位移(θ_e)的选取还没有统一标准，本书将根据稳定理论采用考虑轴压力影响的屈服弦转角作为θ_e，参见2.1.9节，取骨架曲线极限后0.85倍极限荷载所对应的位移为θ_u，如图2-38所示。

骨架曲线取滞回曲线各加载级第一周循环的峰值点所连成的包络线，图2-39列出了M/M_{pcx}-θ滞回曲线的骨架曲线，取骨架曲线极限后0.85倍极限荷载所对应的位移为θ_u，进而可得到各试件的延性系数$\mu=\theta_u/\theta_e$。

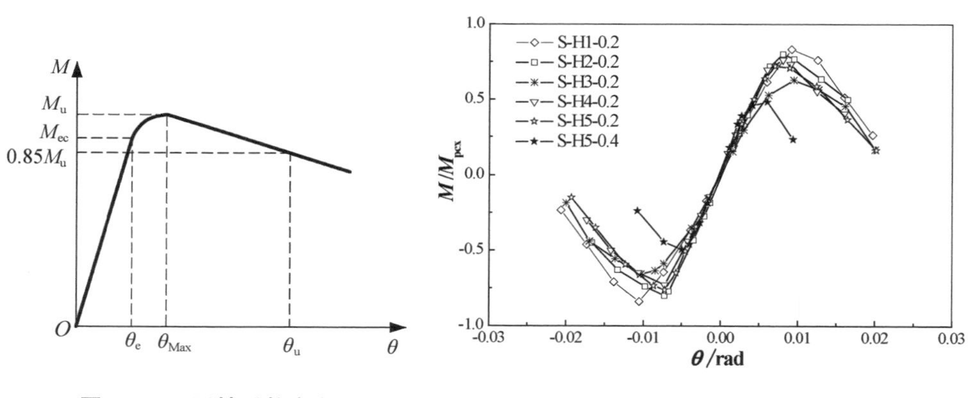

图2-38　延性系数定义　　图2-39　骨架曲线汇总

各试件μ分别以表和图的形式列于表2-7和图2-40中，各试件的延性系数在2～3之间，表明各试件均具有一定的但有限的塑性变形能力；但较之塑性铰截面构件，无论从延性的定义还是延性值，都可认为非塑性铰截面构件是一种“弱延性”的构件。还可看到μ与翼缘腹板宽厚比和轴压比之间的变化趋势与极限承载力与这些参数的关系类似。

表 2-7　试件延性系数汇总

试件编号	θ_e/rad	θ_u/rad	$\mu=\theta_u/\theta_e$
S-H1-0.2	0.004 68	0.013 83	2.96
S-H2-0.2	0.003 89	0.011 70	3.01
S-H3-0.2	0.005 73	0.013 67	2.38
S-H4-0.2	0.003 89	0.010 87	2.80
S-H5-0.2	0.004 54	0.011 33	2.50
S-H5-0.4	0.003 42	0.007 43	2.17

2.4.5　耗能能力

耗能能力是构件抗震性能的另一个重要指标。国内通常按照极限后荷载下降到 85%M_u 对应的滞回曲线所包围的面积来衡量[11,124]，但该方法对于非塑性铰截面构件具有较大离散性且不能体现全过程塑性及屈曲发展特性。因此本书采用全过程能量系数评价构件耗能能力及其发展过程。

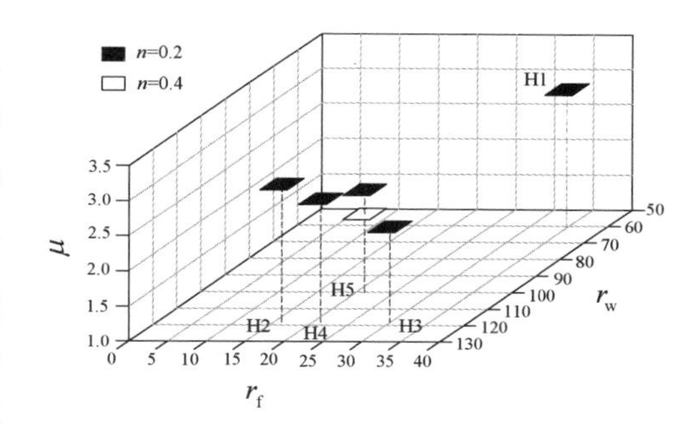

图 2-40　μ

构件消耗的总外力功(E)包括水平力做功(E_V)与轴压力做功(E_N)，其中：

$$E = E_V + E_N \tag{2-30}$$

$$E_V = \sum V\Delta \tag{2-31}$$

$$E_N = \sum Nw \tag{2-32}$$

采用屈服弯矩与屈服转角的乘积将总外力功(E)无量纲化，得到无量纲化的累计耗能量 $\overline{E}$ ：

$$\overline{E} = \frac{E}{M_{ec}\theta_e} \tag{2-33}$$

通过考察 $\overline{E}$ 及 E_V/E 的关系，可研究构件耗能能力的发展过程。$\overline{E}$ 表征了构件发展塑性耗能的总能力，$\overline{E}$ 越大耗能能力越好；E_V/E 表征了构件塑性能耗用来抵抗水平地震的部分，也表征了竖向力所产生的伴随功所占的比例，E_V/E 越大，说明构件越多的能耗部分可用来抵抗水平地震，构件耗能性能越好。

将各试件每个加载循环（$0\sim\theta\sim-\theta\sim0$）的各项耗能量进行累加，无量纲化后得到累计耗能量 $\overline{E}$ 及 E_V/E，分别列于图 2-41(a)，(b)中，其中横坐标为无量纲化的累积变形 $\bar{\theta}=\sum(\theta/\theta_e)$（$\theta$ 为每个加载循环的位移峰值）。当绕强轴压弯时，由于所选试件的宽厚比均较大，板件宽厚比对 $\overline{E}$ 的影响不明显，在本试验范围内轴压比是对耗能能力影响最显著的因素，轴压比越大，耗能量 $\overline{E}$ 越低。轴压比较小的试件（$n=0.2$），E_V/E 加载初期在 0.8 左右，并随着水平位移的增加而降低；轴压比较大的试件，E_V/E 加载初期只有 0.3 左右，也随着水平位移的增加而降低，说明构件的塑性耗能能力大部分用来抵抗竖向力产生的伴随功。

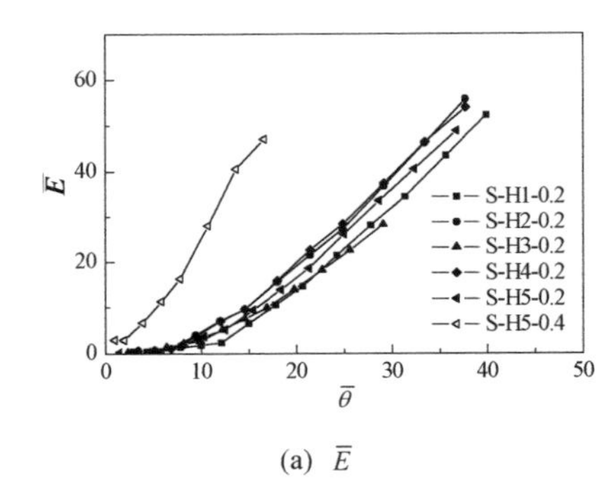

(a) $\overline{E}$

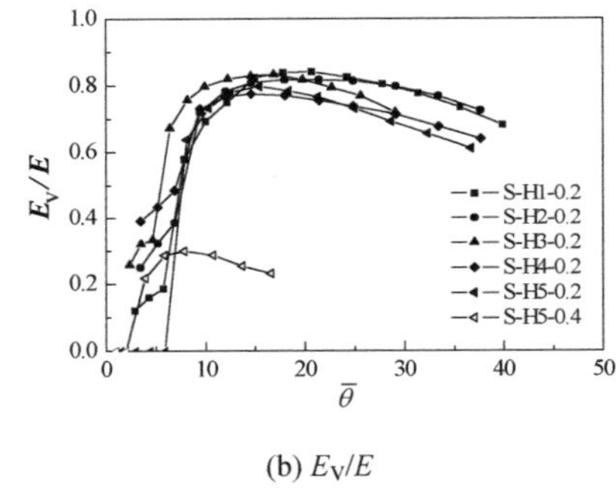

(b) E_V/E

图 2-41　耗能指标

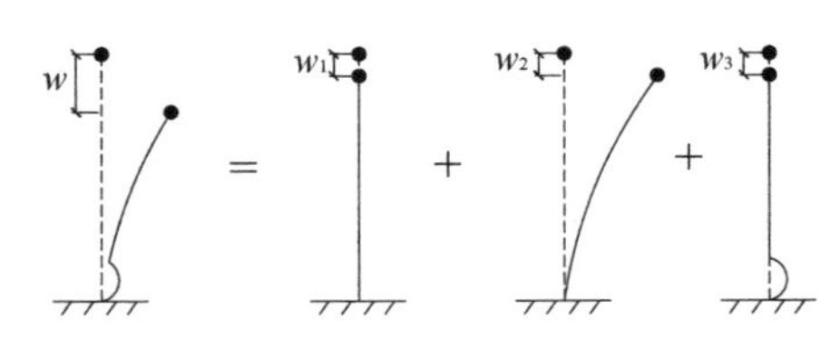

图 2-42　试件竖向变形组成关系

试件水平功分量 E_V/E 的变化趋势可从构件竖向变形获得解释，如图 2-42 所示，悬臂柱构件的总竖向位移 w 由 3 部分组成，包括轴压力产生压缩变形（w_1），水平侧移产生的几何竖向位移（w_2），以及局部屈曲导致的竖向变形（w_3）。w_1 值很小，故压缩变形所产生的外力功可忽略不计；在计算累积耗能时，加载循环为 $0\sim\theta\sim-\theta\sim0$，因此每级加载循环 $\sum w_2=0$；可认为竖向力产生的外力功几乎全部由局部屈曲导致的竖向变形（w_3）所贡献。

图 2-43 显示了各试件的竖向位移图，当非塑性铰 H 形截面构件绕强轴压弯时，屈曲破坏严重，竖向变形明显，构件分给竖向力的部分就越大，导致抵抗水平地震的能量就越小，故构件抵抗水平地震的能力有限。

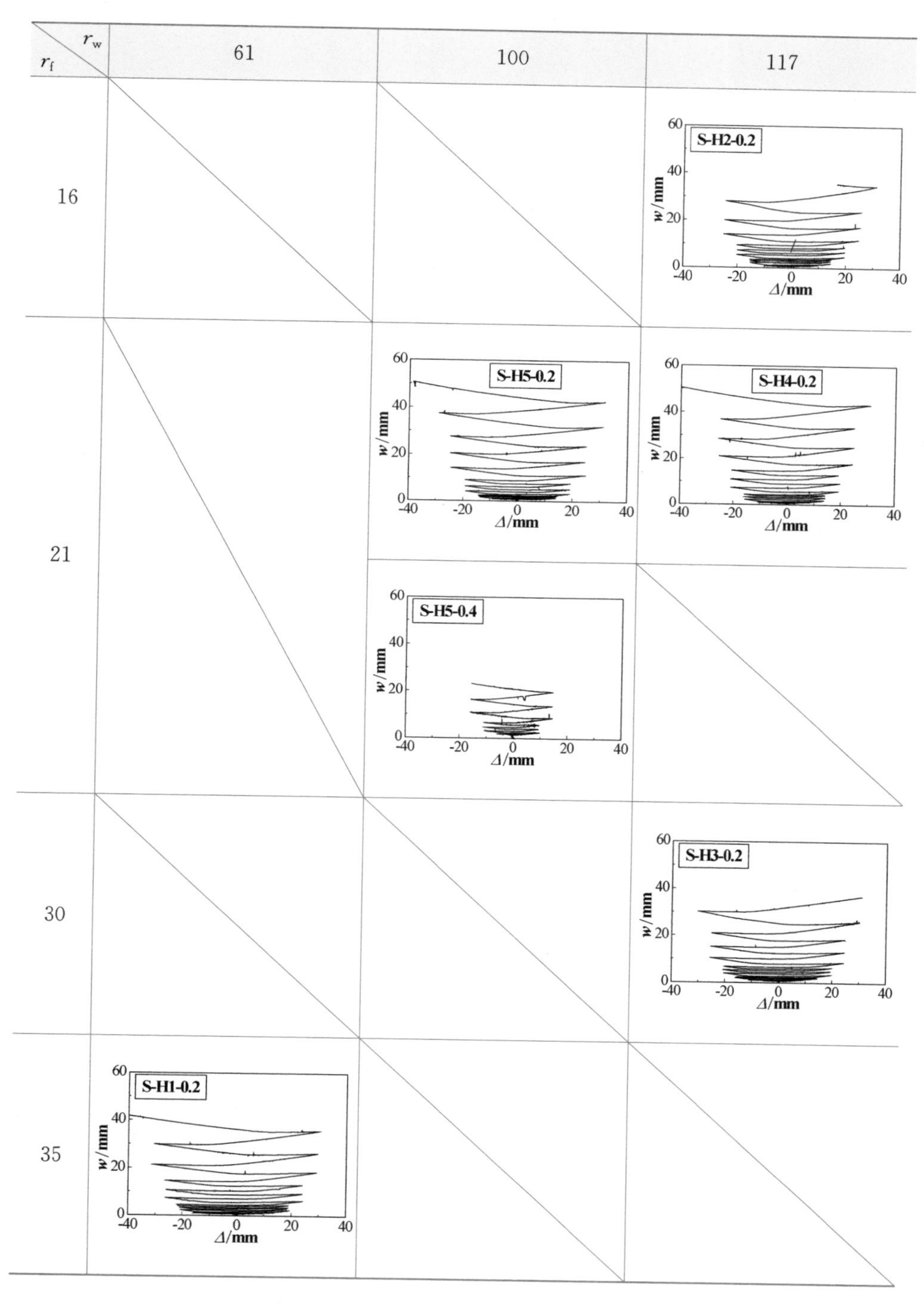

图 2－43　绕强轴各试件的 w 值曲线

2.5 绕弱轴压弯系列试验结果分析

本节对非塑性铰H形截面构件绕弱轴系列试件的破坏机制、滞回曲线、极限承载力、延性和耗能能力等进行了详细的分析，并特别关注了翼缘与腹板的屈曲相关作用及轴压比对翼缘与腹板相关作用的影响。

2.5.1 试件屈曲破坏机制

1. 试件屈曲破坏形态

近柱底部分构件段的局部屈曲破坏是所有试件的主导破坏模式，没有发现弯矩作用平面外整体弯扭失稳的发生。将各试件达到最大水平位移时刻的破坏图片按照板件宽厚比和轴压比的顺序列于图 2-44 中，可以看到所有试件的翼缘均发生了严重的局部屈曲变形；轴压比为 0.2 的试件腹板的鼓曲变形较小或没有鼓曲，轴压比为 0.4 的各试件的腹板均有明显的鼓曲变形。

试件的屈曲形式及屈曲变形的发展程度可体现翼缘腹板宽厚比及轴压比对构件性能的影响。当 r_f和 n 相同而 r_w不同时，试件的屈曲形式相同，屈曲变形程度也相似，说明在试验参数范围内 r_w对试件滞回性能影响较小；当 r_w和 n 相同而 r_f不同时，试件的屈曲形式相同，屈曲变形程度随着 r_f的减小而减小，说明 r_f对试件滞回性能影响较大；当 r_f和 r_w相同而 n 不同时，试件的屈曲形式及鼓曲程度均有较大差异，说明 n 对试件滞回性能有重要影响。

注意到 W-H5-0.4 和 W-H6-0.4 是一组 r_w相同，r_f不同，且轴压比较大的试件，这两个试件的翼缘和腹板都发生了明显的屈曲变形，但 r_f较小的 W-H6-0.4，其翼缘和腹板的变形均要明显小于 r_f较大的 W-H5-0.4，说明腹板的变形程度与翼缘的宽厚比有关，翼缘宽厚比越小，腹板变形越小，翼缘宽厚比越大，腹板变形越大，这是翼缘与腹板塑性阶段板件屈曲相关的有力证据。

2. 试件应变发展过程

图 2-45 列出了各试件 3-3 截面翼缘同一位置正反两面的应变片在弯矩作用下的应变发展图，结果显示所有试件的翼缘均发生了严重的局部屈曲。图 2-46 和图 2-47 分别列出了各试件 3-3 截面腹板同一位置正反两面的应变片在轴压力和弯矩作用下的应变发展过程。

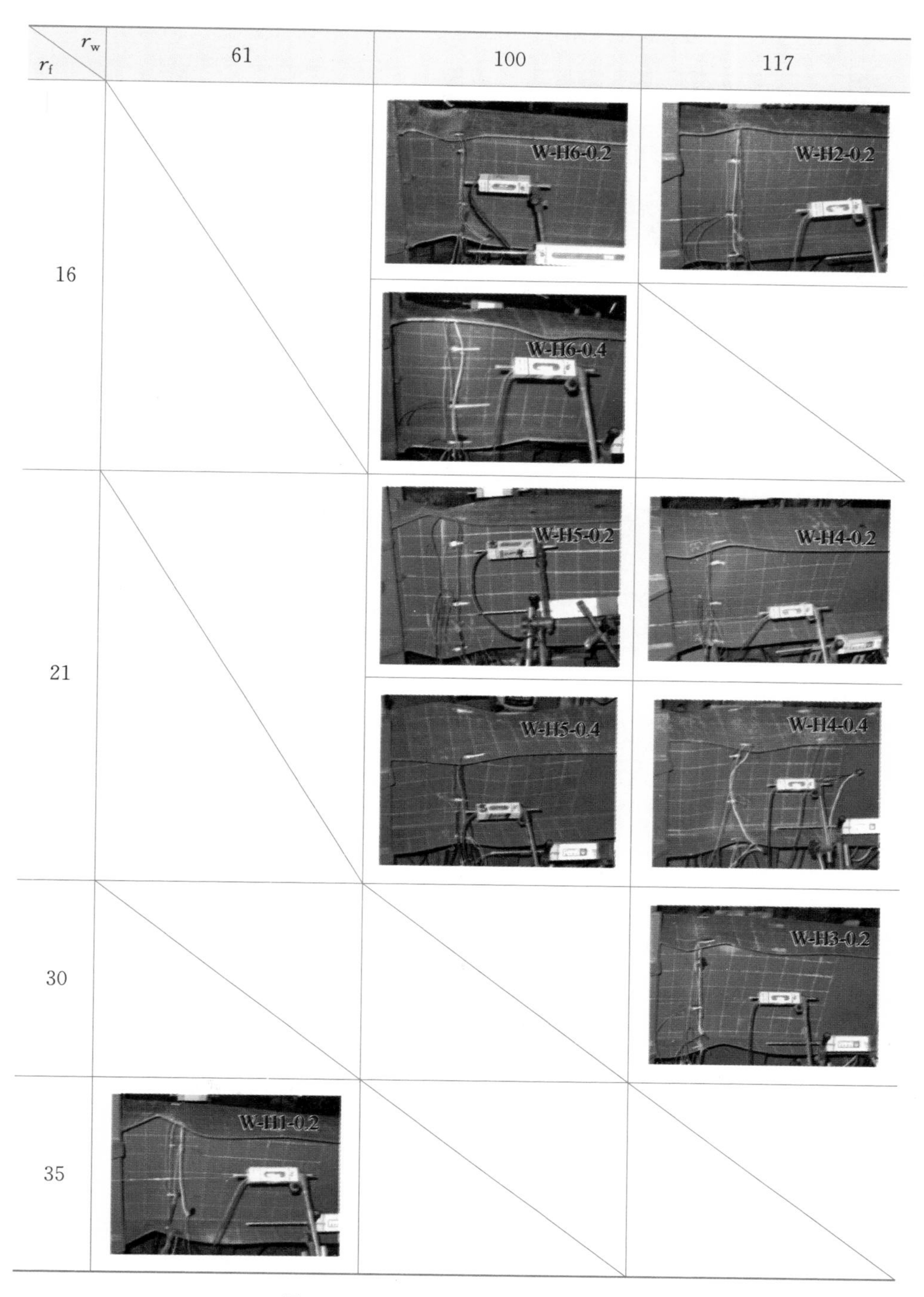

图 2-44　绕弱轴系列试件破坏情况

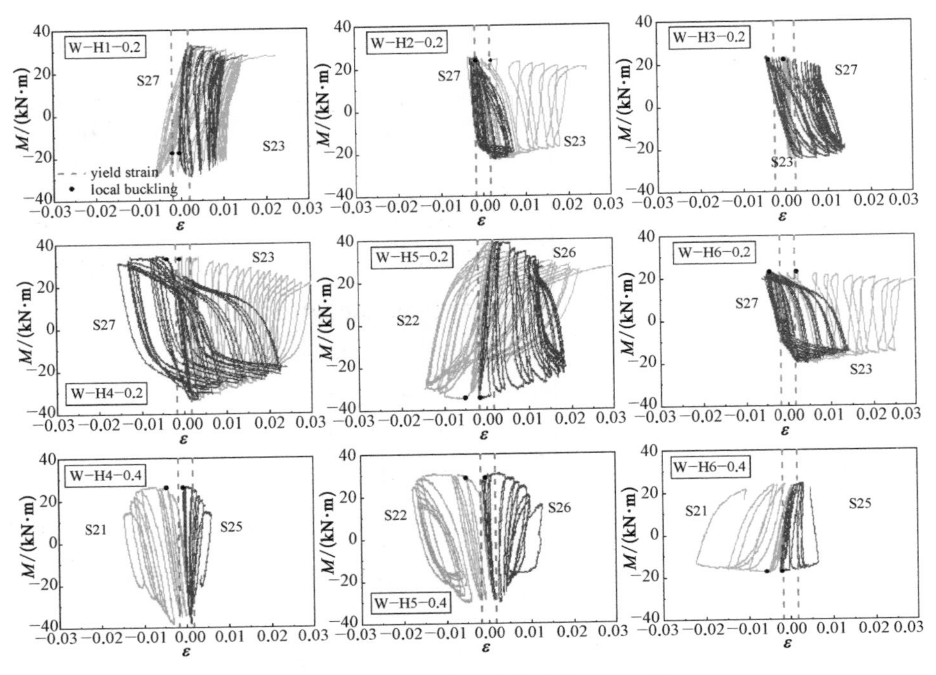

图 2-45　绕弱轴各试件翼缘 $M-\varepsilon$ 图

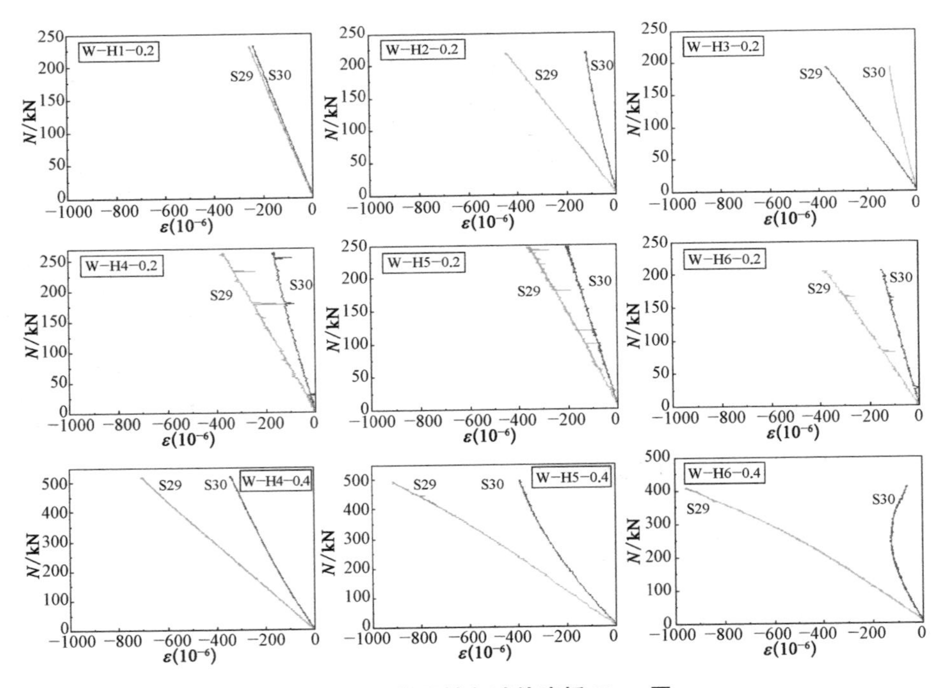

图 2-46　绕弱轴各试件腹板 $N-\varepsilon$ 图

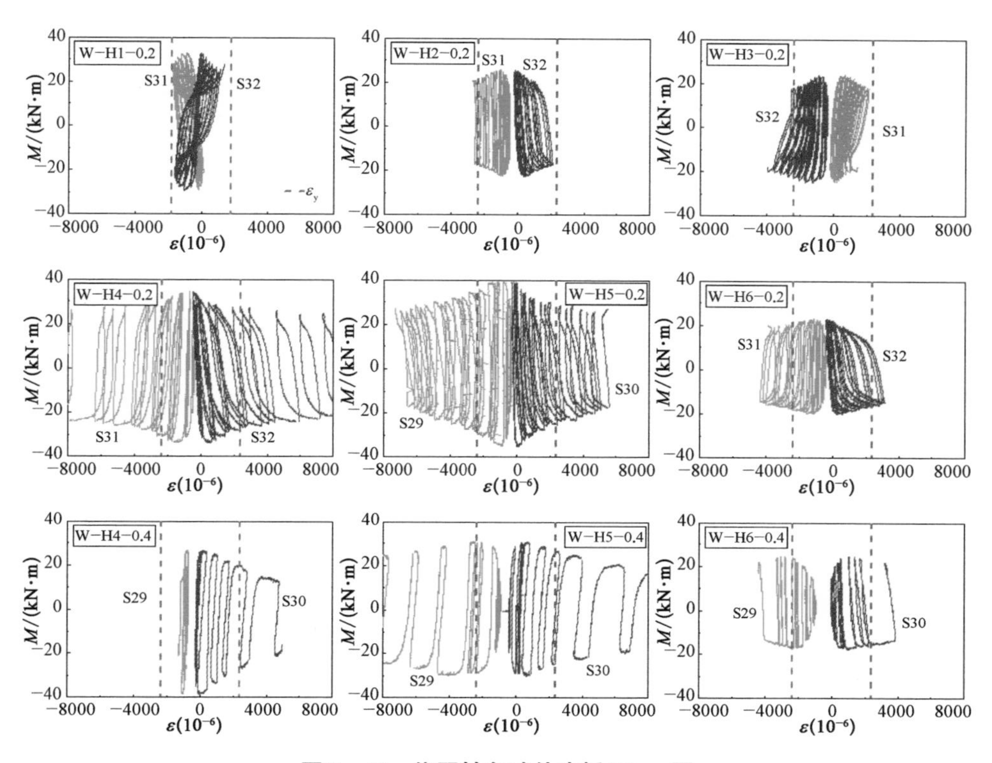

图 2-47　绕弱轴各试件腹板 M-ε 图

H形截面钢构件绕弱轴压弯的局部屈曲模式根据腹板的屈曲形式可分为无屈曲、弯曲屈曲和轴压屈曲三种形式，如图2-48所示。其中试件W-H1-0.2由于腹板最为厚实且轴压比较小，其腹板在整个加载过程中始终没有发生屈曲(图2-48(a))。试件W-H2-0.2～W-H6-0.2，在轴压力作用下保持挺直；然而随着弯矩的增加，受压翼缘发生屈曲，翼缘的屈曲不但导致腹板边界条件的改变，同时还使中性轴往受拉翼缘方向移动以致腹板应力的增加，腹板发生屈曲，说明了翼缘-腹板的相关作用的方式(图2-48(b))。试件W-H4-0.4～

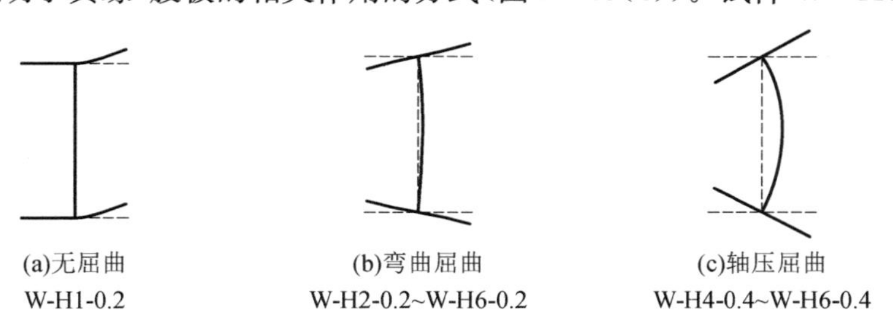

图 2-48　腹板屈曲模式

W-H6-0.4，腹板在轴压力作用下已经屈曲，腹板鼓曲变形的发展会加速翼缘鼓曲变形的发展(图2-48(c))。

3. 试件屈曲应力

把翼缘看成三边简支一边自由的单向非均匀受压板，把腹板看成4边简支的单向均匀受压板，并通过乘以0.9的系数考虑几何初始缺陷及残余应力等的影响后，板件弹性临界屈曲应力表示为：

$$\sigma_{crf} = 0.9\frac{k_f \pi^2 E}{12(1-\nu^2)(b_f/t_f)^2} \tag{2-34}$$

$$\sigma_{crw} = 0.9\frac{k_w \pi^2 E}{12(1-\nu^2)(h_w/t_w)^2} \tag{2-35}$$

其中，$k_f = 0.57 - 0.21\psi + 0.07\psi^2$，$k_w = 4$，$\psi = 1 - n$（EN1993-1-5[23]）。

表2-8列出了各试件的σ_{crf}和σ_{crw}与轴压力产生的正应力$\sigma_N = N/A$的比较结果。对于所有试件的翼缘及$n=0.2$的试件的腹板均有$\sigma_{crf} > \sigma_N$，$\sigma_{crw} > \sigma_N$，证明所有试件的翼缘及$n=0.2$的试件的腹板翼缘在轴压力作用下没有发生屈曲，屈曲发生由弯矩作用引起。对于所有$n=0.4$的试件腹板有$\sigma_{crw} < \sigma_N$，说明该类腹板在轴压力作用下发生屈曲，从而解释了图2-48的3种屈曲模式。

表2-8　板件屈曲应力

试件编号	σ_N/MPa	σ_{crf}/MPa	σ_{crw}/MPa
W-H1-0.2	68.9	126.2	268.6
W-H2-0.2	69.1	453.7	99.9
W-H3-0.2	66.9	164.7	97.9
W-H4-0.2	69.3	255.3	99.9
W-H5-0.2	69.5	255.3	137.5
W-H6-0.2	69.2	453.8	137.5
W-H4-0.4	138.7	267.9	99.9
W-H5-0.4	139.0	268.0	137.5
W-H6-0.4	138.4	476.2	137.5

2.5.2　$M-\theta$ 滞回曲线

本节通过分析柱底弯矩-弦转角($M-\theta$)滞回曲线考察H形截面压弯构件绕弱轴反复弯曲的滞回性能。将各试件 $M-\theta$ 滞回曲线按照板件宽厚比和轴压比的顺序列于图2-49中，图中也标出了翼缘屈曲发生的时刻及屈服弯矩 M_{ecy}。从图2-49可以看到，试件W-H1-0.2的翼缘先屈曲后屈服，其他试件的翼缘均是先屈服后屈曲。除试件W-H1-0.2外各试件，翼缘屈曲后很快达到极限承载力，随后随着水平位移的不断增加，承载力与刚度均不断退化，直至完全破坏。可见钢构件局部失稳区域不同形式的屈曲变形，导致了构件极限后性能的相异。

H形截面绕弱轴滞回曲线的形态可根据图2-48的三种屈曲模式，将9个试件分为3类：试件W-H1-0.2，翼缘先屈曲后屈服，屈曲后承载力还有较大的发展空间，且极限后滞回曲线有捏拢现象；试件W-H2-0.2～W-H6-0.2，翼缘先屈服后屈曲，屈曲后很快达到极限承载力，承载力和刚度开始逐级退化，但退化过程较缓慢；试件W-H4-0.4～W-H6-0.4，翼缘先屈服后屈曲，屈曲后很快达到极限承载力，承载力和刚度开始急剧退化，并很快达到完全破坏。

r_f，r_w和 n 对试件滞回曲线的影响与其对试件破坏形式的影响相一致。当 r_f 和 n 相同而 r_w不同时，滞回曲线形状相似，再次说明在试验参数范围 r_w对试件滞回性能影响较小。当 r_w和 n 相同而 r_f不同时，试件 r_f越小极限状态越晚发生，且极限后的退化程度越低，滞回曲线越饱满，体现了 r_f对试件滞回性能影响较大。当 r_f和 r_w相同而 n 不同时，极限前滞回曲线差异较小，极限后滞回曲线差异明显，说明 n 对试件滞回性能有重要影响。

轴压比的影响可从翼缘-腹板相关作用解释。所有轴压比为0.2的试件的最大变形均远大于轴压比为0.4的试件，轴压比为0.2的试件在达到极限承载力后还能继续发展较大的变形同时保持一定的承载力，而轴压比为0.4的试件极限后承载力迅速下降，并很快不能承载。与试验现象相对应，轴压比为0.2的试件，腹板屈曲变形有限，腹板能给翼缘提供较强的支撑，极限后承载力的退化主要来自屈曲变形及塑性变形在翼缘处的累积发展；而轴压比为0.4的试件，翼缘和腹板都发生了严重的屈曲变形，屈曲后，随着外力的增大，翼缘和腹板的屈曲变形不断增大，互相提供的约束作用随之弱化，导致翼缘和腹板的变形进一步增大，这种恶性循环最终导致承载力的迅速退化。从而揭示了不同破坏模式的耗能能力相异，其根源在于材料塑性以何种方式发生以及可能发生的程度。

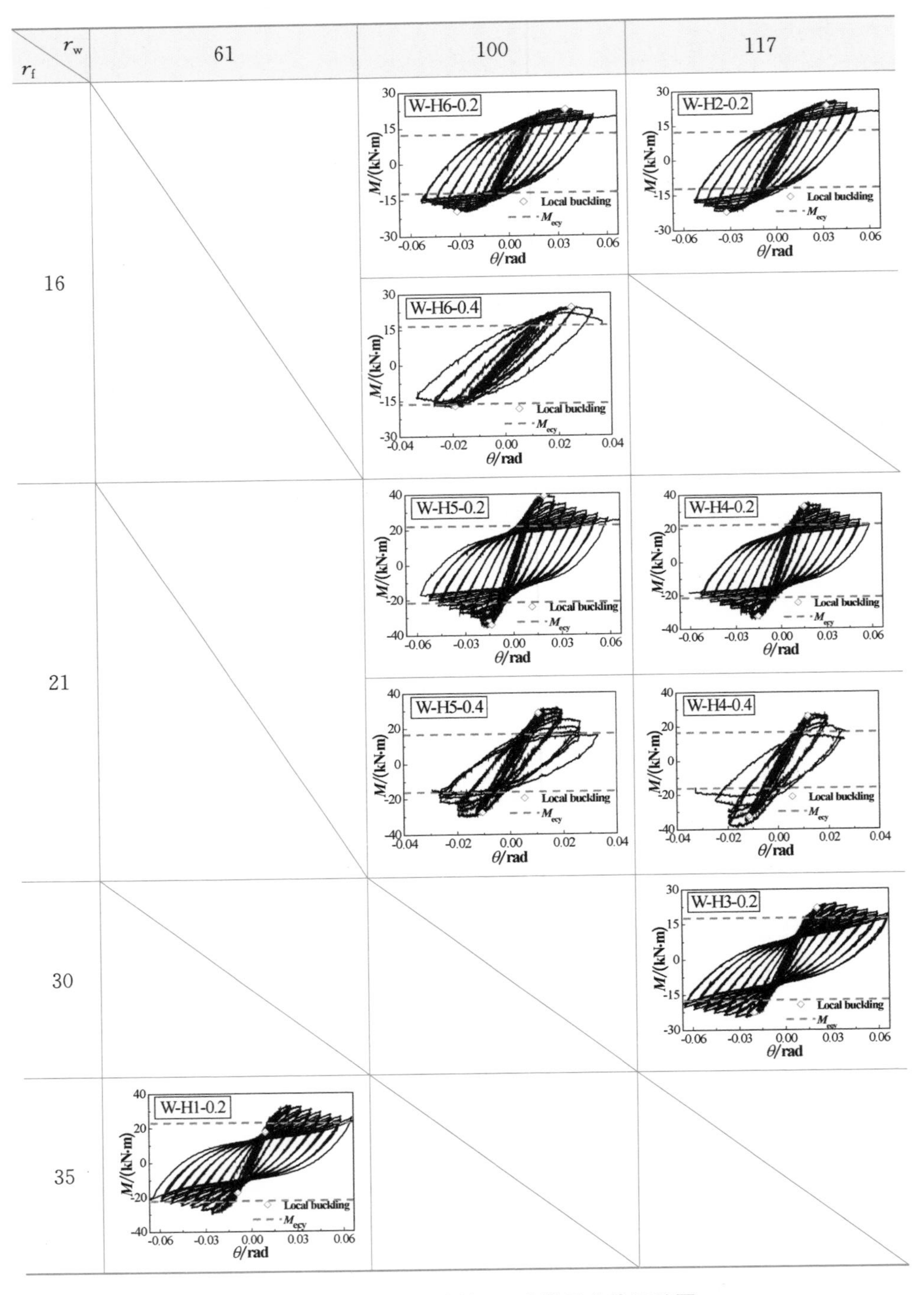

图 2-49　绕弱轴各试件 $M-\theta$ 滞回曲线汇总图

2.5.3 极限抗弯承载力

1. 极限承载力汇总

极限抗弯承载力 M_u 可从各试件的 $M-\theta$ 曲线提取峰值得到，将各试件 M_{uy}/M_{ecy} 和 M_{uy}/M_{pcy} 汇总于表 2-9 中。可以看到所有试件的 M_{uy}/M_{ecy} 均大于 1；除试件 W-H2-0.2 的 $M_{uy}/M_{pcy}\cong 1$，其他试件 M_{uy}/M_{pcy} 均小于 1。说明所有试件达到极限状态时均可以发展一定的塑性，局部屈曲会在全截面塑性之前发生，导致承载力低于全截面塑性弯矩。并且注意到，$n=0.2$ 的各试件的 M_{uy}/M_{ecy} 明显小于相同宽厚比组配的 $n=0.4$ 的试件，而其 M_{uy}/M_{pcy} 则大于或约等于 $n=0.4$ 的试件，这是因为计算 M_{ecy} 时，认为轴压力产生的正应力平均分布于整个面积；而计算 M_{pcy} 时，认为轴压力产生的正应力集中分布于腹板或近腹板的翼缘处，因为对于相同尺寸不同轴压比的试件，会有 M_{ecy} 值差别较大而 M_{pcy} 值相近的结果。

表 2-9　试件极限承载力汇总

试件编号	M_{ecy}/(kN·m)	M_{pcy}/(kN·m)	M_{uy}/(kN·m)	M_{uy}/M_{ecy}	M_{uy}/M_{pcy}
W-H1-0.2	22.6	40.1	31.2	1.38	0.78
W-H2-0.2	12.3	23.4	24.2	1.97	1.03
W-H3-0.2	17.4	30.8	24.4	1.40	0.79
W-H4-0.2	21.8	41.2	33.9	1.55	0.82
W-H5-0.2	21.8	41.1	37.3	1.71	0.91
W-H6-0.2	12.3	23.3	21.4	1.75	0.92
W-H4-0.4	16.4	40.9	32.7	2.00	0.80
W-H5-0.4	16.4	40.8	31.1	1.90	0.76
W-H6-0.4	9.2	23.1	20.8	2.25	0.90

2. 极限承载力影响因素

M_{uy}/M_{ecy} 及 M_{uy}/M_{pcy} 的结果按照板件宽厚比和轴压比的顺序列于图 2-50 中。可以看到当 r_w 和 n 相同时，M_{uy}/M_{ecy} 和 M_{uy}/M_{pcy} 的值随着 r_f 增大而减小，说明 r_f 对极限承载力有重要影响；而 r_w 与 M_{uy}/M_{ecy} 和 M_{uy}/M_{pcy} 没有明显的趋势，说明 r_w 在所选试件宽厚比范围内不是极限承载力的决定因素；当板件宽厚比组配相同时，M_{uy}/M_{pcy} 呈现出随着 n 的增大而减小的整体趋势。

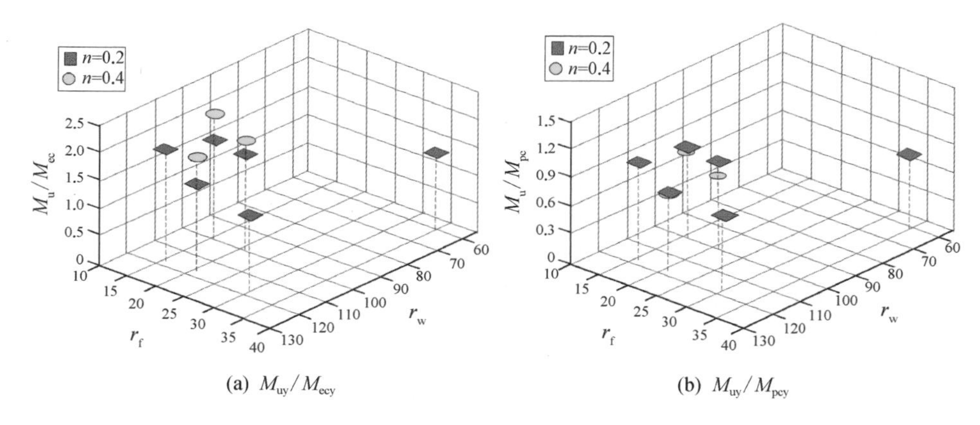

(a) M_{uy}/M_{ecy} (b) M_{uy}/M_{pcy}

图 2-50 试件极限承载力图

3. 截面分类准则的讨论

图 2-5 显示绕弱轴压弯系列各试件根据各国规范对截面分类的准则，均属于Ⅳ类截面。然而表 2-9 显示试件 W-H2-0.2 的 $M_{uy} \approx M_{pcy}$，其他各试件有 $M_{ecy} < M_{uy} < M_{pcy}$。根据截面分类的最初定义(图 1-1)，试件 W-H2-0.2 可能属于Ⅱ或Ⅲ类截面，其他试件均属于Ⅲ类截面，所有试件的截面均不属于Ⅳ类截面。说明现行截面分类准则对 H 形截面绕弱轴压弯的情况过于保守，现行规范根据截面绕强轴压弯情况得到的截面分类准则不适用于绕弱轴压弯的情况。

2.5.4 延性

骨架曲线取滞回曲线各加载级第一周循环的峰值点所连成的包络线，图 2-51

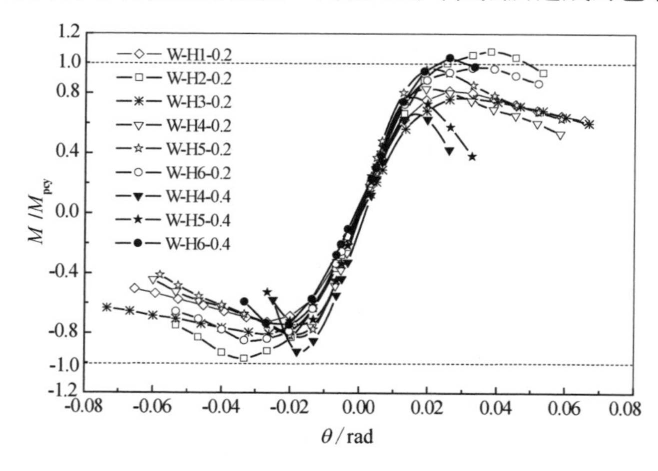

图 2-51 骨架曲线汇总

列出了 $M/M_{pcy} \sim \theta$ 滞回曲线的骨架曲线，取骨架曲线极限后 0.85 倍极限荷载所对应的变形作为 θ_u，进而根据 2.4.4 节的方法得到各试件的延性系数 $\mu = \theta_u / \theta_e$。

将各试件 μ 分别以表和图的形式列于表 2-10 和图 2-52 中。轴压比为 0.2 的试件的延性系数在 4.6～5.3 之间，轴压比为 0.4 的试件的延性系数在 4.0～4.6 之间，表明各试件均具有良好的塑性变形能力。还可看到 μ 与翼缘腹板宽厚比和轴压比之间的关系与极限承载力类似。注意到，翼缘宽厚比较大的试件 W-H1-0.2 和 W-H3-0.2的滞回曲线出现明显的捏拢现象，然而这两个试件的延性系数分别为 4.58 和 5.32，也显示出较好的塑性变形能力，说明单从延性系数不足以完全评判构件抗震性能的优劣，需补充耗能能力的分析。

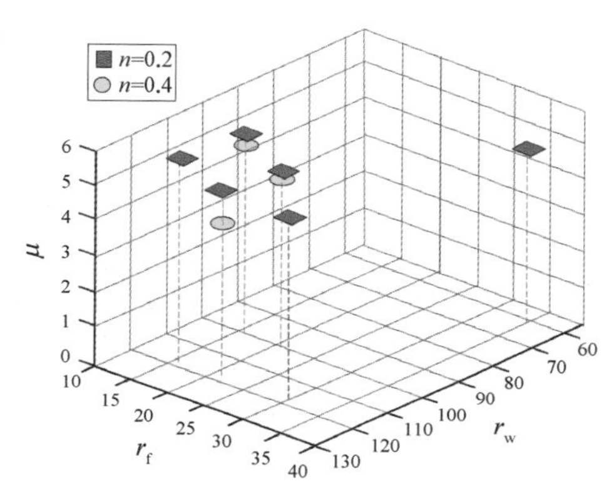

图 2-52　μ

表 2-10　试件延性系数汇总

试件编号	θ_e/rad	θ_u/rad	$\mu=\theta_u/\theta_e$
W-H1-0.2	0.010 3	0.047 1	**4.58**
W-H2-0.2	0.009 5	0.050 8	**5.32**
W-H3-0.2	0.011 9	0.057 8	**4.87**
W-H4-0.2	0.007 0	0.034 5	**4.96**
W-H5-0.2	0.006 9	0.032 5	**4.68**
W-H6-0.2	0.009 5	0.050 8	**5.34**
W-H4-0.4	0.005 4	0.021 5	**4.00**
W-H5-0.4	0.005 3	0.023 7	**4.43**
W-H6-0.4	0.007 5	0.034 8	**4.63**

2.5.5　耗能能力

根据 2.4.5 节耗能指标的计算方法，将各试件每个加载循环（$0 \sim \theta \sim -\theta \sim 0$）的各项耗能量进行累加，无量纲化后得到累计耗能量 $\overline{E}$ 列于图 2-53 中，其中横坐标为无量纲化的累积变形 $\bar{\theta} = \sum(\theta/\theta_{ey})$（$\theta$ 为每个加载循环的位移峰值)。轴压比及翼缘宽厚比均对耗能能力有显著影响,具体表现为轴压比越大,$\overline{E}$ 越低;翼缘宽厚比越大,$\overline{E}$ 越低;腹板宽厚比对耗能能力影响不明显。

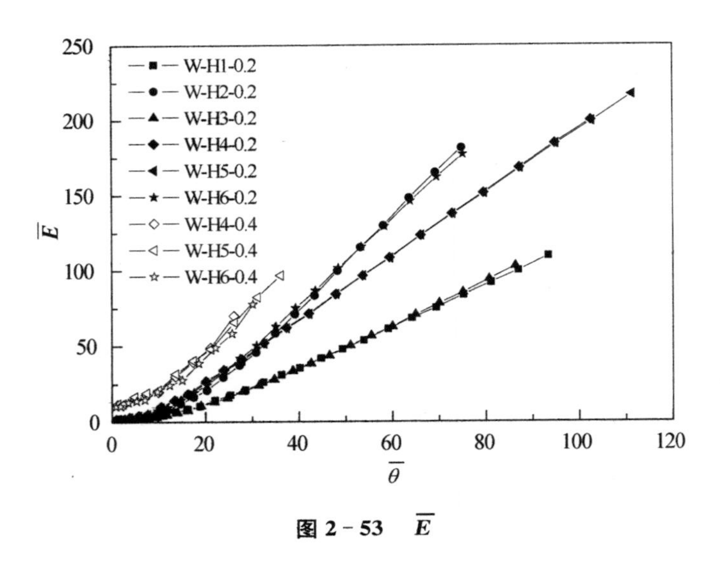

图 2-53　$\overline{E}$

将各试件水平力功分量 E_V/E 列于图 2-54 中,横坐标为无量纲化的累积变形 $\overline{\theta}$。可以看到轴压比较小的试件($n=0.2$),E_V/E 保持在 1.0 附近,说明构件的塑性耗能全部用来抵抗水平力做功,竖向力做功可忽略不计;对于轴压比较大的试件($n=0.4$),E_V/E 最大只能达到 0.5～0.7,说明构件的部分塑性耗能用来抵抗竖向力做功。

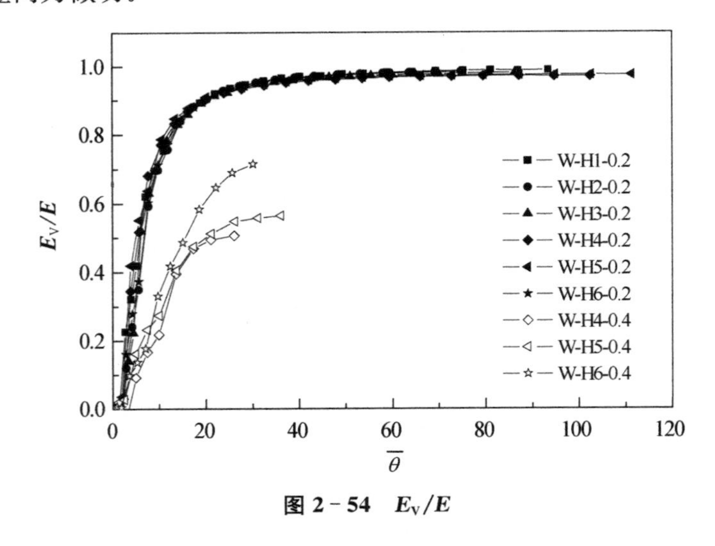

图 2-54　E_V/E

图 2－55 显示了各试件的竖向位移图，可以看到各加载循环当水平位移回到 0 时，$n=0.2$ 的各试件竖向位移很小，而 $n=0.4$ 的各试件竖向位移较大，且随着加载循环的增加而增加，这由构件的屈曲破坏形态决定，屈曲破坏越严重，导致的竖向变形越大，与试件的破坏机制相一致。因此轴压力越大，屈曲变形越大，竖向位移越大，竖向力做功越多，构件分给竖向力的部分就越大，导致抵抗水平地震的能量就越小。

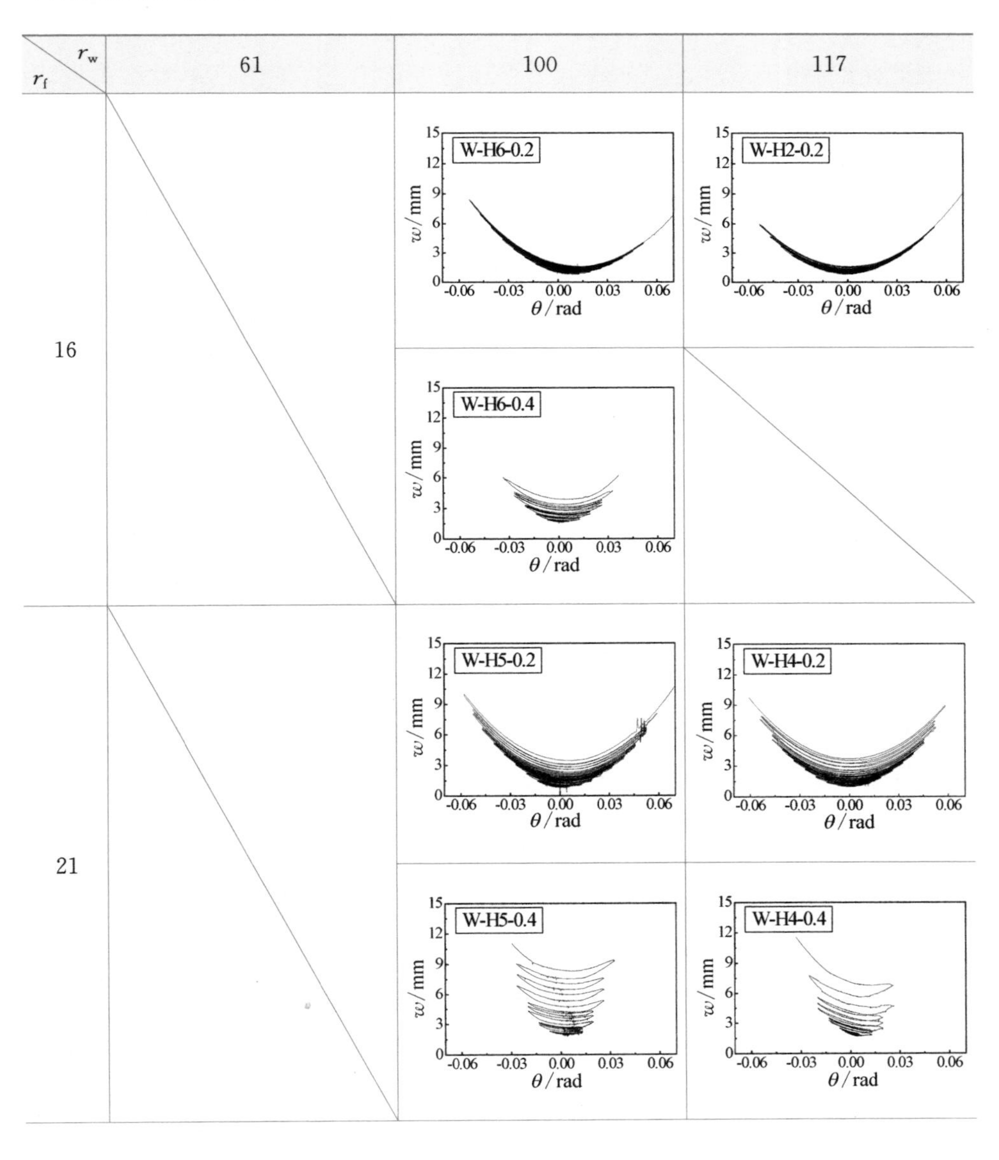

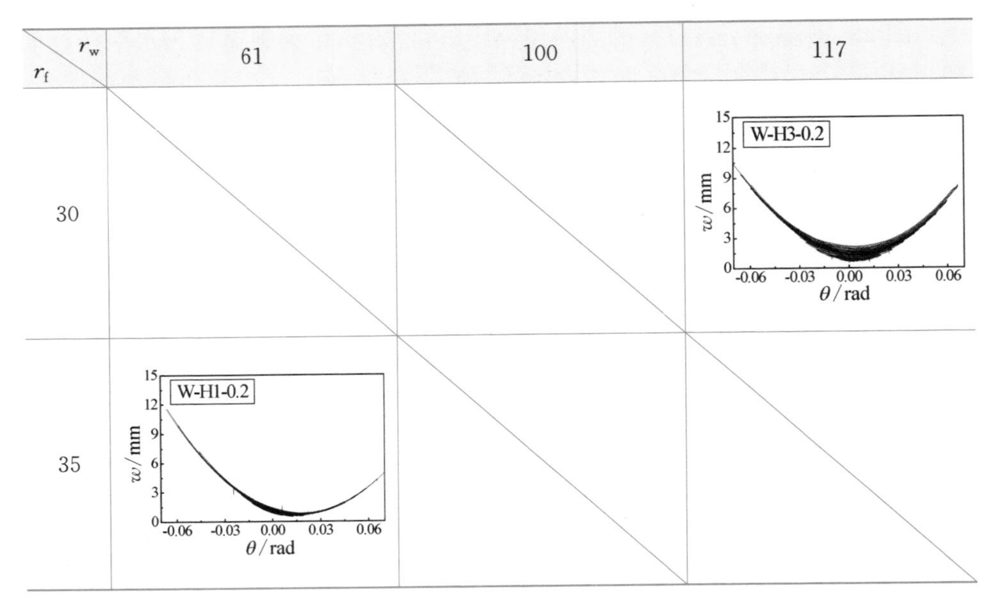

图 2-55　绕弱轴各试件 w

2.6　本章小结

本章设计了一套精细化设计的平面加载试验，对 15 个不同宽厚比组配及不同轴压比水平下的非塑性铰 H 形截面钢构件绕不同截面主轴滞回压弯的试验进行了详细分析，得到以下结论：

(1) 二阶弯矩引起的 $V-\Delta$ 曲线的刚度退化的程度由构件的相对长细比 $\bar{\lambda}$ 及轴压比 n 决定，当 H 形截面构件绕强轴压弯时二阶弯矩作用较小，而当其绕弱轴压弯时二阶弯矩引起的刚度退化较大。

(2) 近柱底部分构件段的局部屈曲破坏是所有试件的主导破坏模式，没有发现弯矩作用平面外整体弯扭失稳的发生。

(3) 试验结果显示相对厚实的相邻板件的存在会推迟相对薄柔板件屈曲的发生，反之亦然；腹板的变形程度与翼缘的宽厚比有关，翼缘宽厚比越小，腹板变形越小，翼缘宽厚比越大，腹板变形越大，说明翼缘腹板相关作用在塑性阶段依然存在。

(4) H 形截面钢构件绕弱轴压弯的局部屈曲模式根据腹板的屈曲形式可分

为无屈曲、弯曲屈曲和轴压屈曲三种形式，不同屈曲形式导致了构件极限后性能的相异。

（5）板件宽厚比、轴压比及弯矩作用方向对构件极限承载力及延性有重要影响。

（6）对构件的耗能量影响最大的为加载方向及轴压比大小，绕弱轴压弯的相对耗能量要大于相同截面绕强轴压弯的情况，不同破坏模式的耗能能力相异，其根源在于材料塑性以何种方式发生以及可能发生的程度。

第3章 有限元模型的建立与校核

第 2 章给出了非塑性铰截面钢构件单轴压弯滞回性能的定性结果，要准确描述 H 形截面钢构件的非线性反应，得到其承载-延性-耗能的数值表达式，并给出屈曲耗能的机理解释，需依赖大量的数值参数分析，首先需要建立合理的有限元模型。本章采用 Abaqus 建立了 H 形截面钢构件单轴压弯的有限元模型，并用已有试验对其进行了校核。

3.1 有限元模型的建立

本书主要研究由局部失稳控制破坏模态的非塑性铰截面钢构件的非线性反应。通用有限元软件 Abaqus 可模拟出 H 形截面钢构件屈曲及塑性等非线性反应，采用非线性数值求解方法可考虑二阶效应的影响，足以反映研究对象的各种非线性行为。因此，本书采用 Abaqus 进行建立模型。

3.1.1 加载模式

本章所要模拟的加载模式与第 2 章的试验一致，在柱顶施加常轴压力与随后沿任一主轴方向施加水平力的悬臂压弯构件的非线性行为，如图 3－1 所示。有限元对试验进行相互验证时，L 取试件加载点至悬臂柱底端的实际高度；采用有限元进行参数化分析时，取 $L=1\,500$ mm。

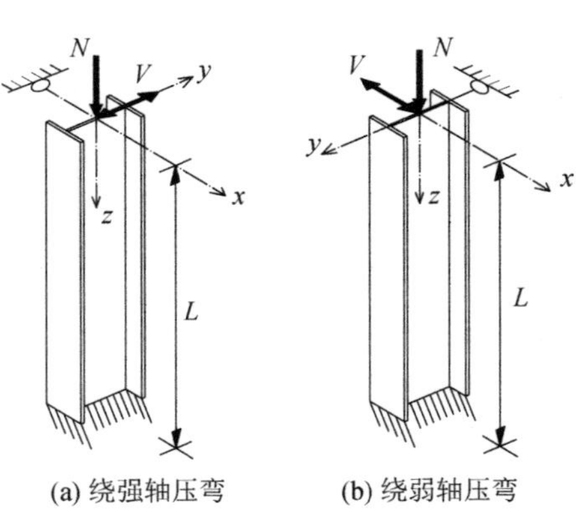

图 3－1 加载模式

3.1.2　材料模型与单元类型

建模时选用 S4R 单元(4 节点四边形有限薄膜应变线性缩减积分壳单元)，材料采用 Mises 屈服准则，随动强化模型，以考虑钢材的包兴格效应。有限元模型对试验结果进行相互校验时，材料强度取钢材拉伸试验实测值。采用有限元模型进行参数化分析时，材料模型采用三折线模型(图 3－2)，其中屈服强度取 $f_y=345$ MPa，极限强度 $f_u=500$ MPa，弹性模量 $E=2.06\times10^5$ MPa，强化段切线模量取 $E_h=E/100=2.06\times10^3$ MPa，泊松比 0.3。

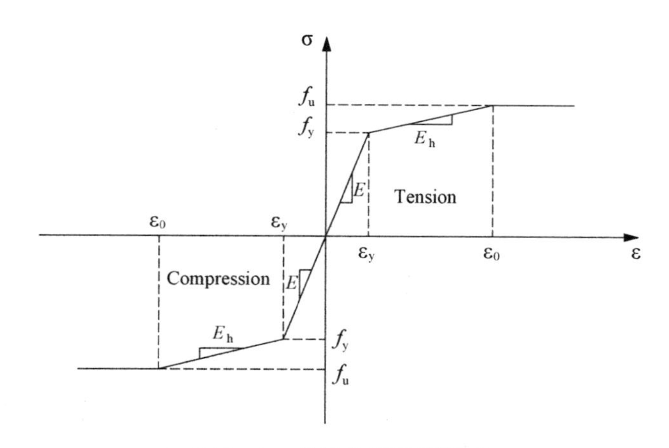

图 3－2　参数分析材料模型

3.1.3　边界条件

试验的加载模型为悬臂构件，边界条件为满足底端固接，顶端自由，并在弯矩作用平面外布置侧向支撑，以防止发生平面外水平位移。图 3－3 显示了有限元模型对试件两端边界条件的处理方法。为了实现构件底端固接的边界条件，并输出柱底反力，采用动态耦合(kinematic coupling)将柱底截面的所有节点耦合在 RP－1 上，然后约束 RP－1 的所有自由度，这样不但实现了柱底截面的固接，也保证了大变形后，柱底截面依然能够保持原截面。在柱顶截面，通过刚体(Rigid body)将柱顶截面转化成一个刚面，以防止应力集中导致的板件压溃(该处理可模拟加载头处的销铰装置及加劲肋的部分)，然后将柱顶截面所有节点的自由度赋予 RP－2 上，只约束 RP－2 弯矩作用平面外方向的水平位移，即实现了加载端自由只约束平面外位移的边界条件。

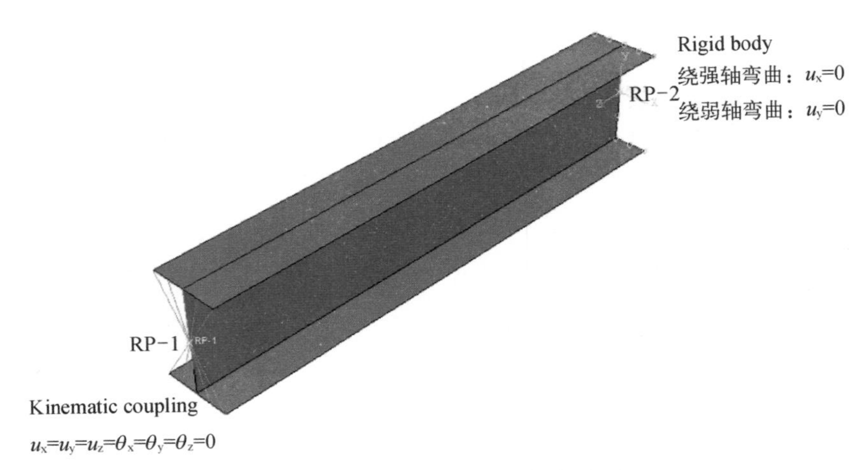

图 3-3　有限元模型边界条件处理

3.1.4　网格划分

采用均匀划分的模式，有限元模型的基本单元尺寸为 20 mm，如图 3-4 所示。

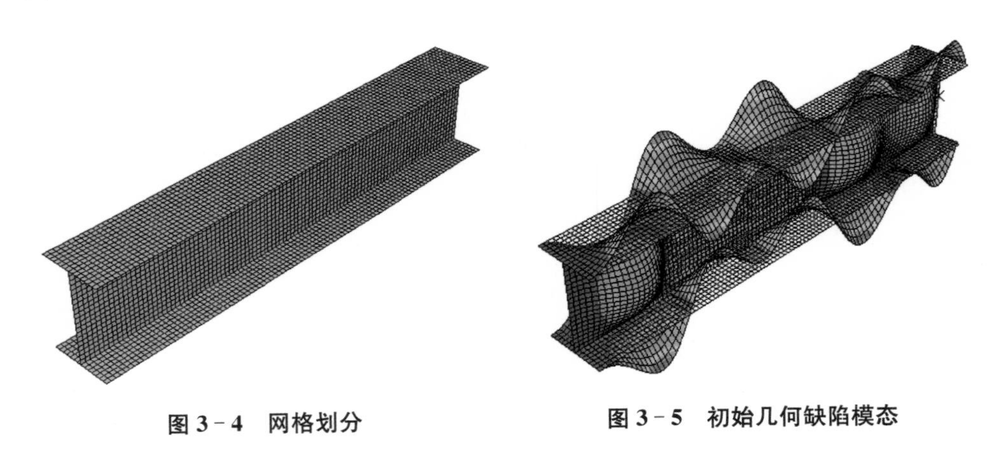

图 3-4　网格划分　　**图 3-5　初始几何缺陷模态**

3.1.5　初始几何缺陷

初始几何缺陷对于屈曲分析是必需的步骤。将特征值屈曲分析得到的均匀受压下构件的局部屈曲模态（图 3-5）作为几何初始缺陷模态，施加在整体模型上。有限元模型对试验结果进行相互验证时，几何缺陷的峰值由实测值定；有限元模型进行参数分析时，局部鼓曲的峰值取为 $h/500$（h 为截面高度）。

3.1.6　分析步骤

为考虑构件初始几何缺陷的影响，分析过程包括以下四个主要步骤：

第一步，先对构件进行线性稳定分析，由此得到构件前几阶屈曲变形模态，控制最大变形并输出其位移模态，得到构件几何初始缺陷的形式，以初始位移条件方式输入作为构件的几何缺陷，为下一步弹塑性分析准备；

第二步，以力加载的方式施加常轴压力（轴压比为 0 的模型省略此步）；

第三步，以位移加载的方式在柱顶施加水平位移；

第四步，后处理中输出构件的弯矩、转角、应力和应变等关键结果数据。

3.2　有限元模型校核

除本书进行了 15 个 H 形截面钢构件的试验，周江[35]和赵静[49]各完成了一组轴压比包括 0.2 和 0.4 的非塑性铰截面钢构件承受绕强轴方向压弯的试验，考察了翼缘-腹板相关作用以及轴压比的影响，其中周江完成的是单调试验，赵静完成的是往复加载试验，各试验宽厚比组配情况汇总与图 3－6 中。周江与赵静试件截面类别跨越了Ⅲ、Ⅳ类截面，为本书研究板件弹塑性屈曲相关对构件性能的影响提供重要依据。本节分别对各组试验按照 3.1 节的方法建立有限元模型，并与试验结果进行比较。

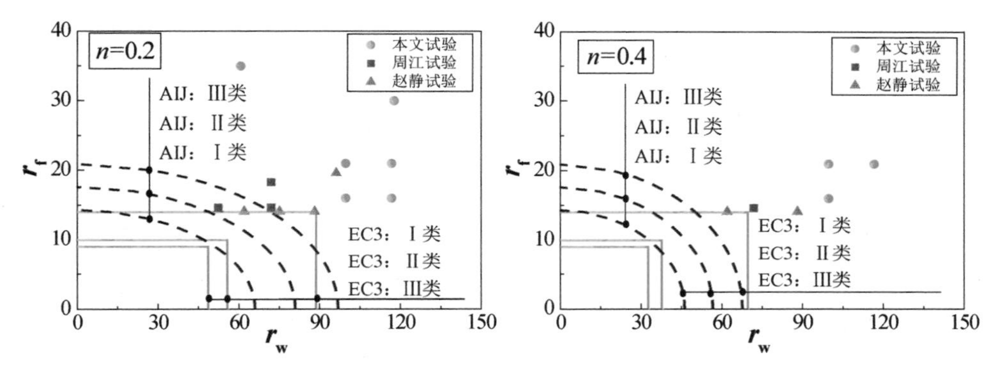

图 3－6　已有试验宽厚比总结

3.2.1 绕弱轴系列试验的有限元模型校核

对本书完成的 9 个绕弱轴滞回压弯系列的试验(W－H1－0.2～W－H6－0.4)按照 3.1 节的方法建立有限元模型,将试验与有限元模型计算结果对比如下。

1. 滞回曲线比较

有限元与试验滞回曲线的比较结果列于图 3－7 中,比较可以看出有限元与试验结果吻合很好,很好地反映了试件各项非线性性能,包括极限承载力,极限后刚度及强度的退化,卸载刚度的退化及捏拢现象等。

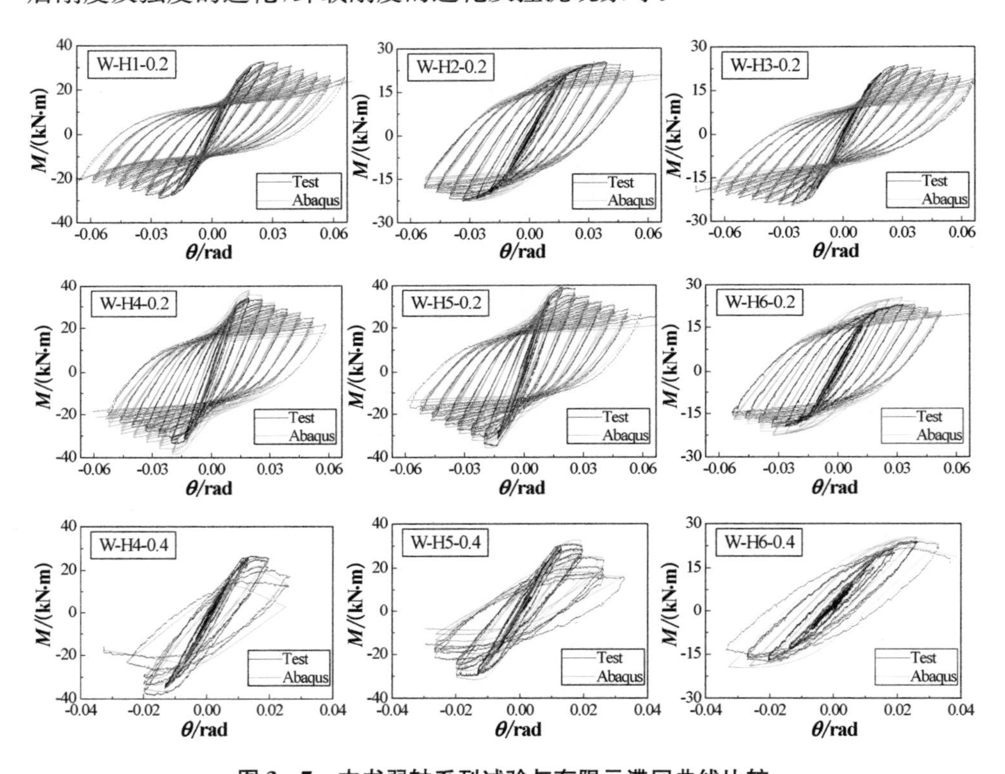

图 3－7 本书弱轴系列试验与有限元滞回曲线比较

2. 变形图比较

提取各试件最大水平位移时刻的试验变形图及有限元模型得到的相应时刻的变形图,列于图 3－8 中。从试验与有限元破坏时的屈曲发生位置,屈曲模态,屈曲半波及屈曲变形幅度的对比情况来看,有限元可以很好地模拟试件局部屈曲的破坏模式。说明有限元模型能够非常准确地模拟构件绕弱轴方向滞回压弯的各项性能,可用于后续的参数分析。

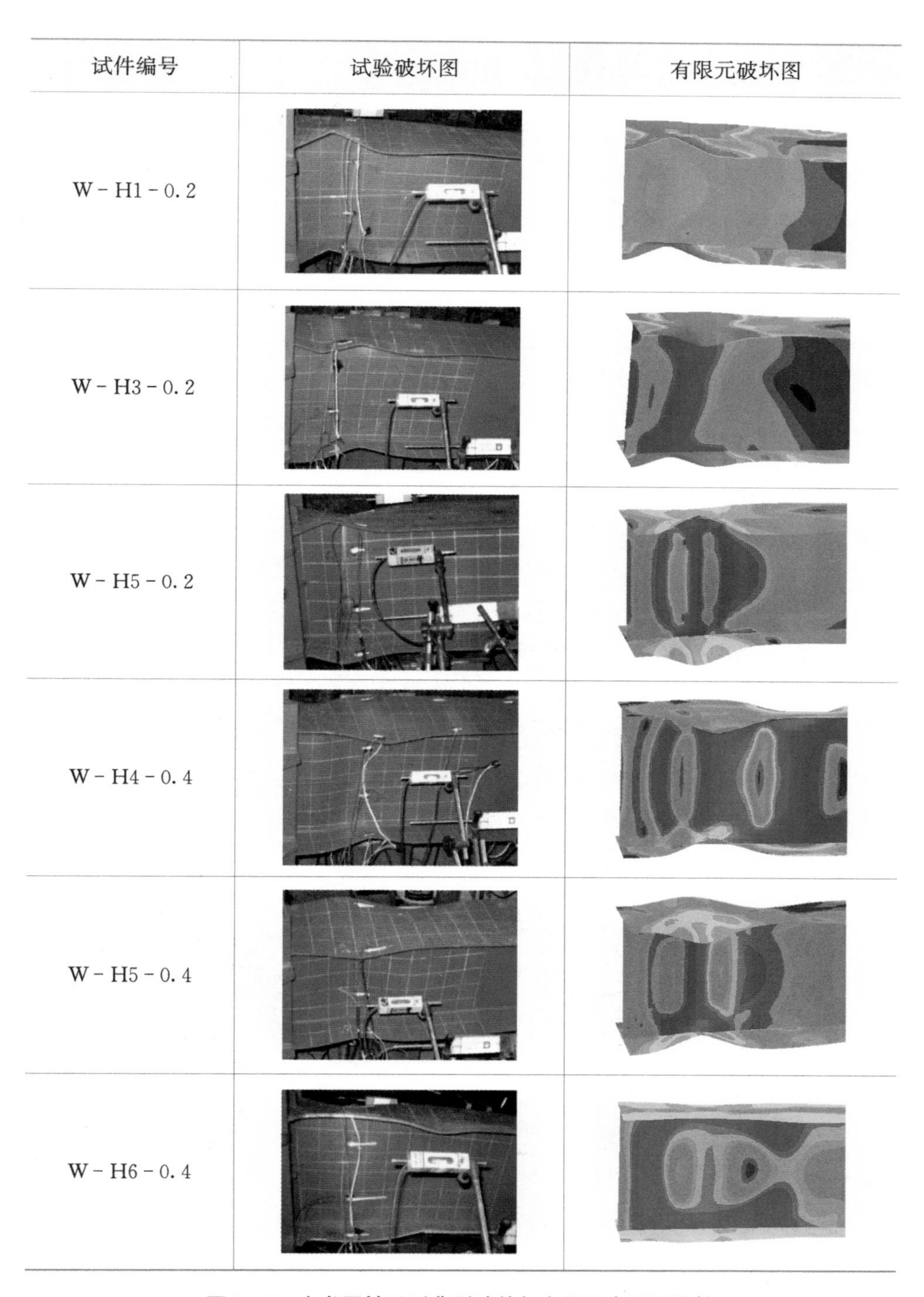

试件编号	试验破坏图	有限元破坏图
W－H1－0.2		
W－H3－0.2		
W－H5－0.2		
W－H4－0.4		
W－H5－0.4		
W－H6－0.4		

图 3－8　本书弱轴系列典型试件与有限元变形图比较

3.2.2 绕强轴系列试验有限元模型的校核

对本书完成的 6 个绕强轴滞回压弯系列的试验（S－H1－0.2～S－H5－0.4）按照 3.1 节的方法建立有限元模型，将试验与有限元模型滞回曲线的对比结果列于图 3－9 中，试验与有限元在加载水平位移达到最大时刻的变形图的对比结果列于图 3－10 中。可以发现有限元模型能够较好地模拟出宽厚较大的 H 形截面构件绕强轴滞回压弯的非线性反应及破坏模态等。

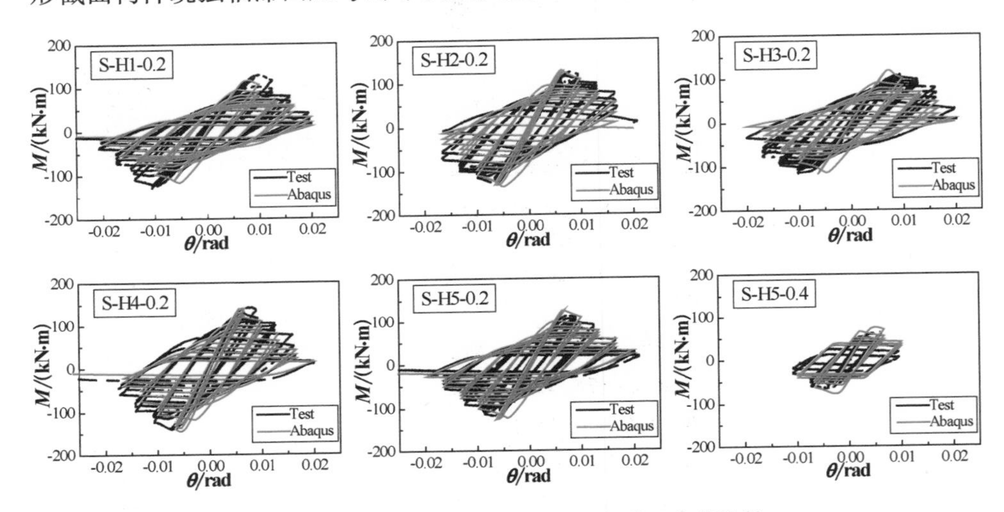

图 3－9　本书绕强轴试验与有限元滞回曲线比较

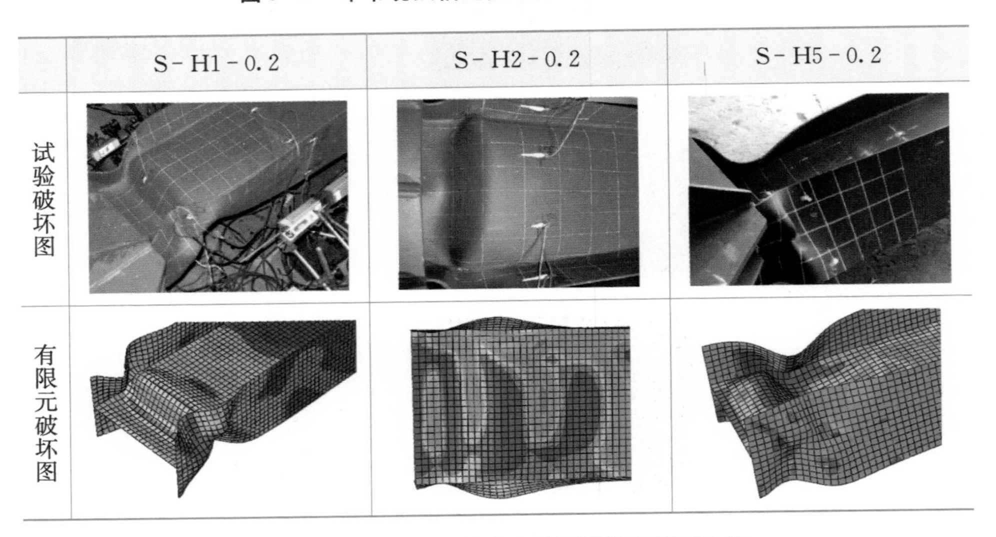

图 3－10　本书绕强轴试验典型试件变形图比较

3.2.3　周江试验的校核

1. 试验概述

周江[35]完成了一组不同板件宽厚比组配和轴压比作用下的 H 形截面构件承受常轴压力和沿 y 方向单调增加水平位移的加载试验，考察了翼缘-腹板相关作用以及轴压比对 H 形压弯钢构件绕强轴弯曲的单调性能的影响。该试验与本书试验采用相同的加载装置及加载条件，试件由名义厚度为 5 mm 或 6 mm 的 Q235B 钢板焊接而成，板件宽度不同形成了不同翼缘腹板宽厚比的组配。为与本书试件编号相区分，将试件编号为 Z－Hi－n。表 3－1 显示了各试件的基本参数值，除名义轴压比外所有的参数均由钢材实测值计算得到。

表 3－1　周江试验试件基本参数

试件编号	$h\times b\times t_w\times t_f$	r_w	r_f	n (名义 n)	N/kN	L/mm
Z－H2－0.2	300×160×6×6	56.6	15.7	0.18(0.2)	172	1 500
Z－H3－0.2	300×160×5×6	71.8	15.7	0.15(0.2)	158	1 500
Z－H3－0.4				0.30(0.4)	316	1 500
Z－H4－0.2	300×200×5×6	71.8	19.6	0.15(0.2)	181	1 500

注：周江一共完成了 6 个单调试验，其中两个试件的钢件材性结果不完整，此处不列出。

2. 有限元与试验结果比较

周江试验与破坏图及有限元滞回曲线的对比结果见图 3－11 与图 3－12，对比结果显示有限元模型能够较好体现试验破坏现象与非线性反应。

试件编号	试验破坏图	有限元破坏图
Z－H2－0.2	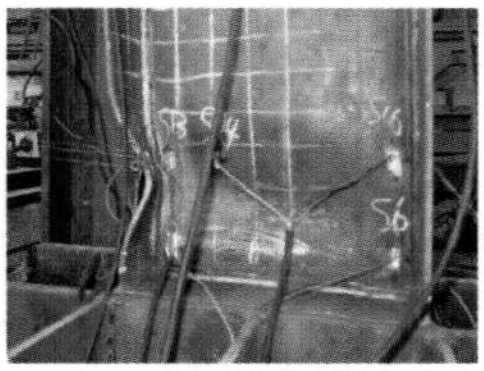	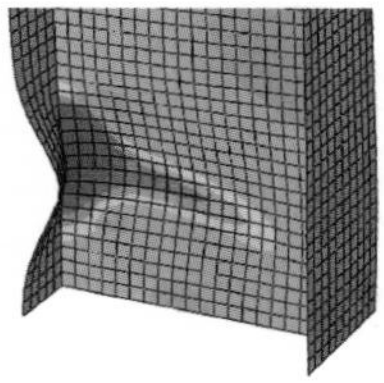
Z－H3－0.2	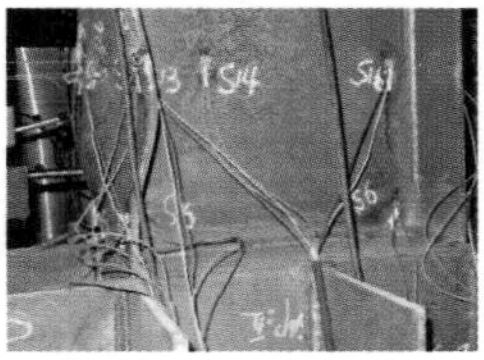	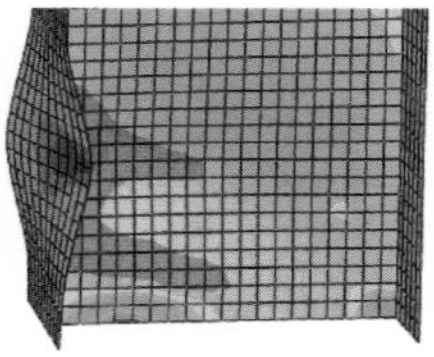

续 图

试件编号	试验破坏图	有限元破坏图
Z－H3－0.4		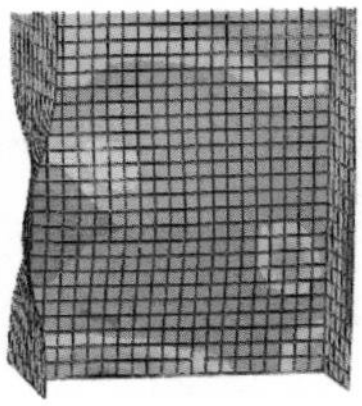
Z－H4－0.2		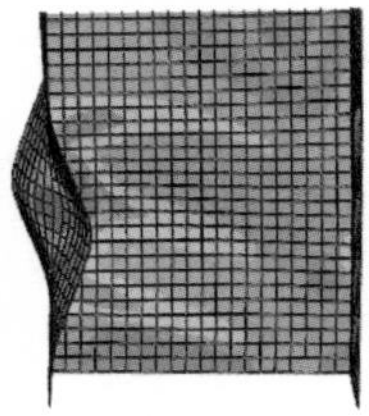

图 3－11　周江试验与有限元破坏图比较

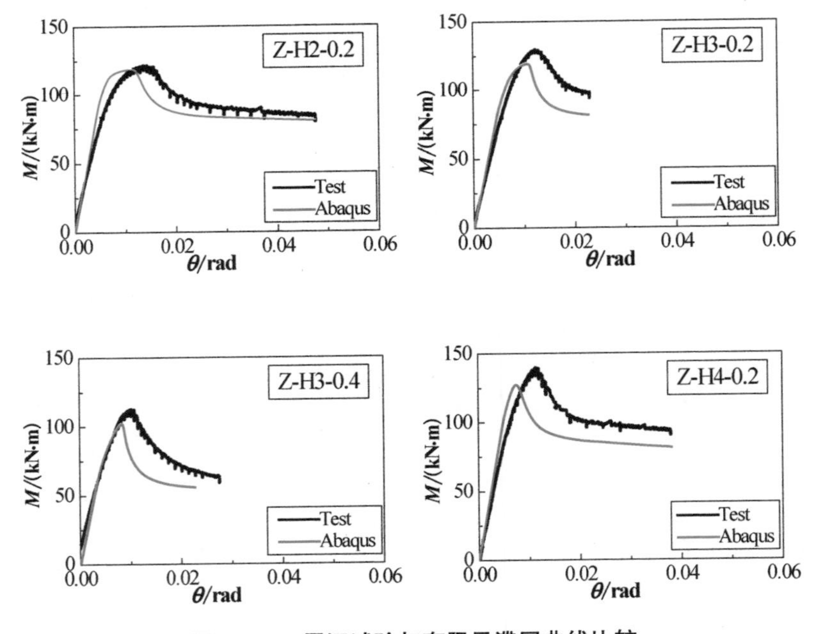

图 3－12　周江试验与有限元滞回曲线比较

3.2.4　赵静试验的校核

1. 试验概述

试件为名义厚度为 3.2 mm，4.5 mm 或 6 mm 的 Q235B 大通公司生产的高频焊接非塑性铰截面钢构件，板件宽度不同形成了不同翼缘腹板宽厚比的组配。共设计了 4 种 H 形截面，2 种轴压比，共 6 个试件。表 3－2 显示了各试件的基本参数值，除名义轴压比外所有的参数均由钢材实测值计算得到。

表 3－2　赵静试验试件基本参数

试件编号	$h\times b\times t_w\times t_f$	r_w	r_f	n（名义 n）	N/kN	L/mm
LH27－X2	250×150×4.5×6	63.3	14.1	0.15(0.2)	135	1 400
LH27－X4				0.30(0.4)	270	1 400
LH31－X2	300×150×3.2×4.5	105.3	20.0	0.14(0.2)	107	1 400
LH32－X2	300×150×4.5×6	76.6	14.1	0.15(0.2)	146	1 400
LH37－X2	350×150×4.5×6	89.9	14.1	0.15(0.2)	156	1 400
LH37－X4				0.30(0.4)	312	1 400

2. 有限元与试验结果比较

赵静试验与有限元对比结果见图 3－13 与图 3－14，结果显示有限元模型与试验吻合良好。

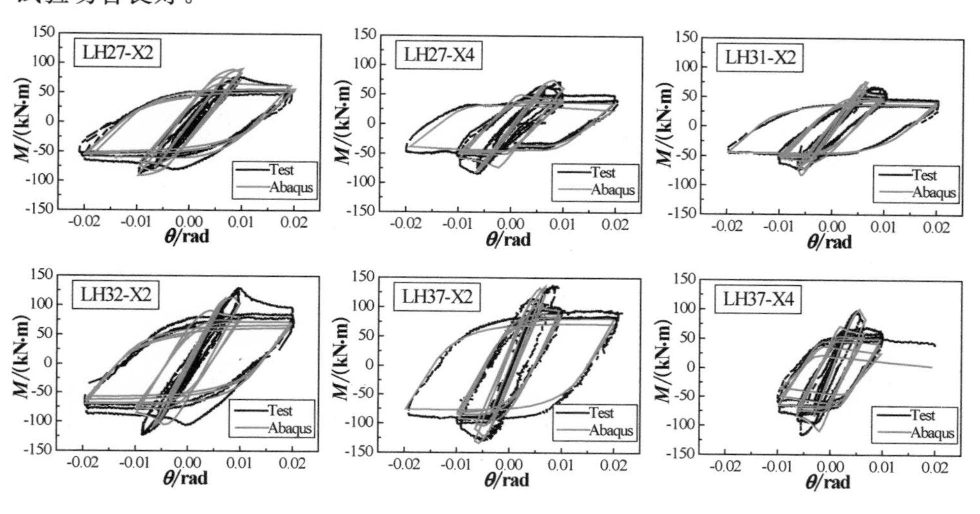

图 3－13　赵静试验与有限元滞回曲线比较

	LH32-2	LH37-4
试验破坏图		
有限元破坏图	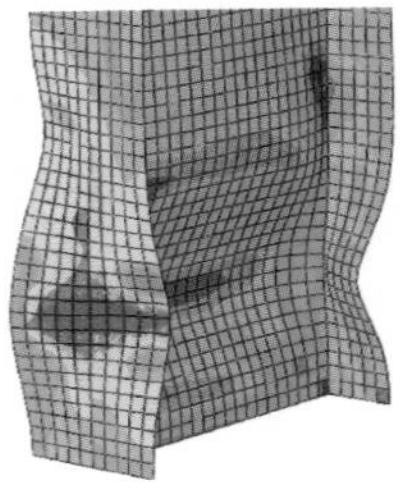	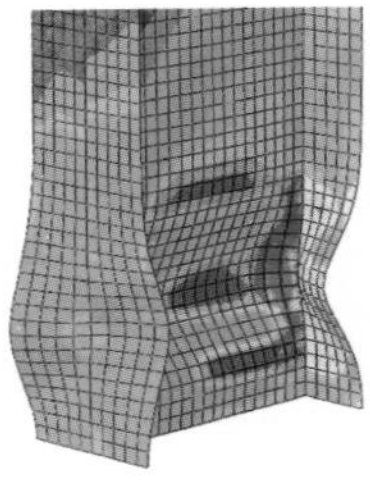

图 3-14　赵静试验典型试件有限元与试验破坏图比较

3.2.5　有限元模型评价

以上四组试验有限元计算结果与试验滞回曲线及变形破坏图的比较结果显示，根据 3.1 节的方法建立的有限元模型能够很好地模拟出 H 形截面钢构件绕任一截面主轴单调压弯及滞回压弯的各项非线性反应。从弯矩-转角曲线上，有限元模型能够准确地反映出弯矩-转角的发展全过程，包括屈服-强化-极限-极限后的过程；从破坏机制上，有限元模型能够很好地反映出构件的屈曲位置，屈曲模态及屈曲变形幅值。因此认为该有限元模型可用于进行大量的单调及往复受力状态下的参数分析。

3.3　参数化分析设置

3.3.1　参数分析适用范围

试验的名义轴压比包括 0.2 和 0.4 两种情况，翼缘宽厚比(r_f)范围为 14～35，腹板宽厚比(r_w)范围为 57～120，说明在这段范围内的有限元参数分析结果是可信的。$n=0$ 是压弯的特殊情况，因此该模型同样适用于 $n=0$ 的情况。

本书研究对象主要是Ⅱ、Ⅲ、Ⅳ类截面钢构件。以试验结果为基础，将本书后续参数分析范围，设定为轴压比 n 从 0～0.4，翼缘宽厚比 r_f 从 9～30，腹板宽厚比 r_w 从 45～120 的情况。本书的理论研究结果(包括极限承载力，恢复力曲线模型及耗能参数等)只适用参数化分析所设定参数范围内。

3.3.2　参数设置与构件编号说明

固定截面高(h)和宽(b)，通过变化翼缘和腹板的厚度(t_f 和 t_w)来实现翼缘和腹板宽厚比(r_f 和 r_w)的变化。为建模方便，固定板件中心线的尺寸，即取 $h=300+t_f$(mm)，$b=200$ mm，后续的参数化分析通过改变轴压力、翼缘厚度、腹板厚度实现 3 个主要参数 n，r_f 和 r_w 的变化。后续所有的参数分析中，构件命名为 S/W－n－r_w－r_f，例如 W－0－80－10 表示 $n=0$，$r_w=80$，$r_f=10$ 的 H 形截面构件绕弱轴弯曲的情况。

3.4　本章小结

本章采用 Abaqus 建立了 H 形截面悬臂钢构件绕任一截面主轴压弯的有限元模型，并与 4 组试验(包括本书两组试验、周江和赵静试验)进行了对比，结果显示所建立的有限元模型能够很好地反映非塑性铰截面压弯构件的各项非线性性能，可用其进行批量化参数分析。最后，本章给出了参数化分析的设置说明。

第4章 H形截面构件单轴压弯极限承载力

构件的极限抗弯承载力是构件抗力的重要体现，是工程设计的重要指标，也是Ⅱ、Ⅲ、Ⅳ类截面的分类依据。本章针对非塑性铰H形截面钢构件绕任一截面主轴压弯的极限抗弯承载力展开研究。在大量参数分析的基础上，考察了宽厚比组配因素及受力条件对极限承载力的影响机理，提出了考虑板件塑性阶段屈曲相关性的基于极限分析理论的承载力计算方法，最后给出了考虑塑性阶段屈曲相关性对截面承载影响的Ⅱ、Ⅲ、Ⅳ类截面分类方法。

4.1 加载制度与极限承载力关系

4.1.1 加载制度对极限承载力的影响

为考察加载制度对极限抗弯承载力的影响，本节以H形截面构件绕强轴方向压弯为例，对不同r_w、r_f和n组配下的构件分别进行了单调加载与滞回加载（每级循环3圈）的有限元分析。提取各构件单调与滞回加载的极限承载力M_{ux}将其用M_{ecx}无量纲化，并按照r_w和n的顺序列于图4-1中，其中空心圆点为单调加载结果，实心圆点为滞回加载结果。比较结果显示，当板件宽厚比较小时，单调加载的抗弯承载力要略高于相同宽厚比组配的构件滞回加载的情况；当板件宽厚比较大时，加载制度对极限承载力几乎无影响。

4.1.2 加载制度对极限承载力的影响机理

将板件沿厚度方向内外表面的应力平均值称为平均应力，由于非塑性铰H形截面板厚较截面的高和宽为小量，因此平均应力是对构件的弯矩抗力有实质贡献的应力表现形式。研究构件的平均应力发展过程可从微观角度描述构件塑

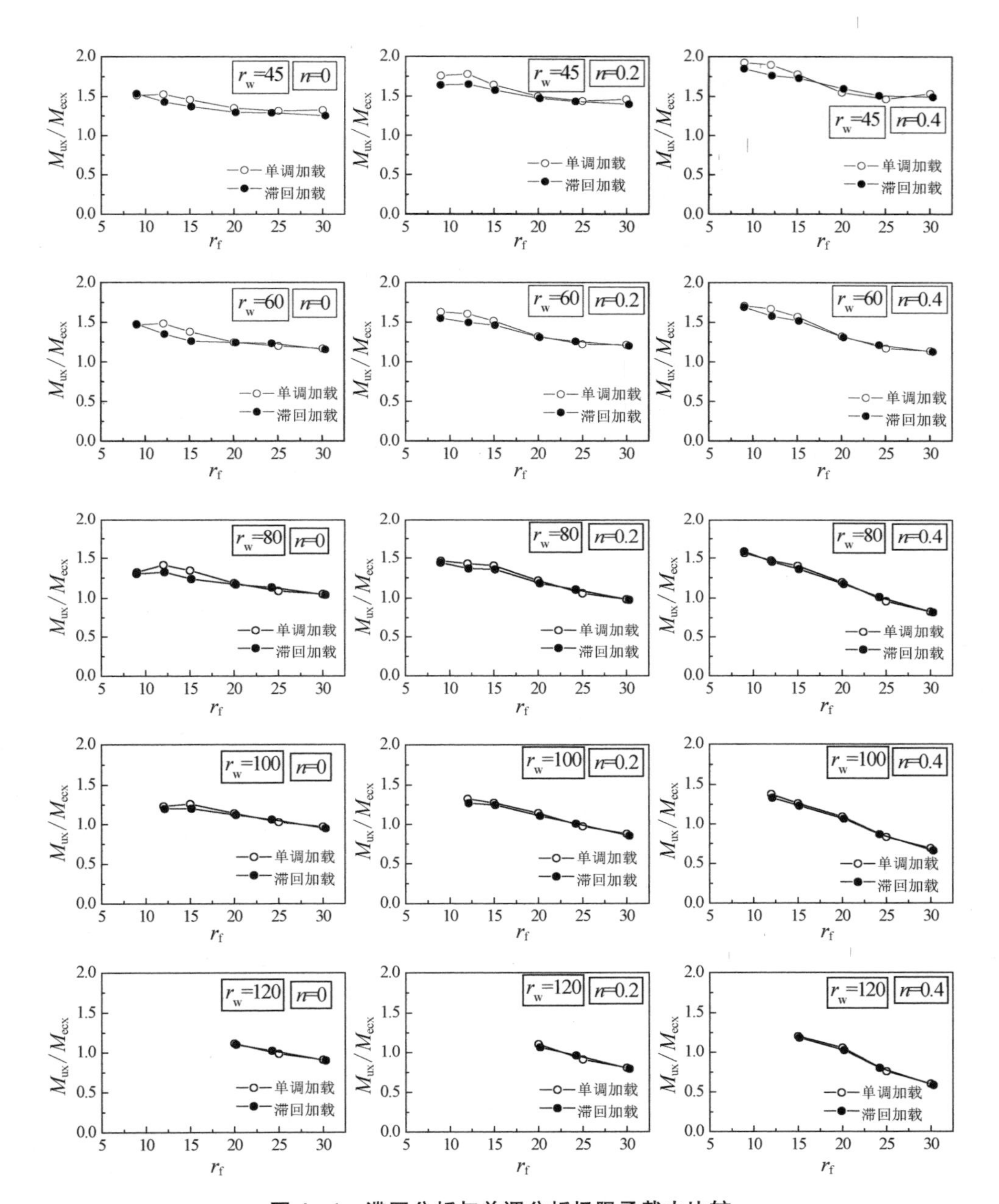

图 4-1 滞回分析与单调分析极限承载力比较

性及屈曲的发展过程，该方法作为探究构件屈曲与塑性发展机理的重要手段将在本书被反复用到。

本节以构件 W-0.2-80-15(n=0.2,r_w=80,r_f=15)绕弱轴压弯为例，分

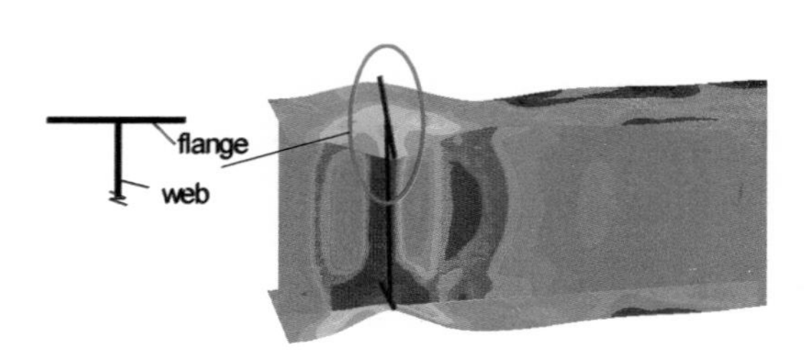

图 4-2 应力提取位置示意

别对其进行单调加载(m)、每级循环一圈(c1)及每级循环 3 圈(c3)的加载分析。从有限元中提取各构件屈曲变形最大截面的翼缘和腹板(图 4-2)的平均应力进行分析。将各构件屈曲前和屈曲后 θ/θ_e 达到整数时各加载级第一圈的平均应力及相应的弯矩-相对水平位移曲线分别列于图 4-3 中。

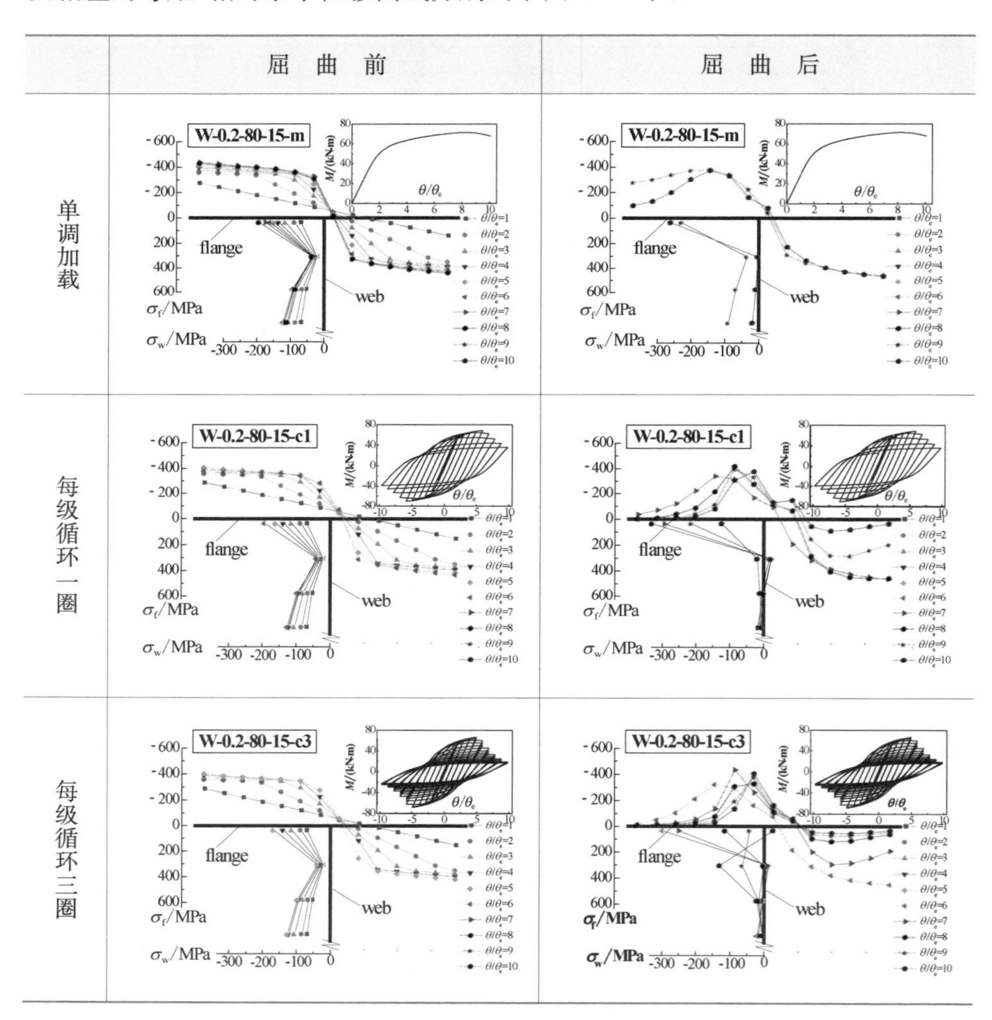

图 4-3 构件 W-0.2-80-15 不同加载路径屈曲前及屈曲后应力发展图

从图 4-3 可看到，屈曲前，板件应力沿厚度方向基本相同，此阶段平均应力的变化表征的是无屈曲状态塑性不断深化的过程。屈曲后，板件偏离原平衡位形产生平面外的变形，板件的凸起面受到拉伸将会停止增长压应变并产生增量拉应变，对应着该处停止增长压应力产生增量拉应力，而板件的凹面则受到进一步挤压继续增长压应变，对应着该处压应力继续增长或保持不变，也即屈曲后板件内外表面的应力将发生分叉，平均应力将减小，以此判别板件发生屈曲[59]。屈曲变形的程度与屈曲板件的应力分布形式的关系为：屈曲变形越大，平均压应力越小。

加载制度对构件极限状态性能的影响主要体现在板件发生局部屈曲时的相对水平位移 θ/θ_e 随着加载条件的不利而减小，其中各构件发生局部屈曲的时刻依次为：W-0.2-80-15-m，$\theta/\theta_e=9$；W-0.2-80-15-c1，$\theta/\theta_e=6$；W-0.2-80-15-c3，$\theta/\theta_e=5$。Lee[36]的试验研究也显示滞回加载比单调加载构件发生局部屈曲时的变形要小。这是因为板件屈曲的发生与累积塑性变形有关，往复加载的累积塑性变形比单调加载大，同一加载级循环圈数越多塑性累积越大。

然而加载条件的不同导致局部屈曲发生时刻的不同对板件宽厚比较小的构件较为明显；对板件宽厚比较大的构件，局部屈曲发生时，塑性发展程度较低，屈曲时循环圈数较少，故加载条件对局部屈曲发生时刻几乎无影响。从而解释了 4.1.1 节加载制度对极限承载力的影响规律，即板件宽厚比较小时单调加载的抗弯承载力要略高于滞回加载的情况；当板件宽厚比较大时，加载制度对极限承载力几乎无影响。注意到，对于板件宽厚比较小的构件，发生局部屈曲时板件已进入塑性流动阶段，虽然加载条件对极限承载力有影响，但影响较小可忽略不计。

本章的研究目的在于获得 H 形截面构件极限承载力的计算方法，因此本章采用单调加载的加载机制进行参数分析，以节省计算成本。

4.2　绕强轴压弯极限承载力分析

本节对不同板件宽厚比及轴压比组配下的 H 形截面钢构件绕强轴压弯的极限状态性能展开详细研究，探讨塑性屈曲相关行为及其对极限承载力的影响机理。陈以一[9]提出了有效塑性宽度法计算 H 形截面构件的极限承载力，本节将以其模型为基础，进行细化和改进，并考虑板件屈曲相关作用。

4.2.1 参数分析设置

本节参数化设置与 3.3 节设置方法一致，固定截面高($h=300+t_f$)、宽($b=200$ mm)和构件长度($L=1\ 500$ mm)，变化板件厚度(t_f和 t_w)和轴压力(N)来实现 r_f、r_w和 n 的变化。由于 H 形截面构件绕强轴压弯时对板件宽厚比的变化较为敏感，本节共设置了 3 个 n、11 个 r_f和 15 个 r_w，如表 4-1 所示；将所选的三个参数(n, r_f, r_w)分别进行组合，共得到 495 个分析模型，包含了实际工程中可能出现的大部分情况。

表 4-1　绕强轴压弯有限元分析参数设置情况

n	0,0.2,0.4
r_f	9,10.5,12,13.5,15,17.5,20,22.5,25,27.5,30
r_w	45,52.5,60,65,70,75,80,85,90,95,100,105,110,115,120

进行有限元分析时，首先施加轴压力(轴压比为 0 的模型省略此步)，然后在柱顶沿 y 方向施加单调水平位移直至 $\Delta=10\Delta_e$ 或构件完全破坏时停止加载。

4.2.2 破坏机制

H 形截面钢构件绕强轴压弯时，根据板件宽厚比组配形式的不同，可能发生两种不同的破坏模式，如图 4-4 所示。对于一般情况，翼缘和腹板在弯矩作用下均发生屈曲，翼缘腹板将协同变形，本书称之为翼缘腹板弯曲失稳破坏(图 4-4a)。当腹板相对翼缘过于薄柔时，腹板在剪应力作用下发生剪切失稳，由于腹板过于薄柔，腹板的鼓曲变形既无法带动翼缘转动，也无法再给翼缘提供有效支撑，造成翼缘处于弹性状态或只能发展部分塑性，阻碍了翼缘发展塑性的能力，本书称之为腹板剪切失稳破坏(图 4-4b)。

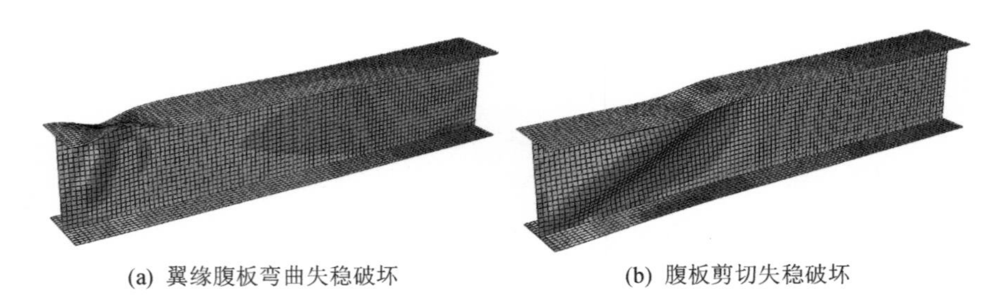

(a) 翼缘腹板弯曲失稳破坏　　(b) 腹板剪切失稳破坏

图 4-4　绕强轴压弯两种破坏模式

本书绕强轴压弯系列试验(2.4.1 节)、周江[35]和赵静[49]试验的破坏模式均是翼缘腹板弯曲失稳破坏，试验结果显示各试件的极限承载力随着翼缘宽厚比的增大而减小。而发生腹板剪切失稳破坏的构件，由于腹板的屈曲阻碍了翼缘塑性的发展，造成相同腹板尺寸下构件的极限承载力 M_{ux}/M_{ecx} 随着翼缘宽厚比的增大而增大。该现象在图 4－5 各有限元模型极限抗弯承载力 M_{ux}/M_{ecx} 汇总图中表现为：对于腹板宽厚比较大的构件，相同轴压比和相同腹板宽厚比的 M_{ux}/M_{ecx}－r_f 关系呈现先增后减的趋势，其中 M_{ux}/M_{ecx} 随着 r_f 增大而增大的构件发生了腹板剪切失稳破坏，M_{ux}/M_{ecx} 随着 r_f 增大而减小的构件发生了翼缘腹板弯曲失稳破坏，这与分析模型有限元计算显示的破坏模式是一致的。

回归得到两种破坏模式的板件宽厚比临界值，表达式如下：

$$R_S = \frac{r_w}{5n+7} \quad (4-1)$$

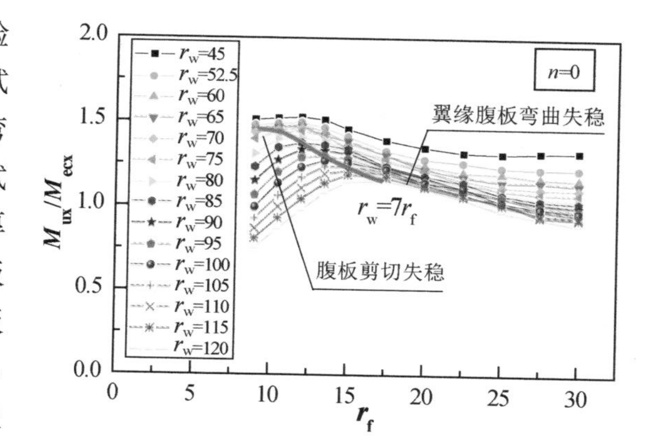

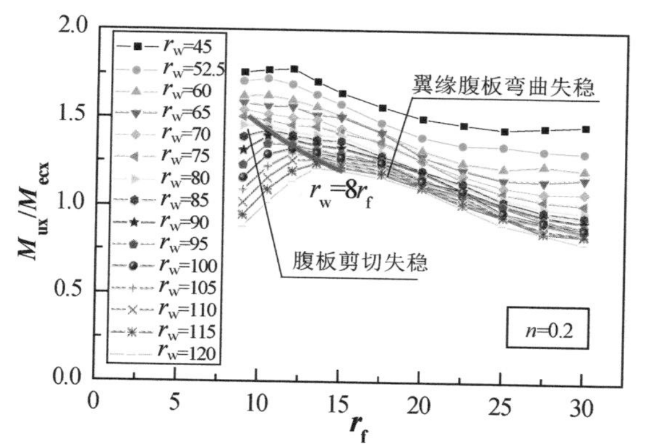

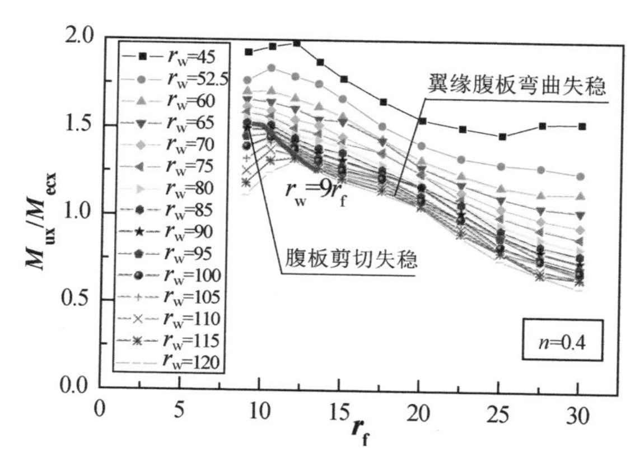

图 4－5　构件破坏模式与极限承载力关系

标记 R_S 为腹板剪切失稳的翼缘宽厚比上限值。即当 $R_S < r_f$ 时，可能发生腹板剪切失稳破坏(包括塑性剪切失稳和弹性剪切失稳破坏)；当 $R_S \geq r_f$ 时，可能发生的是翼缘腹板弯曲失稳破坏，如图 4－5 中蓝粗线所示。

发生腹板剪切失稳破坏形式的构件集中于翼缘宽厚比相对较小的情况，通常设计时期望翼缘能发展全部塑性或尽可能发展塑性，而由于腹板剪切屈曲的发生造成翼缘的塑性发展能力减弱，使极限承载力较发生板件弯曲失稳破坏的低，造成材料的浪费，故不建议在设计中采用。后文只针对发生板件弯曲失稳破坏的构件，不考虑构件发生腹板剪切失稳破坏的情况。

4.2.3 板件屈曲相关行为及对极限状态的影响机理

1. 屈曲相关作用对极限状态应力分布形式的影响

本节比较了 3 组截面(翼缘和腹板宽厚比分别为 $r_w=80$ 和 $r_f=15$、$r_w=80$ 和 $r_f=30$，以及 $r_w=45$ 和 $r_f=30$)分别在轴压比 $n=0$、0.2 和 0.4 条件下的应力发展过程。这些构件 r_f 和 r_w 两两相同，相互比较可体现 r_f、r_w 及 n 对板件塑性屈曲相关行为及极限承载力的影响机理。将各模型构件 θ/θ_e 达到整数级($\theta/\theta_e=1$, 2,…,5)时的平均应力及弯矩-转角曲线列于图 4-6 中。

模型 S-n-80-15 和 S-n-80-30 腹板相同翼缘宽厚比不同，两者比较可体现翼缘宽厚比的影响。从图 4-6 可以看到 r_f 对屈曲发生时刻有重要影响，r_f 越大屈曲越早发生，而屈曲发生时刻对极限承载力有较大影响，屈曲越早发生构件达到极限状态时塑性发展程度越弱，且翼缘有效宽度越小，故极限承载力越小。

模型 S-n-45-30 和 S-n-80-30 翼缘相同腹板宽厚比不同，两者比较可体现腹板宽厚比的影响。从图 4-6 可以看到在所有轴压比条件下，S-n-80-30 的极限承载力均要明显低于 S-n-45-30。腹板对极限状态应力分布形式的影响主要体现在三个方面：首先 r_w 较小的构件，腹板能给翼缘提供较强的支撑作用，使屈曲翼缘(图 4-6 上翼缘)有效宽度较大；其次极限状态时，r_w 较小的构件腹板上能承受的应力越大；最后为保持力的平衡，弯矩作用下的受拉翼缘(图 4-6 下翼缘)的应力分布与屈曲翼缘及腹板应力分布相关，r_w 越小受拉翼缘上的应力越大，因而腹板宽厚比越大，极限承载力越低。这也是翼缘腹板塑性阶段相关作用的重要体现，即翼缘腹板之间存在相关作用，翼缘非线性行为(屈曲时刻，屈曲后应力分布形式)与腹板宽厚比及轴压比及相关，反之亦然。在考虑截面的非线性行为时，将翼缘看作三边简支一边自由单板，将翼缘看作四边简支单板，是不准确的，应考虑板件之间的相关作用。

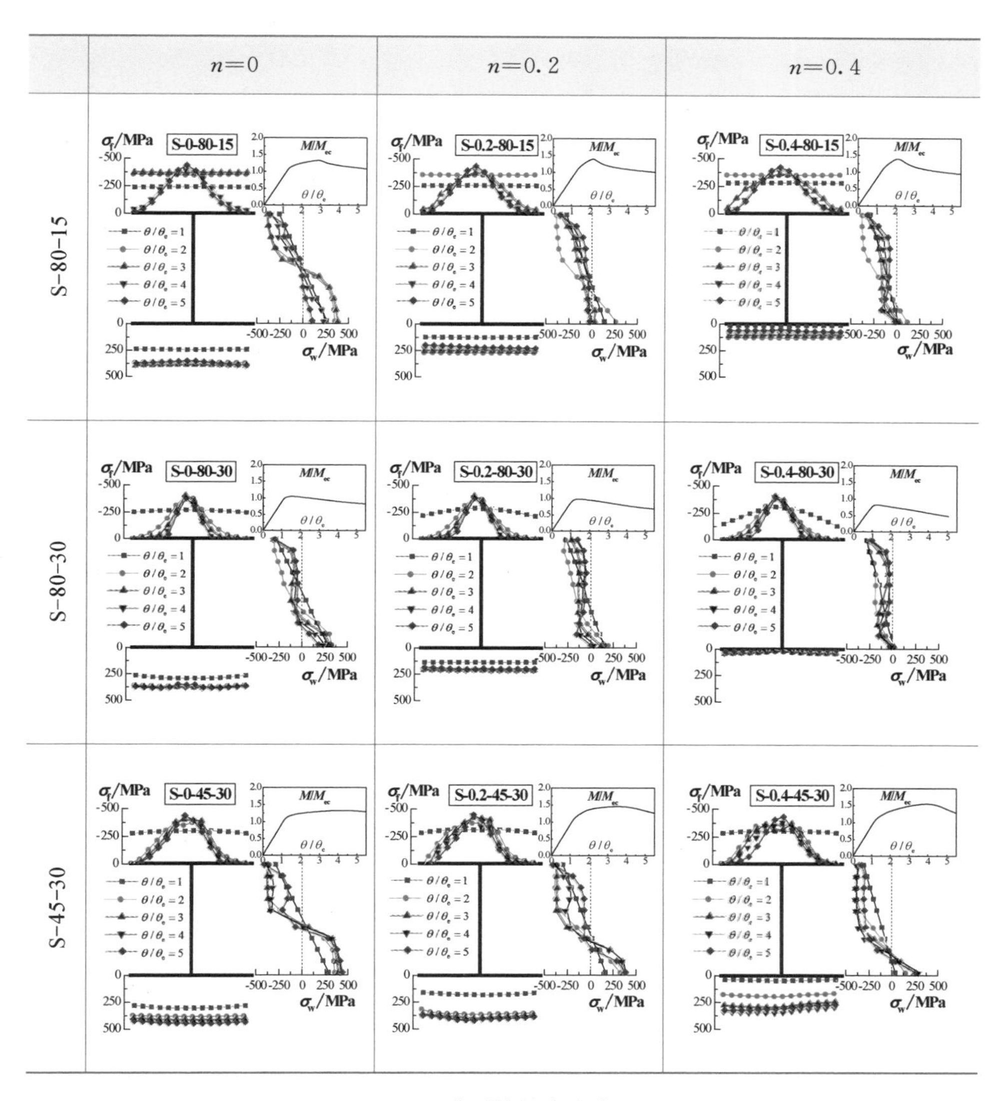

图 4-6　典型构件应力发展图

2. 有限元极限承载力计算结果

提取各板件弯曲失稳破坏构件的有限元计算的极限抗弯承载力 M_{ux}，将其无量纲化，得到 M_{ux}/M_{ecx} 及 M_{ux}/M_{pcx}，并按照 n 和 r_w 的顺序列于图 4-7 中。从中可以看到翼缘宽厚比和腹板宽厚比对极限承载力均有显著影响，板件宽厚比越大，极限承载力越低；轴压比对截面达到极限状态时塑性发展程度有影响，主要体现在宽厚比较大的构件，M_{ux}/M_{pcx} 随着轴压比的增大而减小。

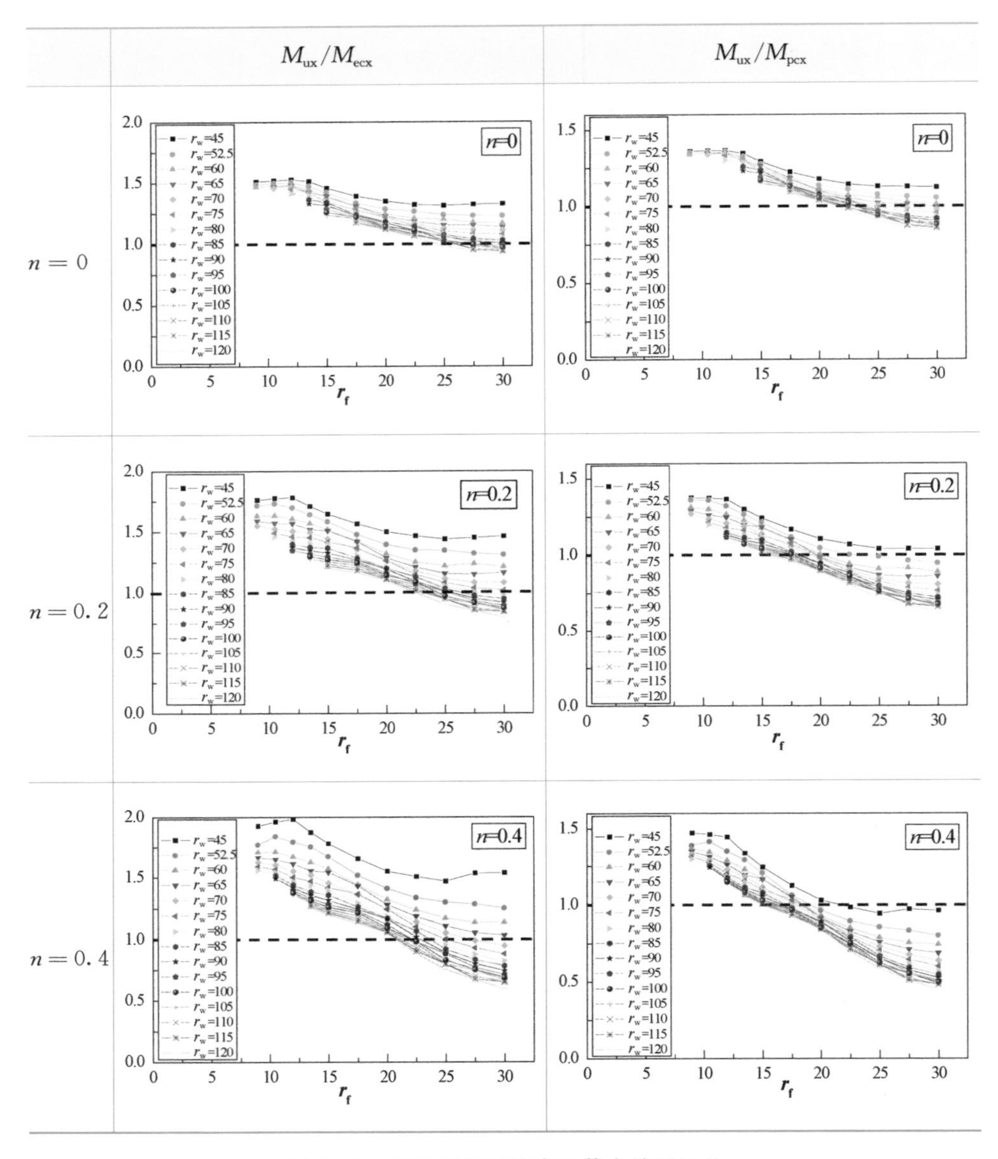

图 4-7　有限元极限抗弯承载力结果汇总

4.2.4　有效塑性宽度法计算极限抗弯承载力

根据极限状态的应力分布特点，本节提出一种半理论半经验的有效塑性宽度法计算 H 形截面构件绕强轴压弯的极限抗弯承载力，适用于 $n \leqslant 0.4$，$r_f \leqslant 30$，$r_w \leqslant 120$ 的情况。

1. 极限状态应力分布特点

从图 4－6 可发现 H 形截面构件绕强轴压弯，当承载力达到峰值状态时，弯矩作用下受压的翼缘发生屈曲，屈曲后按应力分布形式的不同屈曲翼缘分为翼缘边缘鼓曲段和近腹板段。其中翼缘边缘鼓曲段上屈曲变形较大，平均压应力几乎为 0，对抗弯承载力无贡献，可认为该段屈曲后退出工作，为失效区。而近腹板的翼缘部分因受到腹板约束屈曲后还能保持一定的应力，其上平均压应力近似等于屈服应力，可认为是有效宽度。

腹板根据应力分布状态的不同分为腹板中心段及近翼缘段，腹板中心段鼓曲变形较大，平均应力几乎为 0，可认为退出工作；而近翼缘段因受到翼缘约束保持有一定的应力，可认为是有效高度，为截面提供抗弯能力。

弯矩作用下的受拉翼缘始终保持挺直，其应力分布为保持力的平衡，取决于屈曲翼缘及腹板应力分布。该发现作为有效塑性宽度法计算极限承载力的重要依据。

2. $M_{ux}/M_{pcx}=1$ 宽厚比限值

从图 4－7 提取各轴压比下 $M_{ux}/M_{pcx}=1$ 的宽厚比组配点，若参数分析点不通过 $M_{ux}/M_{pcx}=1$，采用插值法确定 $M_{ux}/M_{pcx}=1$ 时的(r_f, r_w)，并列于图 4－8 中。发现这些的 r_f 与 r_w 呈线性关系，r_f 与 n 呈二次关系，以最小二乘法为基准，回归出 $M_{ux}/M_{pcx}=1$ 的 r_f, r_w 与 n 的相关关系表达式，如下：

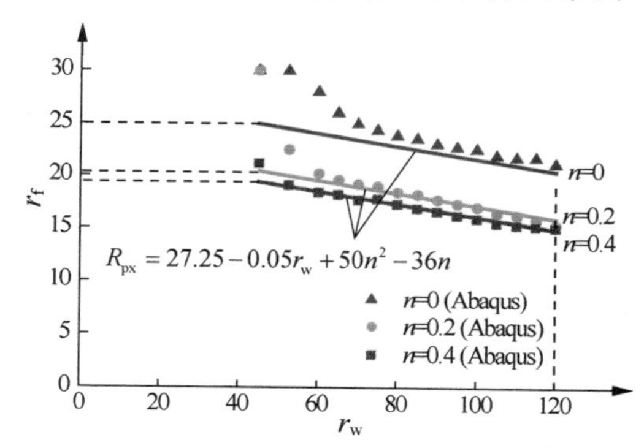

图 4－8　$M_{ux}/M_{pcx}=1$ 宽厚比及轴压比相关关系

$$R_{px}=r_f|_{M_{ux}=M_{pcx}}=27.25-0.05r_w+50n^2-36n \tag{4-2}$$

R_{px} 可认为是 H 形截面绕强轴压弯板件全部有效的宽厚比临界值，下标 p 表示全塑性，x 表示绕强轴压弯。

不妨定义系数：

$$\rho_x=\frac{r_f}{R_{px}} \tag{4-3}$$

ρ_x 是考虑板件相关作用的宽厚比厚实程度系数，ρ_x 越大，截面越薄柔。当 $\rho_x<1$

时全截面有效；当 $\rho_x \geqslant 1$ 时截面部分有效。

3. 有效截面分布

H 形截面构件绕强轴压弯达到承载力峰值状态时，有效截面形式如图 4-9 所示，其中屈曲翼缘的失效部分分布在翼缘两侧，与实际情况相符；腹板的失效区的正确位置本应在压应力较大的部分即腹板上半段位置处，然而因其准确位置难以确定，为简化计算，将腹板的失效部位均匀分布在毛截面对称轴（$x-x$ 轴）的两侧。EN1993-1-5[23] 及 GB 50018[125] 采用有效弹性宽度法计算Ⅳ类截面的承载力，给出了翼缘及腹板有效宽度的计算方法，该方法假定有效截面上的应力仍按弹性状态分布，且有效宽度的确定没有考虑板件的相关作用，与本书的有效塑性宽度法有本质的区别，故不采用规范给出的有效宽度及其位置确定方法。

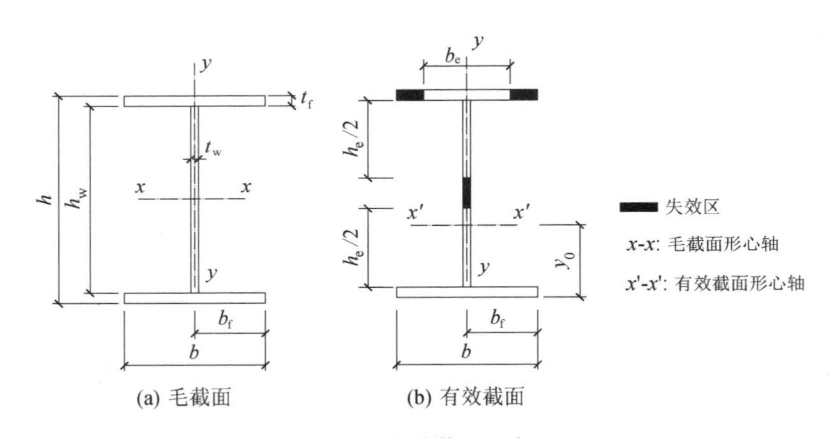

图 4-9　有效截面示意图

翼缘和腹板有效宽度由 r_f、r_w 和 n 共同决定，因此选取表征三者相关关系的系数 ρ_x 来求取板件有效宽度，当 $\rho_x < 1$ 时全截面有效；当 $\rho_x \geqslant 1$ 时截面部分有效。

当 $\rho_x \geqslant 1$ 时，根据参数分析结果，可取翼缘有效宽度 $b_e = \dfrac{b}{\sqrt{\rho_x}}$。并且注意到，当腹板宽厚比较小时，需考虑腹板对翼缘的有利作用。因此翼缘有效宽度 b_e 可表示为：

$$b_e = \min\left\{b, \eta_f \frac{b}{\sqrt{\rho_x}}\right\} \tag{4-4}$$

$$\eta_{\mathrm{f}}=\frac{80(1-n)}{r_{\mathrm{w}}}\geqslant 1 \tag{4-5}$$

式中，η_{f} 为考虑腹板宽厚比较小时对翼缘有利作用的系数。

当 $\rho_{\mathrm{x}}\geqslant 1$ 时，根据参数分析结果，不妨取腹板有效高度 $h_{\mathrm{e}}=\frac{h_{\mathrm{w}}}{\sqrt{\rho_{\mathrm{x}}}}$，因此腹板有效高度 h_{e} 可表示为：

$$h_{\mathrm{e}}=\min\left\{h_{\mathrm{w}},\frac{h_{\mathrm{w}}}{\sqrt{\rho_{\mathrm{x}}}}\right\} \tag{4-6}$$

4. 考虑强化作用的翼缘应力及腹板应力

对满足 $\rho_{\mathrm{x}}<1$ 的截面，达到极限状态时板件已达到全塑性，部分进入强化阶段，在计算极限承载力时，应考虑材料的强化作用。ρ_{x} 越小，板件越不易发生屈曲，其达到极限状态时塑性发展程度越高，因此定义强化参数 $\eta_{\sigma}=1+a(1-\rho_{\mathrm{x}})$ 来考虑材料的强化作用，其中 a 为待定系数。a 与材料强化段的塑性模量的有关，对理想弹塑性的材料 $a=0$；而针对本书的参数分析材料模型设置结果(3.1.2 节)，取 $a=0.5$ 与有限元结果吻合最好。

标记极限状态时翼缘应力为 σ_{uf}，腹板应力为 σ_{uw}，表达式分别为：

$$\sigma_{\mathrm{uf}}=\eta_{\sigma}f_{\mathrm{yf}} \tag{4-7}$$

$$\sigma_{\mathrm{uw}}=\eta_{\sigma}f_{\mathrm{yw}} \tag{4-8}$$

$$\eta_{\sigma}=1.5-0.5\rho_{\mathrm{x}}\geqslant 1 \tag{4-9}$$

式中，η_{σ} 为材料强化系数，当不考虑强化作用时取 $\eta_{\sigma}=1$。

5. 极限状态应力分布形式及极限承载力计算公式

极限状态时，有效截面在轴力和弯矩共同作用下全截面进入塑性，假定截面依然满足平截面假定。极限状态时，有效翼缘应力为 σ_{uf}，有效腹板应力为 σ_{uw}。假定轴压力产生的正应力集中在腹板及近腹板的翼缘处，根据轴压力产生的正应力是否深入到受拉翼缘分为两种不同的应力分布形式，其临界轴压力为 N_{wcr}，根据力的平衡条件得：

$$N_{\mathrm{wcr}}=h_{\mathrm{e}}t_{\mathrm{w}}\sigma_{\mathrm{uw}}-(b-b_{\mathrm{e}})t_{\mathrm{f}}\sigma_{\mathrm{uf}} \tag{4-10}$$

当 $N\leqslant N_{\mathrm{wcr}}$ 时，轴压力产生的压应力只作用于腹板区域，有效截面的应力分布形式如图 4-10 所示；当 $N>N_{\mathrm{wcr}}$ 时，轴压力产生的压应力由腹板和部分翼缘共同承担，有效截面的应力分布形式如图4-11所示。

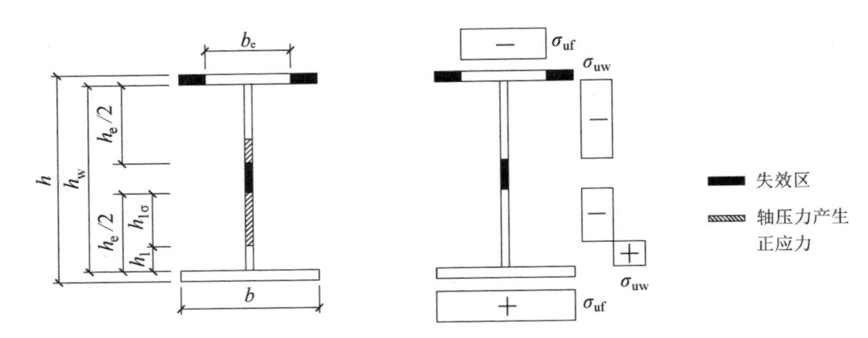

图4-10　$N \leqslant N_{wcr}$ 极限状态应力分布形式

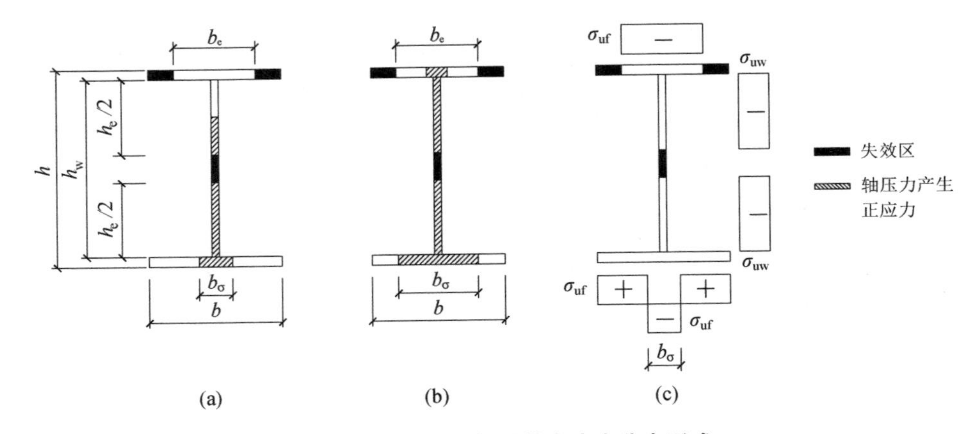

图4-11　$N > N_{wcr}$ 极限状态应力分布形式

(a) $N \leqslant N_{wcr}$

当 $N \leqslant N_{wcr}$ 时，轴压力产生的压应力集中在腹板近形心轴位置处，有效截面的应力分布形式如图4-10所示。轴压力的平衡条件为：

$$N = \left(\frac{h_e}{2} + h_{1\sigma} - h_1\right) t_w \sigma_{uw} - (b - b_e) t_f \sigma_{uf} \tag{4-11}$$

由式(4-11)结合几何关系式 $h_{1\sigma} + h_1 = \dfrac{h_e}{2}$，可解得近受拉翼缘的腹板压应力区及拉应力区的高度 $h_{1\sigma}$ 及 h_1，有：

$$h_{1\sigma} = \frac{N + (b - b_e) t_f \sigma_{uf}}{2 t_w \sigma_{uw}} \tag{4-12}$$

$$h_1 = \frac{h_e}{2} - \frac{N + (b - b_e)t_f\sigma_{uf}}{2t_w\sigma_{uw}} \tag{4-13}$$

将所有应力对形心轴 $x-x$ 取矩即可得截面抗弯承载力 M_{ux}，有：

$$M_{ux} = \frac{1}{2}(b_e + b)(h_w + t_f)t_f\sigma_{uf} + h_1(h_w - h_1)t_w\sigma_{uw} \tag{4-14}$$

(b) $N > N_{wcr}$

当 $N > N_{wcr}$ 时，轴压力产生的压应力由腹板和部分翼缘共同承担，根据轴压力产生的正应力是否深入受压翼缘，又可分为图 4－11(a)和(b)两种形式，这两种情况应力分布形式相同(图 4－11(c))，即腹板全部受压，弯矩作用下受拉的翼缘会有压应力和拉应力的共同作用。轴压力的平衡条件为：

$$N = h_e t_w\sigma_{uw} + (b_e + 2b_\sigma - b)t_f\sigma_{uf} \tag{4-15}$$

根据式(4－15)可解得 b_σ：

$$b_\sigma = \frac{N - h_e t_w\sigma_{uw}}{2t_f\sigma_{uf}} + \frac{b - b_e}{2} \tag{4-16}$$

将所有正应力对形心轴 $x-x$ 取矩求得截面抗弯承载力 M_{ux}，得：

$$M_{ux} = \frac{1}{2}(b_e + b - 2b_\sigma)(h_w + t_f)t_f\sigma_{uf} \tag{4-17}$$

4.3　绕弱轴压弯极限承载力分析

本节对不同宽厚比及轴压比组配下的 H 形截面钢构件绕弱轴压弯极限状态各项性能展开详细研究。探讨塑性屈曲相关行为及其对极限承载力的影响机理，提出考虑板件屈曲相关作用的极限承载力计算方法。

4.3.1　参数化分析设置

本节参数化分析与 3.3 节设置方法一致，固定截面高($h=300+t_f$)、宽($b=200$ mm)和构件长度($L=1\ 500$ mm)，通过变化板件厚度(t_f和 t_w)和轴压力(N)来实现 r_f、r_w和 n 的变化。共设置了 3 个 n、6 个 r_f、5 个 r_w，如表 4－2 所示；将 n、r_f和 r_w进行正交组合，共得到 90 个模型。

表 4-2 绕弱轴压弯参数设置

n	0,0.2,0.4
r_f	9,12,15,20,25,30
r_w	45,60,80,100,120

进行有限元分析时，首先施加轴压力(轴压比为 0 的模型省略此步)，然后在柱顶沿 x 方向施加单调水平位移 $\Delta=10\Delta_e$ 或构件完全破坏时停止加载。所有构件的主导破坏机制与试验试件的破坏机制相同，均是近柱底部分的翼缘和腹板的局部屈曲破坏，没有发现平面外弯扭失稳的发生。

4.3.2 板件塑性屈曲相关行为及其对极限状态的影响机理

本节比较了构件 W-n-80-15，W-n-80-30 和 W-n-45-30 在不同轴压比(n=0、0.2 和 0.4)下的应力发展过程及变形图，并汇总了参数分析极限承载力结果，以期从微观及宏观的角度揭示板件塑性屈曲相关机理。

1. 屈曲相关作用对极限状态应力分布形式的影响

将模型 W-n-80-15、W-n-80-30 和 W-n-45-30 在轴压比 n=0、0.2 和 0.4 的常轴压力作用下 θ/θ_e 达到各整数级(θ/θ_e=1、2、……、10)的平均应力及弯矩-转角曲线按轴压比的顺序列于图 4-12 中。模型 W-n-80-15、W-n-80-

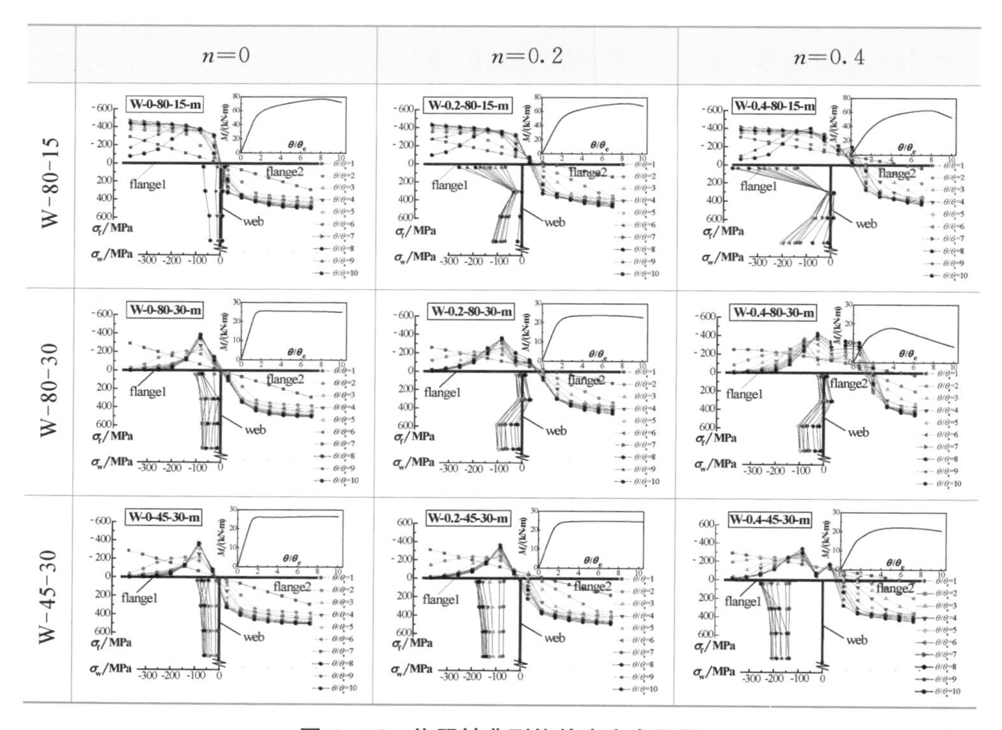

图 4-12 绕弱轴典型构件应力发展图

30 和 W－n－45－30 的翼缘和腹板宽厚比两两相同，相互比较可体现翼缘宽厚比、腹板宽厚及轴压比对板件塑性屈曲相关行为及极限承载力的影响机理。

从 W－n－80－15 和 W－n－80－30 的比较，可以看到 r_f对翼缘屈曲发生时刻有重要影响，当 n 和 r_w不变时，r_f越大屈曲越早发生，达到极限状态时发展塑性的能力越弱，极限承载力越小。

根据 W－n－80－30 和 W－n－45－30 的应力图可以看到腹板宽厚比对截面极限状态的影响程度依赖于轴压比水平。当轴压比较小时，构件 W－0－80－30 和 W－0－45－30 的腹板上应力较小，在加载过程中始终没发生屈曲，两者极限状态应力分布形式相似，说明当 n 较小时 r_w对极限承载力影响较小，r_f是极限承载力的主要影响因素。而当轴压比较大时(例如 n＝0.4 的情况)，W－0.4－80－30 的腹板发生了屈曲，屈曲后腹板上应力几乎为 0，腹板对抵抗外力无贡献，只靠屈曲翼缘有效部分和无屈曲翼缘抵抗外力；而 W－0.4－45－30 的腹板在翼缘屈曲后保持挺直，翼缘屈曲后，应力发生重分布，中性轴往受拉翼缘(flange 2)方向移动，腹板能继续发展一定程度的压应力，为保持力的平衡，受拉翼缘将发展塑性拉应力，故抗弯承载力较 W－0.4－80－30 大。

2. *屈曲相关作用对变形形式的影响*

提取各构件 θ/θ_e＝10 时的变形图列于图 4－13 中，可以看到 W－0－80－15 翼缘的屈曲变形程度要远小于 W－0－80－30 和 W－0－45－30，而 W－0－80－30 和 W－0－45－30 的翼缘屈曲变形程度相似，说明当轴压比较小时，腹板保持挺直或屈曲变形很小，翼缘屈曲变形只与 r_f有关。

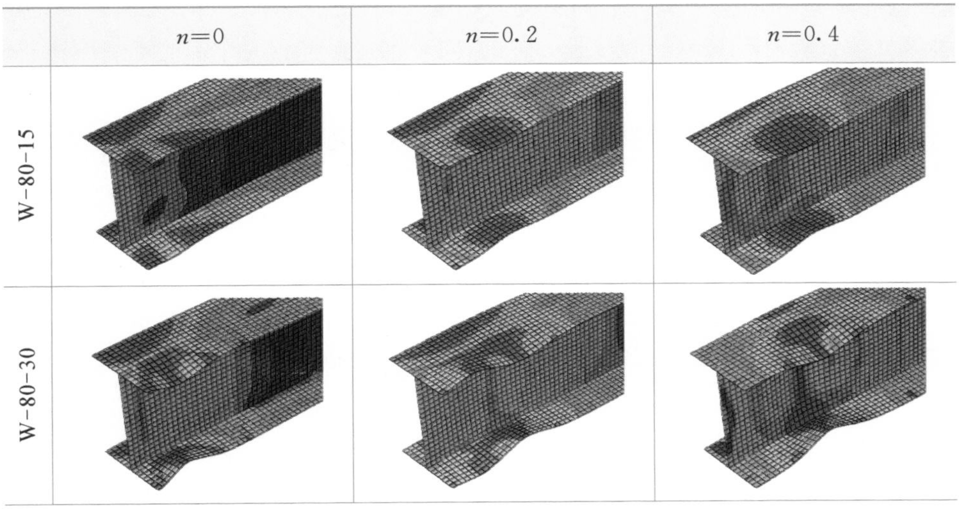

	n=0	n=0.2	n=0.4
W-80-15			
W-80-30			

续 图

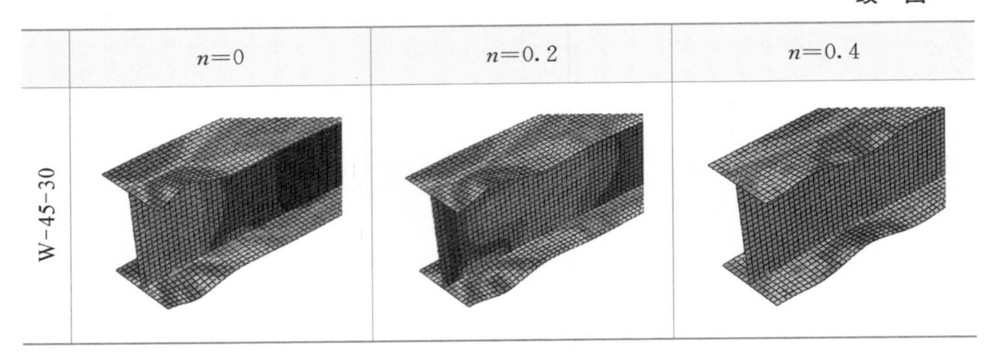

图 4-13　绕弱轴典型构件 $\theta/\theta_e=10$ 时刻变形图

构件 W-0.4-80-15 翼缘及腹板的屈曲变形程度均小于 W-0.4-80-30；而 W-0.4-45-30 的腹板没有发生屈曲，其翼缘屈曲变形程度明显小于 W-0.4-80-30，这与试验试件 W-H5-0.4 和 W-H6-0.4 的结果相一致。当腹板屈曲时，其变形程度与翼缘薄柔程度有关，翼缘越厚实，腹板变形越小，反之亦然；当腹板不发生屈曲时，腹板能给翼缘提供有效的支撑，翼缘屈曲变形程度较屈曲腹板明显减小。

3. 有限元极限承载力计算结果

从有限元模型中提取各构件极限抗弯承载力 M_{uy}，将其无量纲化得到 M_{uy}/M_{ecy} 及 M_{uy}/M_{pcy}，按照 n 的顺序列于图 4-14 中，从中可以看到 r_f 对 M_{uy} 的影响显著，M_{uy} 随着 r_f 的增大而减小；r_w 对 M_{uy} 的影响程度依赖于 n 的大小，当 n 较小时，r_w 的改变对 M_{uy} 影响很小；而随着 n 的增大，M_{uy} 会随着 r_w 的增大而减小。这与第 2 章试验结果显示的规律是一致的，同时也是板件相关作用的宏观体现。

4. 塑性屈曲相关机理

屈曲相关作用主要通过应力分布形式及屈曲变形形式体现，对以上两方面进行总结即可得到 H 形截面构件绕弱轴压弯时板件屈曲相关行为及其对极限承载力的影响机理。由于图 4-12 中所有构件的屈曲均发生在塑性阶段，因而证明了塑性阶段板件屈曲相关作用。板件的屈曲相关行为表述为相邻板件的厚实程度及非线性行为会影响该板件的非线性反应，且板件相关行为取决于 r_f、r_w 和 n 的共同作用，不能将截面的组成板件看作是边界条件确定的单板。

首先，轴压力和腹板宽厚比的大小是决定腹板是否屈曲的主要影响因素，而腹板屈曲与否对应着不同的应力分布形式。为保持力的平衡，翼缘屈曲后中和轴将向受拉翼缘处移动，也即 flange 2 近腹板的部分将发展增量压应力。腹板

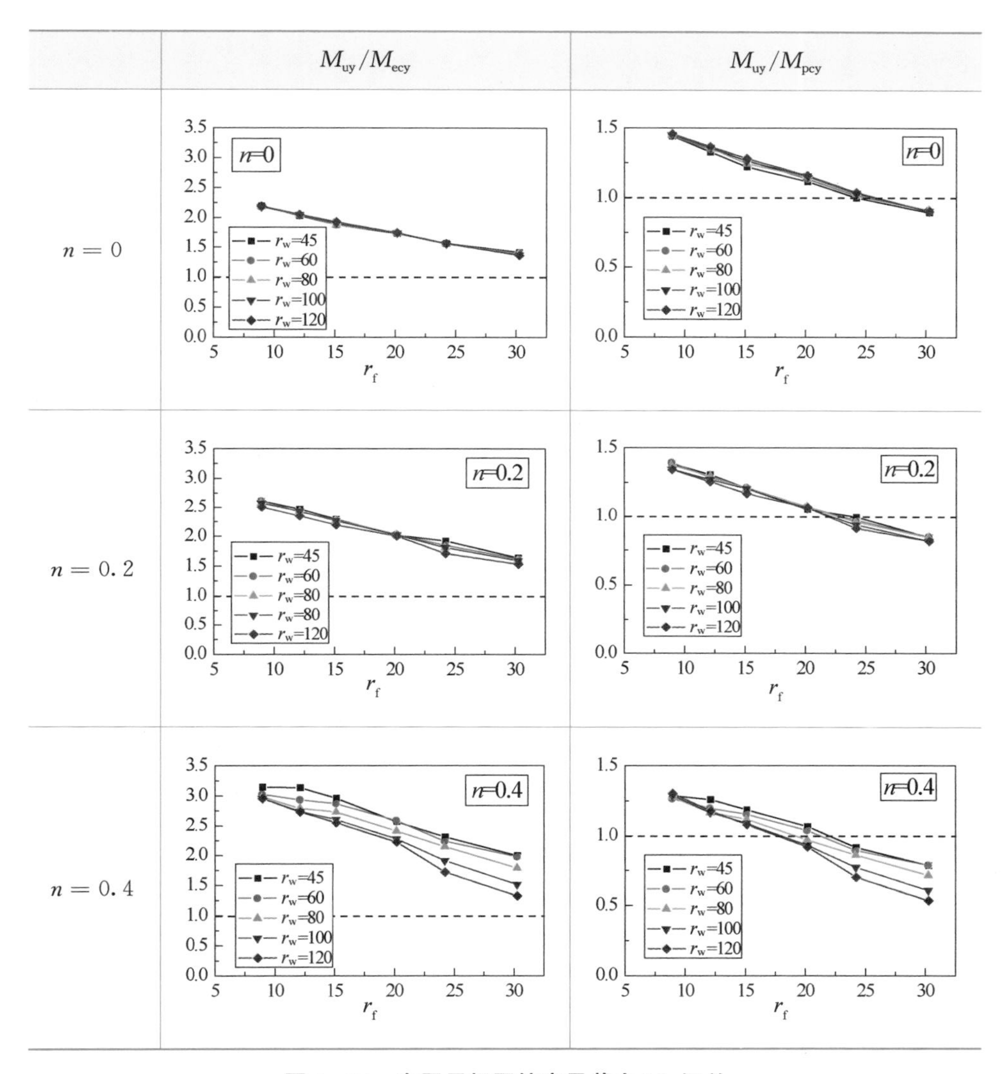

图 4－14　有限元极限抗弯承载力 M_{uy} 汇总

屈曲后其上应力几乎为 0，而不屈曲腹板能持续发展一定程度的压应力，受拉翼缘塑性拉应力范围前者要明显小于后者，故前者的极限承载力要低于后者。因此当 r_w 和 n 均较小时，腹板不发生屈曲，极限承载力只与 r_f 有关；当 r_w 和 n 不满足腹板不屈曲的条件时，极限承载力由 r_f，r_w 和 n 共同决定，说明截面的屈曲形式决定了极限状态的应力分布形式。其次，腹板和翼缘作为彼此主要支撑条件的来源，其非线性变形将会彼此影响，或约束或放大，最终形成一个协调状态，也即翼缘和腹板之间的支撑条件取决于 r_f，r_w 和 n 的共同作用。

4.3.3 有效塑性宽度法计算截面极限抗弯承载力

根据极限状态的应力分布特点，本节提出一种半理论半经验的有效塑性宽度法计算 H 形截面构件绕弱轴压弯的极限抗弯承载力，适用于 $n\leqslant0.4$、$r_f\leqslant30$、$r_w\leqslant120$ 的情况。

1. 极限状态应力分布特点

从图 4－12 可以看到，各构件达到极限状态时的截面应力分布特点如图4－15 所示。在弯矩作用下受压的翼缘按平均应力分布形式的不同可分为翼缘边缘鼓曲段和近腹板段，其中翼缘边缘鼓曲段上屈曲变形较大，平均压应力几乎为 0，对抗弯承载力无贡献，可认为该段屈曲后退出工作；而近腹板的翼缘部分由于受到腹板约束屈曲后还能保持一定的应力，其上平均压应力近似等于屈服应力，可认为是有效宽度。在弯矩作用下受拉的翼缘始终保持挺直，不断在发展塑性。腹板极限状态能保持一定的应力，应力水平与轴压比和板件宽厚均有关。

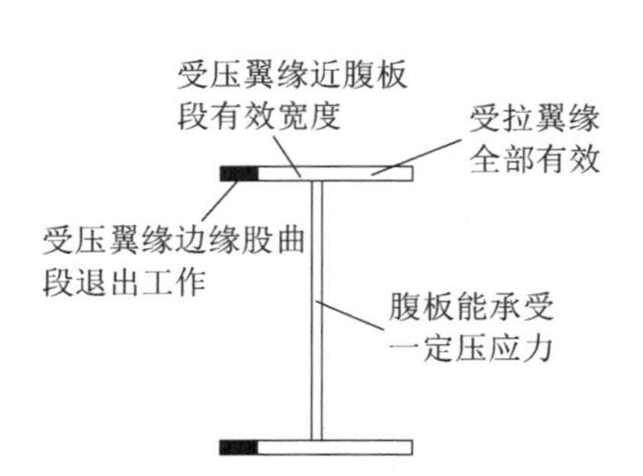

图 4－15　H 形截面绕弱轴压弯极限状态应力分布特点

2. $M_{uy}/M_{pcy}=1$ 宽厚比限值

从图 4－14 提取各轴压比下 $M_{uy}/M_{pcy}=1$ 的宽厚比组配点，若参数分析点不通过 $M_{uy}/M_{pcy}=1$，采用插值法确定 $M_{uy}/M_{pcy}=1$ 时的(r_f，r_w)，并列于图4－16 中。可以发现这些点的 r_f 与 r_w 呈线性关系，r_f 与 r_w 的关系依赖于 n，以最小二乘法为基准，回归出 $M_{uy}/M_{pcy}=1$ 时的 r_f，r_w 与 n 的相关关系表达式，如下：

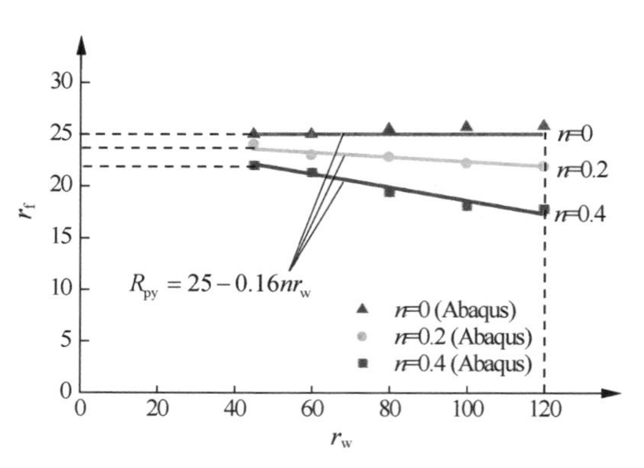

图 4－16　$M_{uy}/M_{pcy}=1$ 宽厚比及轴压比相关关系

$$R_{py}=r_f|_{M_{uy}=M_{pcy}}=25-0.16nr_w \tag{4-18}$$

R_{py} 可认为是 H 形截面绕弱轴压弯板件全部有效的宽厚比临界值，p 表示全塑性，y 表示绕弱轴压弯。

定义系数：

$$\rho_y=\frac{r_f}{R_{py}} \tag{4-19}$$

ρ_y 是表征构件板件相关作用的综

合参数，当 $\rho_y < 1$ 时全截面有效；当 $\rho_y \geqslant 1$ 时截面部分有效。

3. 有效截面分布

H 形截面构件绕弱轴压弯达到极限状态时，有效截面示意图见图 4-17，翼缘和腹板有效宽度由 r_f、r_w 和 n 共同决定，因此选取表征三者相关关系的系数 ρ_y 来求取板件有效宽度。当 $\rho_y < 1$ 时全截面有效，$b_{ef} = b_f$，$h_e = h_w$；当 $\rho_y \geqslant 1$ 时截面部分有效，根据参数分析结果，可取 $b_{ef} = b_f / \rho_y$，$h_e = h_w / \rho_y$。因此翼缘有效宽度 b_e，腹板有效高度 h_e 可表示为：

$$b_{ef} = \min\{b_f,\ b_f/\rho_y\} \tag{4-20}$$

$$b_e = b_{ef} + b_f \tag{4-21}$$

$$h_e = \min\{h_w,\ h_w/\rho_y\} \tag{4-22}$$

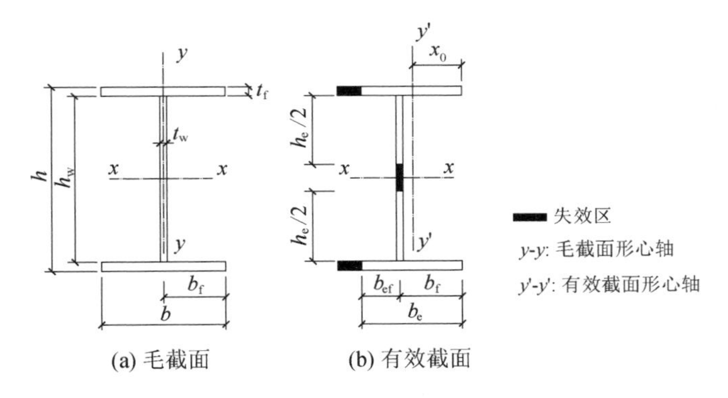

图 4-17　有效截面图示意图

4. 考虑强化作用的翼缘应力及腹板应力

对满足 $\rho_y < 1$ 的截面，达到极限状态时板件已达到全塑性，部分进入强化阶段，在计算极限承载力时，应考虑材料的强化作用。采用与绕强轴压弯相同的材料强化系数来考虑材料的强化作用(4.2.4 节)，标记极限状态时翼缘应力为 σ_{uf}，腹板应力为 σ_{uw}，表达式分别为：

$$\sigma_{uf} = \eta_\sigma f_{yf} \tag{4-23}$$

$$\sigma_{uw} = \eta_\sigma f_{yw} \tag{4-24}$$

$$\eta_\sigma = 1.5 - 0.5\rho_y \geqslant 1 \tag{4-25}$$

其中 η_σ 为材料强化系数，当不考虑强化作用时取 $\eta_\sigma = 1$。

5. 极限状态应力分布形式及极限承载力计算公式

极限状态时，在轴力和弯矩共同作用下全截面进入塑性。假定轴压力产生的正应力集中在腹板及近腹板的翼缘处，根据轴压力产生的正应力是否深入到翼缘分为两种不同的应力分布形式，其临界轴压力为 N_{wcr}，根据力的平衡条件得：

$$N_{wcr} = \sigma_{uw} t_w h_e \tag{4-26}$$

当 $N \leqslant N_{wcr}$ 时，轴压力产生的压应力只作用于腹板区域，有效截面的应力分布形式如图 4-18 所示；当 $N > N_{wcr}$ 时，轴压力产生的压应力由腹板和部分翼缘共同承担，有效截面的应力分布形式如图 4-19 所示。

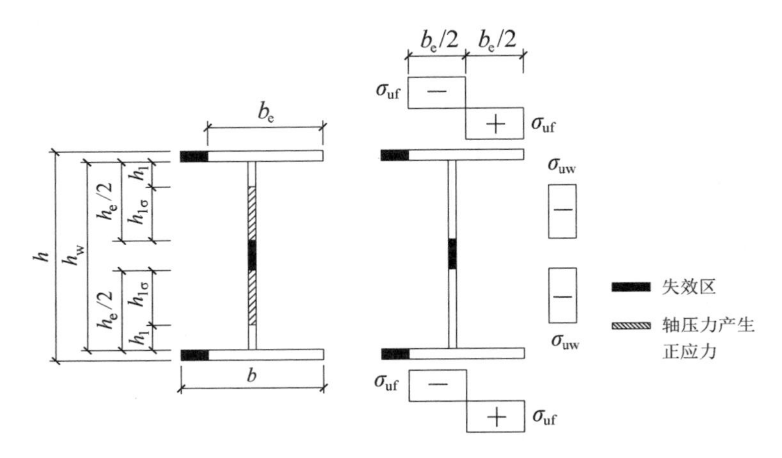

图 4-18　$N \leqslant N_{wcr}$ 极限状态应力分布

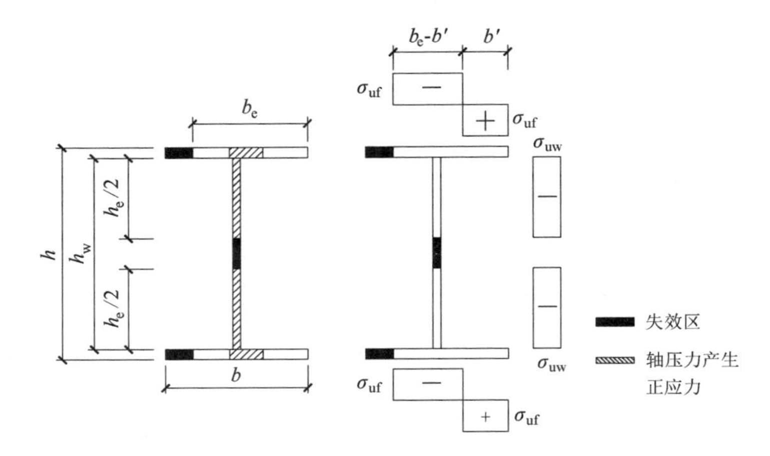

图 4-19　$N \leqslant N_{wcr}$ 极限状态应力分布

(a) $N \leqslant N_{\mathrm{wcr}}$

当 $N \leqslant N_{\mathrm{wcr}}$ 时，轴压力产生的正应力全部由腹板承担，不考虑腹板对抗弯承载力的贡献，即假定腹板上只承担轴压力产生的均匀压应力。翼缘有效宽度上拉压应力绝对值均为 σ_{uf}，翼缘有效宽度上拉压应力分布宽度相等，对截面形心轴取矩得极限承载力：

$$M_{\mathrm{uy}} = \frac{b_{\mathrm{e}}^{2} t_{\mathrm{f}} \sigma_{\mathrm{uf}}}{2} \tag{4-27}$$

(b) $N > N_{\mathrm{wcr}}$

当 $N > N_{\mathrm{wcr}}$ 时，轴压力产生的压应力由全部腹板和近腹板处的翼缘共同承担，极限状态时腹板应力 σ_{uw}，翼缘有效宽度上拉压应力绝对值均为 σ_{uf}，由平衡条件得到翼缘作用拉应力的分布宽度 b' 为：

$$b' = \frac{b_{\mathrm{e}}}{2} - \frac{N - \sigma_{\mathrm{uw}} t_{\mathrm{w}} h_{\mathrm{e}}}{4 t_{\mathrm{f}} \sigma_{\mathrm{uf}}} \tag{4-28}$$

对截面形心轴取矩，得极限承载力：

$$M_{\mathrm{uy}} = [b'(b - b') + (b_{\mathrm{e}} - b')(b_{\mathrm{e}} + b' - b)] t_{\mathrm{f}} \sigma_{\mathrm{uf}} \tag{4-29}$$

4.4　有效塑性宽度法评价

将有效塑性宽度法简称为 PEM(Plastic effective width method)。本节分别对试验及有限元计算得到的各构件极限抗弯承载力 M_{u} 与本书有效塑性宽度法(PEM)得到的 M_{u} 进行比较，以考察 PEM 方法的正确性。

4.4.1　有效塑性宽度法操作流程

有效塑性宽度法计算 H 形截面构件单轴压弯极限抗弯承载力的完整操作流程见图 4 - 20。本书提出的 PEM 法只要有构件的截面几何尺寸、轴压力及弯曲方向，就能计算出考虑板件屈曲相关行为的单轴压弯极限承载力，且操作简便，便于设计人员采用。

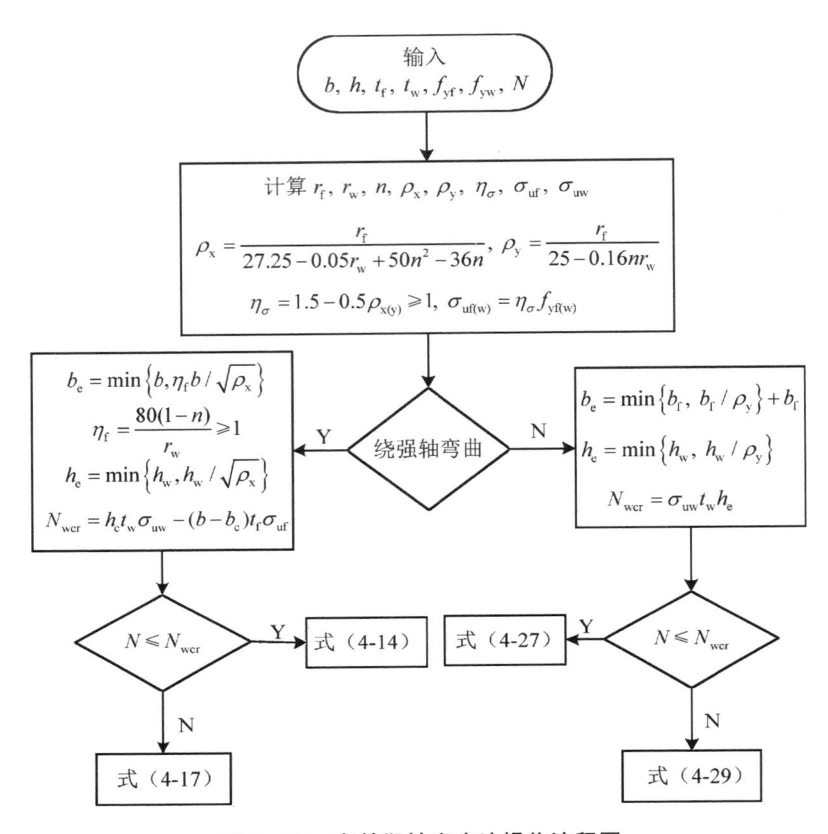

图 4-20　有效塑性宽度法操作流程图

4.4.2　绕强轴压弯有效塑性宽度法计算结果

1. 有效塑性宽度法与有限元结果对比

将参数分析设置的各宽厚比及轴压比下的绕强轴压弯的 H 形截面构件，分别按考虑材料强化作用的 PEM、Abaqus 分析及 EC3 规范[4,23]计算得到 M_{ux}，并按照 n、r_w和 r_f的顺序列于图 4-21 中。将 Abaqus 计算得到的结果作为校核基准，比较结果显示，EC3 规范过于保守的估计了截面的承载力；而 PEM 法与 Abaqus 结果吻合良好，很好地反映了截面的极限承载力。

2. 有效塑性宽度法与试验结果对比

用 PEM 法求取本书第 2 章绕强轴压弯系列试验各试件（S-H1-0.2～S-H5-0.4），周江[35]及赵静[49]试件的绕强轴压弯的极限抗弯承载力 M_{ux}，与试验结果同列于表 4-3 中。可以看到，PEM 计算结果与试验吻合良好。

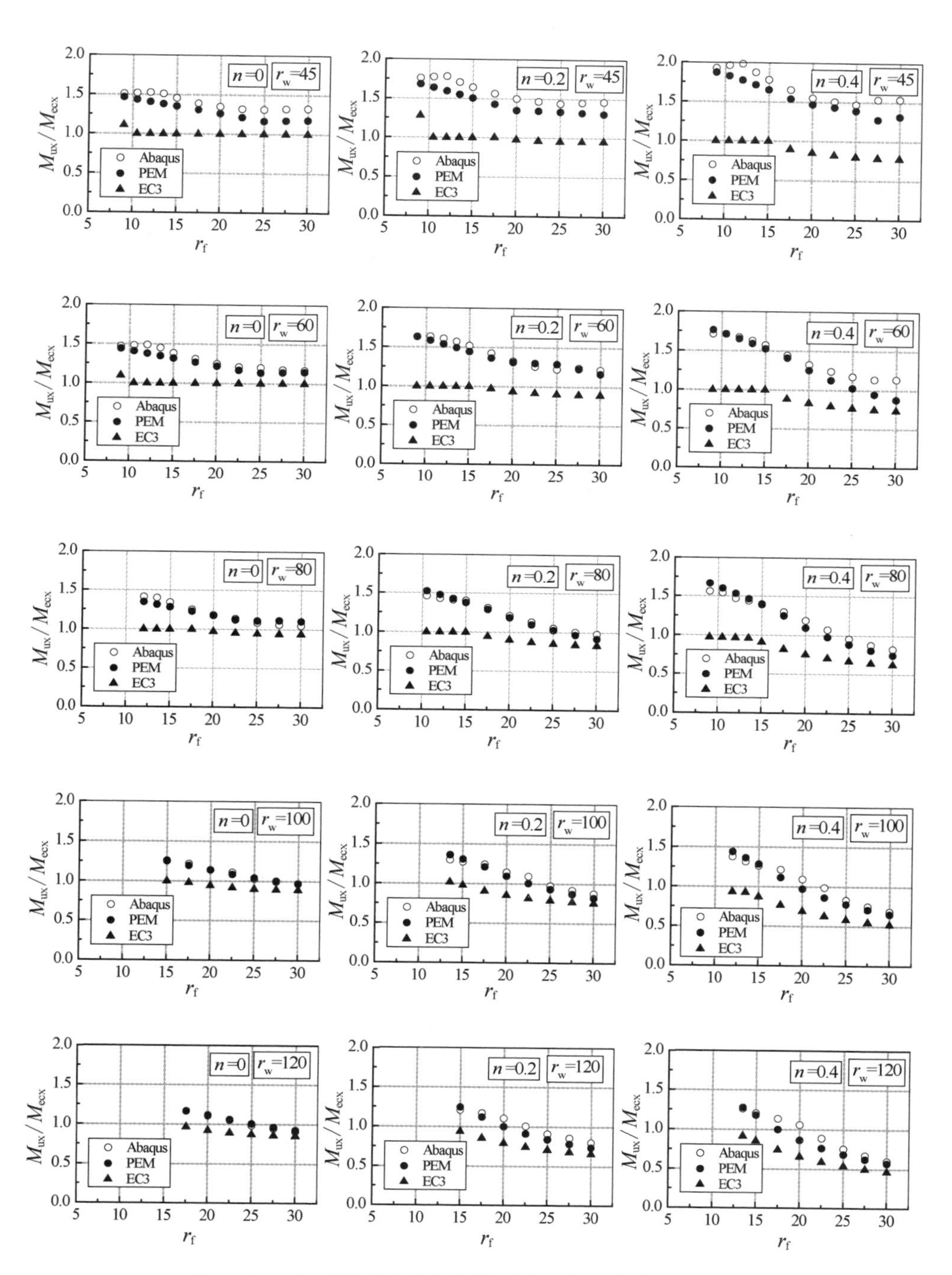

图 4-21　H 形截面构件绕强轴极限承载力计算结果汇总

表 4-3　绕强轴系列试验与 PEM 法极限承载力比较

试验来源	试件编号	$M_{ux,\ test}$/(kN·m)	$M_{ux,\ PEM}$/(kN·m)	$M_{ux,\ PEM}/M_{ux,\ test}$
本书强轴试验（第 2 章）	S-H1-0.2	128.7	122.8	0.955
	S-H2-0.2	125.9	155.8	1.238
	S-H3-0.2	111.9	124.4	1.111
	S-H4-0.2	141.7	164.3	1.160
	S-H5-0.2	114.6	137.0	1.195
	S-H5-0.4	64.2	81.1	1.263
周江试验[35]	Z-H2-0.2	121.7	110.8	0.911
	Z-H3-0.2	129.8	114.8	0.885
	Z-H3-0.4	112.9	104.7	0.927
	Z-H4-0.2	139.9	133.7	0.956
赵静试验[49]	LH27-X2	82.0	83.9	1.023
	LH27-X4	78.1	75.1	0.961
	LH31-X2	70.2	86.0	1.225
	LH32-X2	125.8	106.9	0.850
	LH37-X2	132.9	131.8	0.992
	LH37-X4	107.0	120.0	1.121
	平均值			1.048
	标准差			0.138

4.4.3　绕弱轴压弯有效塑性宽度法计算结果评价

1. 有效塑性宽度法与有限元结果对比

将参数分析设置的各板件宽厚比及轴压比下的 H 形截面，分别按考虑材料强化作用的 PEM，Abaqus 分析及 EC3 规范[4,23]得到各截面的绕弱轴压弯的承载力 M_{uy}。将各截面的极限承载力按照 n、r_w 和 r_f 的顺序列于图 4-22 中。认为 Abaqus 分析得到是准确的极限承载力值，比较结果显示与绕强轴压弯的极限承载力计算结果类似，EC3 规范过于保守的估计了截面的承载力；而 PEM 法与 Abaqus 结果吻合良好，很好地反映了截面的极限承载力。

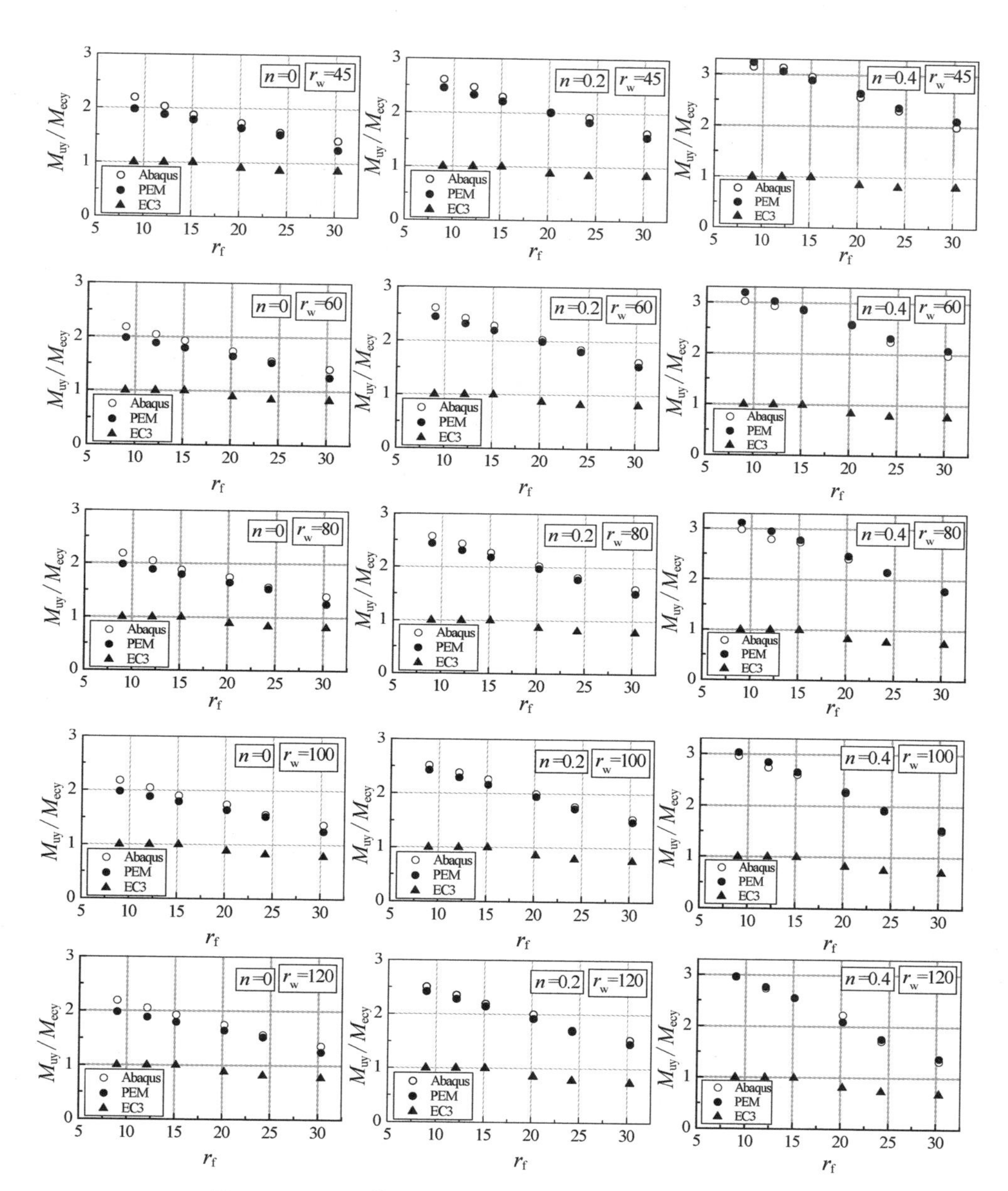

图 4-22　H 形截面绕弱轴极限承载力计算结果汇总(续)

2. 有效塑性宽度法与试验结果对比

用 PEM 法求取第 2 章绕弱轴压弯系列试验各试件(W-H1-0.2～W-H6-0.4)的极限承载力 M_{uy}，与试验结果同列于表 4-4 中。可以看到，PEM 计算结果与试验结果吻合良好。

表 4-4 绕弱轴系列试验极限承载力比较

试件编号	$M_{uy,\ test}$/(kN·m)	$M_{uy,\ PEM}$/(kN·m)	$M_{uy,\ PEM}/M_{uy,\ test}$
W-H1-0.2	31.2	27.8	0.892
W-H2-0.2	24.2	23.9	0.989
W-H3-0.2	24.4	22.9	0.939
W-H4-0.2	33.9	40.8	1.204
W-H5-0.2	37.3	40.8	1.093
W-H6-0.2	21.4	22.9	1.071
W-H4-0.4	32.7	36.2	1.108
W-H5-0.4	31.1	37.9	1.220
W-H6-0.4	20.8	22.9	1.102
平均值			1.069
标准差			0.111

4.4.4 有限塑性宽度法评价

绕强轴和绕弱轴压弯的比较结果均显示，EC3 规范保守的估计了截面的承载力，而 PEM 法与试验及有限元结果均吻合很好。这是因为 EC3 中构件的设计承载力是以截面分类为基础的，而在进行截面分类时没考虑板件相关作用和绕弱轴压弯的受力情况，且没考虑Ⅲ类截面的有限塑性作用。而本书提出的有效塑性宽度法是基于截面极限状态受力特点的物理模型，每一步都反映了构件的受力机理，较为准确的体现出了极限状态的各项非线性性能，因此能够很好地给出截面的承载力计算结果。

本章有效塑性宽度法适用于 $r_f \leqslant 30$，$r_w \leqslant 120$，$n \leqslant 0.4$ 的 H 形截面构件单轴压弯的情况。有效塑性宽度法的核心在于将极限方法用于有效截面，即求取有效截面考虑轴力作用的塑性弯矩，概念明晰，操作简便，便于工程人员采用。极限承载力的计算不依赖于截面分类，突破了截面类别对极限承载力的限制，可体现Ⅰ、Ⅱ类截面材料强化的影响，Ⅲ类截面塑性屈曲前发展部分塑性的能力，还可体现Ⅳ类截面弹性局部屈曲的影响。

4.5　截面分类方法

在绪论中已提到，在以截面分类为基础的钢结构设计规范中，如欧洲规范，不同的截面类别的构件对应着不同的设计准则，如图 4-23 所示，Ⅰ、Ⅱ类截面构件可利用构件自身的塑性承载力；Ⅲ类截面构件一般采用弹性设计；Ⅳ类截面构件的承载力理论上低于边缘屈服承载力，采用有效弹性宽度法利用屈后强度。现行大部分规范对截面进行分类时，只考虑绕强轴弯曲的情况，没有考虑绕弱轴弯曲与绕强轴弯曲存在的本质差异，也没考虑翼缘-腹板相关作用的影响，而 4.2.3 节及 4.3.2 节的研究均显示翼缘腹板之间存在明显的相关作用，不够准确的截面分类准则必然导致对截面承载力计算的不准确性，反之亦然；因此有必要提出考虑板件相关作用和弯矩作用方向的非塑性铰 H 形截面分类方法。

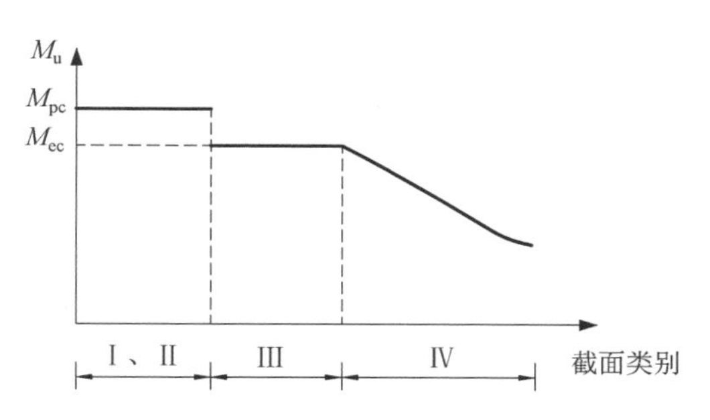

图 4-23　基于截面分类的设计承载力计算方法

构件的极限抗弯承载力是Ⅱ、Ⅲ、Ⅳ类截面的分类依据，根据 M_u 是否大于 M_{pc} 可给出Ⅱ类截面宽厚比上限值；类似的，根据 M_u 是否大于 M_{ec}，可给出Ⅲ类截面宽厚比上限值。本节依据上述各节 H 形截面构件极限承载力分析结果，提出了考虑板件相关作用的 H 形截面构件单轴压弯的Ⅱ、Ⅲ、Ⅳ类截面分类方法。

4.5.1　绕强轴截面分类方法

1. Ⅱ、Ⅲ类截面宽厚比限值

4.2.4 节给出了与 r_w 与 n 相关的 $M_{ux}/M_{pcx}=1$ 的翼缘宽厚比限值表达式，式(4-2) $R_{px}=27.25-0.05r_w+50n^2-36n$，$R_{px}$ 即为 H 形截面绕强轴压弯Ⅱ类截面翼缘宽厚比上限值。

采用与 4.2.4 节类似的方法，从图 4-7 提取各轴压比下 M_{ux}/M_{ecx} 的宽厚比组配点，若参数分析点不通过 $M_{ux}/M_{ecx}=1$，采用插值法确定 $M_{ux}/M_{ecx}=1$ 时的 (r_f, r_w)，并列于图 4-24(a)中。以这些点为基础，发现 r_f 与 r_w 及 n 均呈线性关系，以最小二乘法为基准，回归出 $M_{ux}/M_{ecx}=1$ 的 r_f，r_w 与 n 的相关关系表达式，如下：

$$R_{ex}=40-0.13r_w-13n\leqslant 30 \tag{4-30}$$

R_{ex} 即为 H 形截面绕强轴压弯Ⅲ类截面翼缘宽厚比上限值，e 表示边缘屈服，x 表示绕强轴压弯的受力情况。

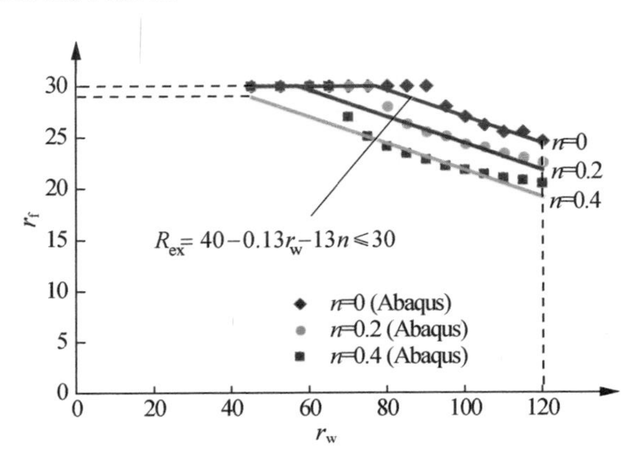

图 4-24　$M_{ux}/M_{ecx}=1$ 宽厚比及轴压比相关关系

H 形截面绕强轴压弯，当 $r_f>R_{ex}$ 时，为Ⅳ类截面；当 $R_{px}\leqslant r_f\leqslant R_{ex}$ 时，为Ⅲ类截面；当 $r_f<R_{px}$ 时，为Ⅰ类或Ⅱ类截面。

2. 宽厚比限值与现有规范比较

图 4-25 比较了各轴压比下本书提出的 R_{px} 和 R_{ex} 及各国规范的Ⅱ、Ⅲ类截面宽厚比上限值，其中 AISC 规范只给出了纯弯状态下Ⅲ类截面宽厚比上限值。可以看到欧洲规范(EC3)和日本规范(AIJ)对Ⅱ、Ⅲ、Ⅳ类截面进行分类时较 R_{px} 和 R_{ex} 更为严格。这是因为欧洲规范在进行截面分类时没考虑板件的相关作用，因而分类结果较为保守。而日本规范的截面分类限值是基于 Kato[20] 的研究成果得到的，而 Kato 是通过含翼缘-腹板宽厚比相关表达的屈曲应力 σ_{cr} 将翼缘-腹板相关作用引入到截面分类中，其中 σ_{cr} 是基于 68 根Ⅰ类 H 形截面轴压短柱试验回归得到的，将其用于受弯的情况及Ⅱ、Ⅲ、Ⅳ类不一定合适；并且Ⅱ、Ⅲ和Ⅳ类截面是根据延性系数分别为 2 和 0 来确定的，与Ⅱ、Ⅲ和Ⅳ类截面按抗弯承载力 $M_u/M_{pc}=1$ 及 $M_u/M_{ec}=1$ 的确定原则有差别。因此可认为本书提出的 R_{px} 和 R_{ex} 体现了翼缘腹板相关作用及轴压比对相关作用的影响，是更为合理的截面分类准则。

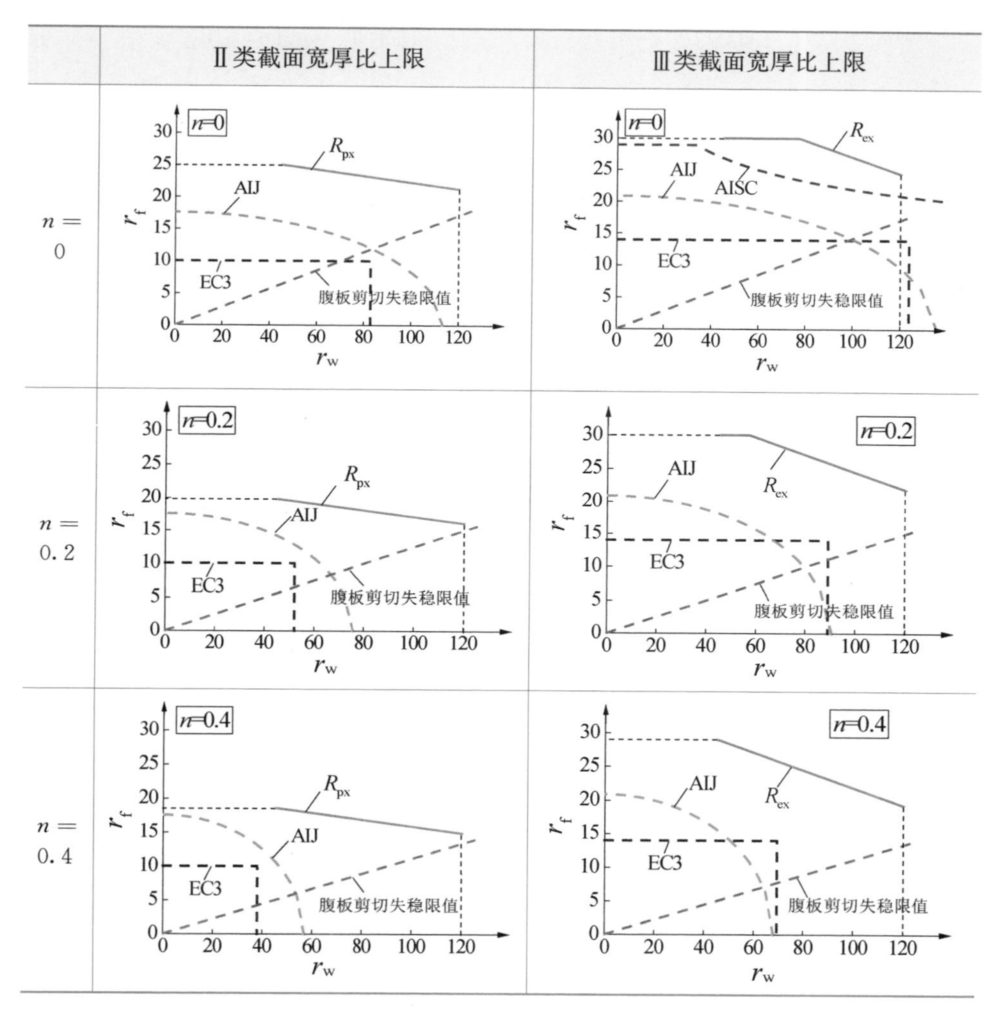

图 4 - 25　H 形截面构件绕强轴压弯Ⅱ、Ⅲ类宽厚比上限值比较

4.5.2　绕弱轴截面分类方法

1. 宽厚比限值

4.3.3 节给出了与 r_w 与 n 相关的 $M_{uy}/M_{pcy}=1$ 的翼缘宽厚比限值表达式，式(4 - 18) $R_{py}=25-0.16nr_w$，R_{py} 即为 H 形截面绕弱轴压弯Ⅱ类截面翼缘宽厚比上限值。从图 4 - 14 发现，在参数分析范围内的所有模型，均有 $M_{uy}/M_{ecy}>1$，说明参数分析范围内的所有可能组合的截面绕弱轴弯曲或压弯都不属于Ⅳ类截面。

当 H 形截面构件绕弱轴压弯，当 $r_f \geq R_{py}$ 时为Ⅲ类截面；当 $r_f < R_{py}$ 时，为Ⅰ或Ⅱ类截面。

2. 宽厚比限值与现有规范比较

图 4-26 比较了各轴压比下，R_{py} 及各国规范Ⅱ类截面宽厚比上限值，比较结果显示 EC3，AIJ 规范中Ⅱ类截面宽厚比上限值，与本书分析结果差异较大，说明现行规范如用于对 H 形截面构件绕弱轴压弯的分类过于保守。

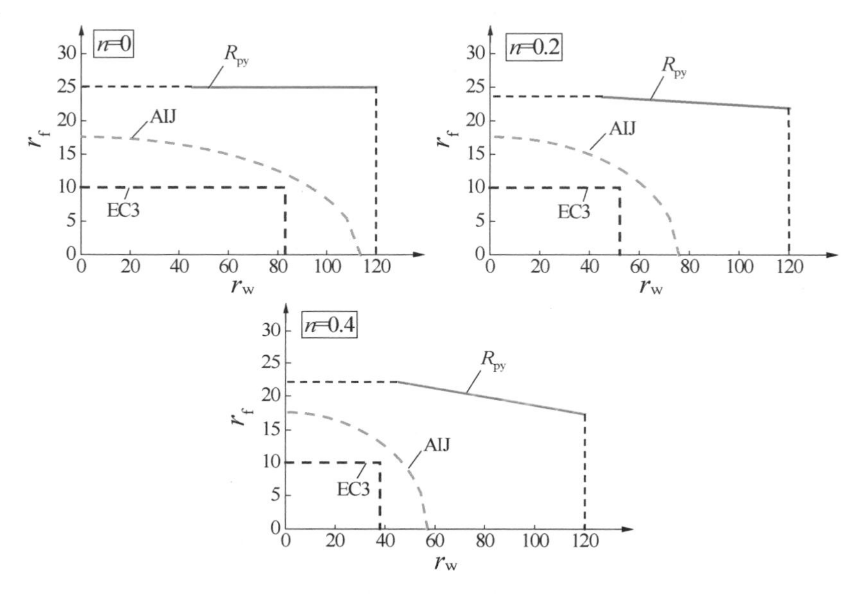

图 4-26　H 形截面构件绕弱轴压弯Ⅱ类截面宽厚比上限值

4.5.3　非塑性铰 H 形截面构件单轴压弯截面分类方法

4.5.1 节和 4.5.2 节分别给出了 H 形截面构件绕强、弱轴单轴压弯的宽厚比限值，包括 R_{px}、R_{ex} 及 R_{py}。图 4-27 比较了绕强、弱轴压弯翼缘宽厚比限值

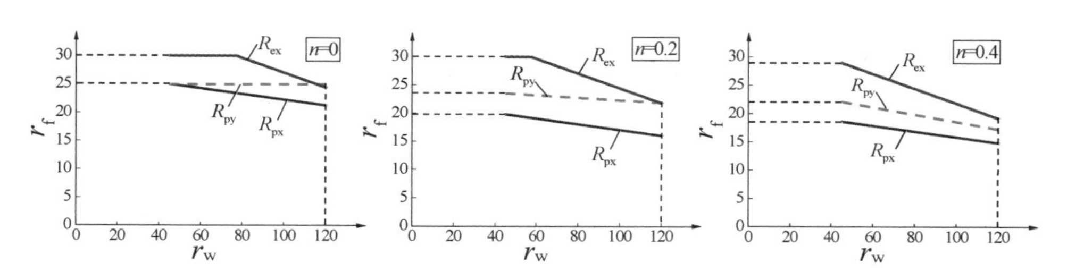

图 4-27　强、弱轴Ⅱ类截面宽厚比限值

R_{px} 与 R_{py}，表明 R_{px} 较 R_{py} 对截面宽厚比要求更为严苛；同时注意到参数分析范围内所有构件绕弱轴压弯均属于Ⅲ类截面，说明 H 形截面构件绕强轴压弯的Ⅱ、Ⅲ类截面宽厚比限值要求均比绕弱轴压弯情况严格，也即绕弱轴压弯的情况对截面分类不起控制作用。在实际设计时，可只采取 R_{px}、R_{ex} 对截面进行分类。

4.6　本 章 小 结

本章进行了不同宽厚比及轴压比组配下的非塑性铰 H 形截面钢构件绕不同截面主轴单调压弯的参数化分析，对 H 形截面构件达到承载峰值状态的非线性性能进行了详细分析。提出了考虑板件塑性阶段屈曲相关性的绕不同主轴压弯的基于极限分析理论的承载力计算方法及考虑塑性阶段屈曲相关性的Ⅱ、Ⅲ、Ⅳ类截面的分类方法。通过本章的分析，可得到以下结论：

(1) 屈曲后板件偏离原平衡位形产生平面外的变形，板件内外表面的应力发生分叉，平均应力减小，由此可判读板件屈曲发生时刻。

(2) 非塑性铰 H 形截面构件绕弱轴压弯的破坏模式均为在弯矩产生的板件弯曲失稳破坏；绕强轴压弯的破坏模式包括板件弯曲失稳破坏和腹板剪切失稳破坏，后者不建议在实际中采用。

(3) H 形截面构件绕弱轴和强轴压弯时，翼缘的屈曲时刻及屈曲后应力分布形式与腹板宽厚比及腹板应力分布形式相关，反之亦然，即翼缘与腹板均存在着相关作用；截面的屈曲形式决定了极限状态的应力分布形式，计算极限承载力时应考虑 r_f、r_w 和 n 的共同作用。

(4) 以截面极限状态应力分布特点为基础，提出了考虑板件塑性阶段屈曲相关作用的有效塑性宽度法计算截面的极限抗弯承载力；经过与试验及有限元极限承载力的比较，该方法能够准确地模拟出各类 H 形截面构件绕不同主轴压弯的极限承载力。

(5) 提出了考虑板件相关作用的 H 形截面构件单轴压弯的Ⅱ、Ⅲ类截面宽厚比上限值。

第5章 H形截面铰区单轴压弯恢复力模型

本书绪论在介绍钢框架非线性分析方法时指出，框架柱受力形式复杂多样，以悬臂构件为基本单元的弯矩-弦转角恢复力模型只适用于特定弯矩梯度和特定构件长度的情况，不能直接应用于构件受力形式或长度发生改变的情况。而通过以截面(构件段)为基本单元的截面层次模型，可得到适用于不同受力形式、不同构件长度及边界条件的构件或结构体系的非线性反应。因此本章的研究目标为得到截面层次的弯矩-曲率恢复力模型，需能反映材料强化作用、局部屈曲引起的各项退化、板件屈曲相关作用等滞回特性。该模型可作为非塑性铰截面钢框架非线性分析的基础，也可为非塑性铰 H 形截面钢构件抗震设计提供理论基础，具有重要的研究意义。

5.1 铰区模型

本节通过铰区模型阐述了如何从悬臂构件模型中提取扣除了弯矩梯度及计算长度影响的截面层次的弯矩-曲率关系。

5.1.1 “铰区”的概念

悬臂构件根部区域为弯矩最大区域，是构件塑性变形和局部屈曲变形的集中域，随着塑性变形或局部屈曲的发生及发展，该区段在弯矩作用下发生转动，形成类似“铰”的性能，因此本书把构件塑性或局部失稳的集中区看作一个铰区，称为“铰区”(hinge)。铰区具有以下三个特点：① 具有一定的转动能力；② 有一定的长度区域；③ 铰区的性质可由弯矩-转角曲线进行描述。铰区可作为压弯构件的基本单元，即压弯构件可由若干具有长度的铰区组成。

构件其余部位弯矩作用较小，在加载过程中保持弹性，称其为“弹性段”(elastic segment)，弹性段的变形满足平截面假定。悬臂构件由铰区和弹性段组成，两部分通过一个平截面过渡，构件顶端侧移随着铰区的转动变形和弹性段的弯曲变形而不断发展。图 5－1 以试件 W－H5－0.4 的屈曲变形发展过程为例，阐述了局部失稳控制破坏模式的悬臂构件与铰区之间的关系。

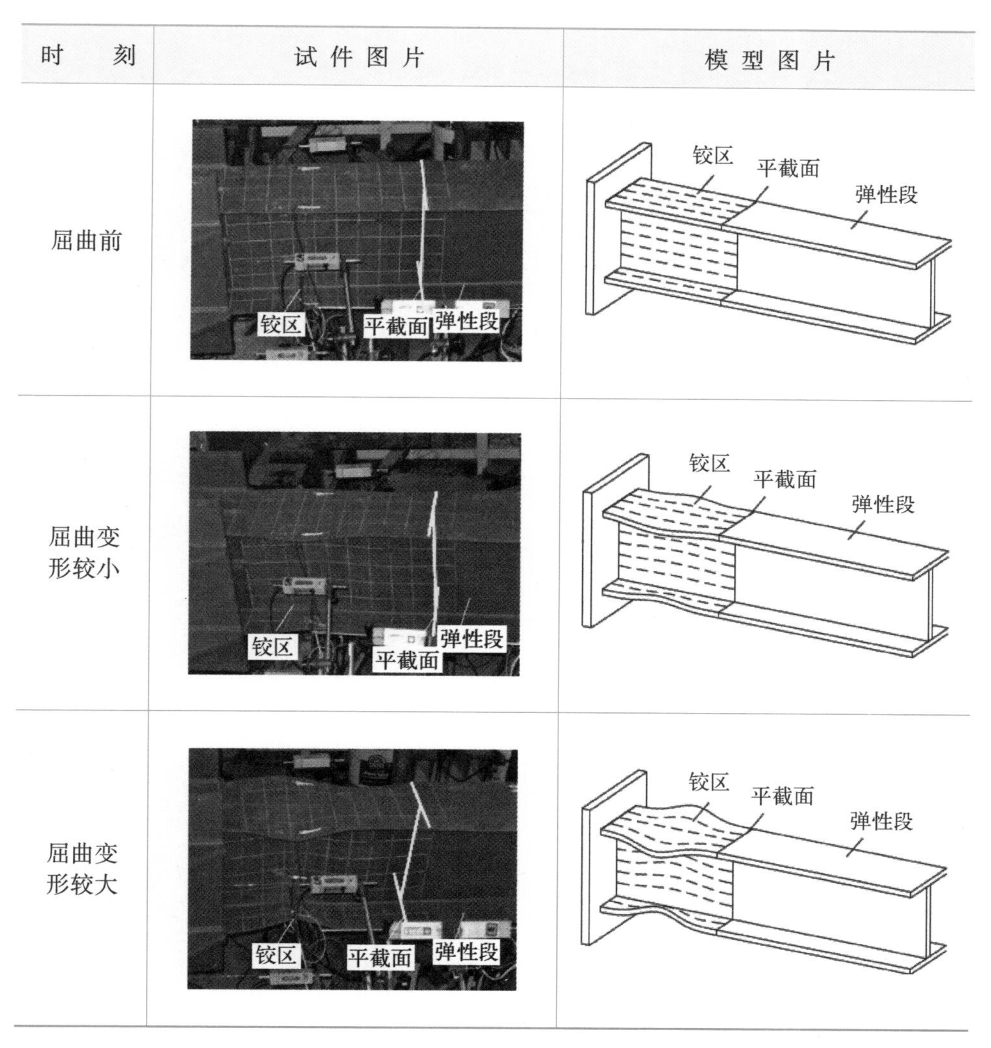

图 5－1　试件 W－H5－0.4 变形发展模式

标记铰区的长度为 L_{h}，弹性段长度为 L_{es}，如图 5－2 所示。铰区的变形可从悬臂构件扣除弹性段的变形得到，铰区的受力可根据平衡条件得到。

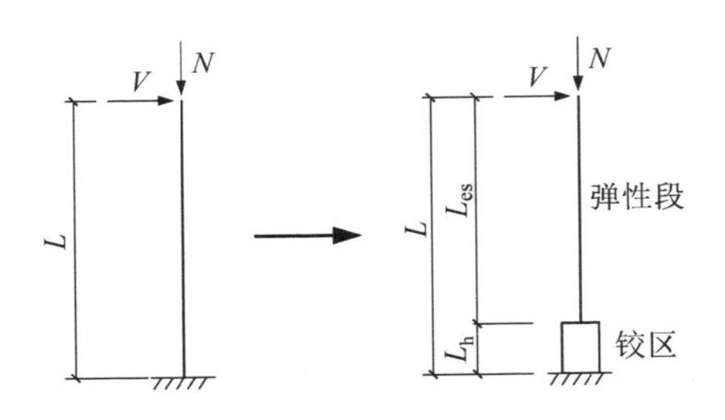

图 5 - 2　悬臂构件与铰区模型的关系

5.1.2　铰区受力变形特性

悬臂构件的宏观变形体现为柱顶的水平位移 Δ 及竖向位移 w，图 5 - 3 显示了 Δ 及 w 的组成方式，在求解弹性段变形时，将铰区看作是无变形的刚体，反之亦然。

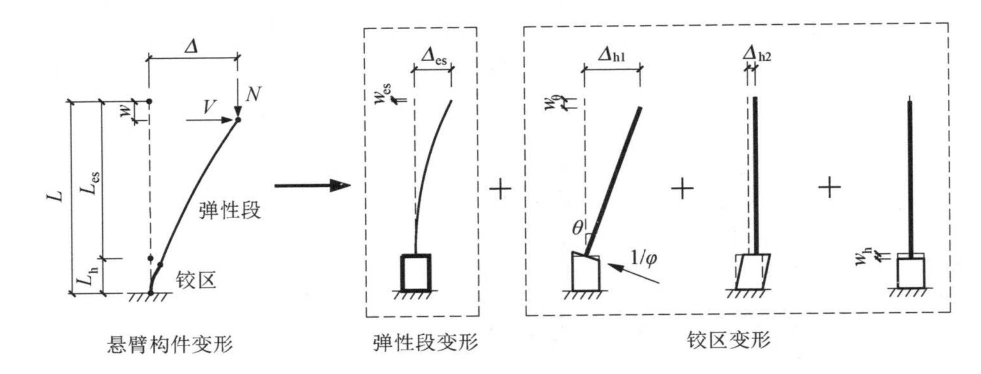

图 5 - 3　悬臂构件变形分解图

1. 水平位移 Δ

悬臂构件的水平位移(Δ)由弹性段水平位移(Δ_{es})和铰区变形(Δ_h)组成；其中 Δ_h 由两部分组成，包括铰区的转动带动弹性段转动产生的水平位移 Δ_{h1}，及铰区剪切变形产生的水平位移 Δ_{h2}。各项水平位移的关系为：

$$\Delta_h = \Delta_{h1} + \Delta_{h2} \tag{5-1}$$

$$\Delta_{h1} = L_{es}\theta \tag{5-2}$$

$$\Delta = \Delta_{es} + \Delta_h = \Delta_{es} + \Delta_{h1} + \Delta_{h2} = \Delta_{es} + L_{es}\theta + \Delta_{h2} \tag{5-3}$$

假定铰区长度 L_h 范围内的曲率相等，铰区的平均曲率 φ 为：

$$\varphi = \frac{\theta}{L_h} = \frac{\Delta_{h1}}{L_h L_{es}} \tag{5-4}$$

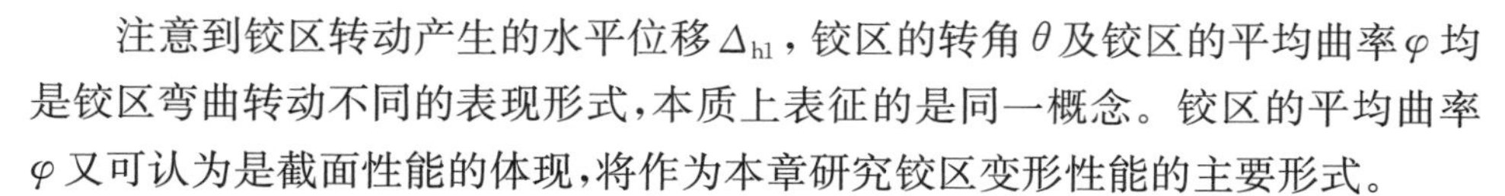

注意到铰区转动产生的水平位移 Δ_{h1}，铰区的转角 θ 及铰区的平均曲率 φ 均是铰区弯曲转动不同的表现形式，本质上表征的是同一概念。铰区的平均曲率 φ 又可认为是截面性能的体现，将作为本章研究铰区变形性能的主要形式。

2. 竖向位移 w

悬臂构件的柱顶竖向位移(w)由 3 部分组成，包括由弹性段竖向压缩及弯曲挠度产生的竖向位移(w_{es})；铰区转动带动弹性段的挠度产生的竖向位移(w_θ)组成；铰区屈曲变形产生的竖向位移(w_h)。竖向位移的表达式为：

$$w = w_{es} + w_h + w_\theta \tag{5-5}$$

其中：

$$w_\theta = L_{es}(1 - \cos\theta) \tag{5-6}$$

因此只需求得 w_{es}，即可得到屈曲变形产生的竖向位移 w_h。

3. 铰区受力形式

铰区的受力形式如图 5 - 4 所示，铰区受到弯矩 M_h 和轴压力 N_h 作用，M_h 与 N_h 对悬臂构件而言是内力，而对铰区而言则是外力。由于铰区长度较小，可忽略铰区长度范围内弯矩梯度的影响，且假定铰区承受的弯矩大小等于铰区的最大弯矩。

对悬臂构件而言，铰区的弯矩可取悬臂构件柱底弯矩，又因轴压力沿整个悬臂构件均相等且等于外加竖向力，因此 M_h 和 N_h 的表达式为：

$$M_h = VL + N\Delta \tag{5-7}$$

$$N_h = N \tag{5-8}$$

图 5 - 4　铰区受力形式

本书将铰区的平均曲率 φ 作为变形指标，铰区最大弯矩 M 作为受力指标，即研究铰区最大弯矩-平均曲率($M \sim \varphi$)的恢复力关系。

5.1.3　铰区平均曲率的确定

根据式(5 - 1)—式(5 - 4)，铰区平均曲率 φ 表示为：

$$\varphi = \frac{\Delta_{h1}}{L_{es}L_h} = \frac{\Delta - \Delta_{es} - \Delta_{h2}}{(L - L_h)L_h} \tag{5-9}$$

式中，Δ 为悬臂构件加载点水平位移，可从悬臂构件计算结果中直接提取。要得到 φ，还需确定 Δ_{h2}、L_h 和 Δ_{es}，下面分别展开阐述。

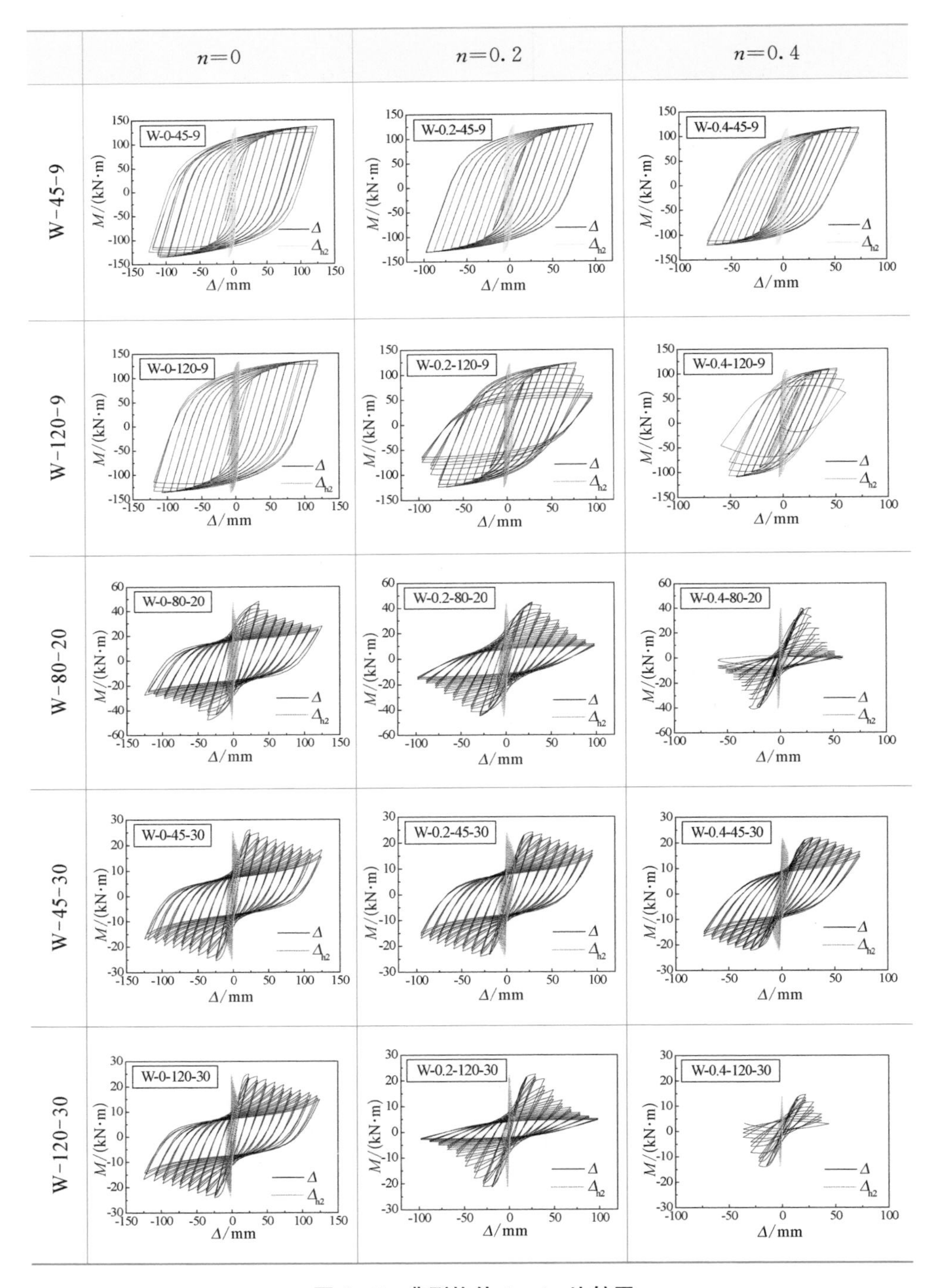

图 5-5　典型构件 $\Delta\sim\Delta_{h2}$ 比较图

1. 铰区剪切变形 Δ_{h2}

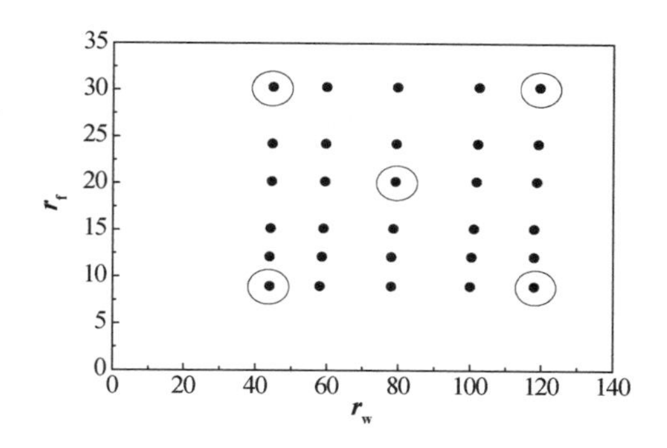

图 5-6　所选典型构件宽厚比组配

Δ_{h2}为铰区顶面处的水平位移，主要为铰区的剪切变形组成。由于铰区是高度非线性集中段，Δ_{h2}很难用显式表达出来。为考察 Δ_{bh2}的影响，从 Abaqus 中提取了 5 个典型构件在不同轴压比作用下绕弱轴反复压弯条件下的柱顶水平位移 Δ 与屈曲铰顶面的水平位移Δ_{bh2}，列于图 5-5 中。这 5 个典型构件宽厚比组配情况见图5-6，包含了参数分析范围内最典型的情况。比较结果显示 Δ_{h2}无论在何种宽厚比组配及轴压比作用下相对于总水平位移 Δ 均为小量，因此可忽略 Δ_{h2}在 Δ 中的影响，有：

$$\Delta_h \approx \Delta_{h1} \approx \Delta - \Delta_{es} \tag{5-10}$$

2. 铰区长度 L_h

L_h为铰区长度，表征构件塑性及局部失稳区范围。根据板壳稳定理论，L_h与截面的高、宽及高宽比均有关。为考虑截面尺寸不同对铰区长度 L_h的影响，对 5 种 h 与 b 的组合情况(表 5-1)，令 $\beta = h/b$。通过改变板件厚度及轴压力大小，实现各种 h 与 b 组合情况下 r_w，r_f和 n 与表 5-2 的设定相同。对各构件分别绕强、弱轴压弯，共得到 900 个模型。首先施加轴压力(轴压比为 0 的模型省略此步)，然后在柱顶沿 x 或 y 方向施加单调水平位移直至完全破坏。

表 5-1　h 与 b 组合情况

	第一组	第二组	第三组	第四组	第五组
h/mm	300	400	500	300	300
b/mm	200	267	333	300	150
$\beta = h/b$	1.5	1.5	1.5	1.0	2.0

表 5-2　参数设置

n	0,0.2,0.4
r_f	9,12,15,20,25,30
r_w	45,60,80,100,120

提取各模型的 L_h值，结果显示当 H 形截面构件绕强轴压弯时，L_h随着 h 的增大而增大，随着 n 和 r_w的增大而整体增大，但与 r_f无明显规律；当 H 形截面构件绕弱轴压弯时，L_h随着 h 的增大而增大，随着 n 和 r_f的增大而整体增大，但与 r_w无明显规律。因为决定铰区长度的主要是截面尺寸，而非材料强度，因此将绕

强轴压弯的铰区长度以 $L_h/h \sim h_w/t_w$ 的形式列于图 5-7 中，将绕弱轴压弯的铰区长度以 $L_h/h \sim b_f/t_f$ 的形式列于图 5-8 中。

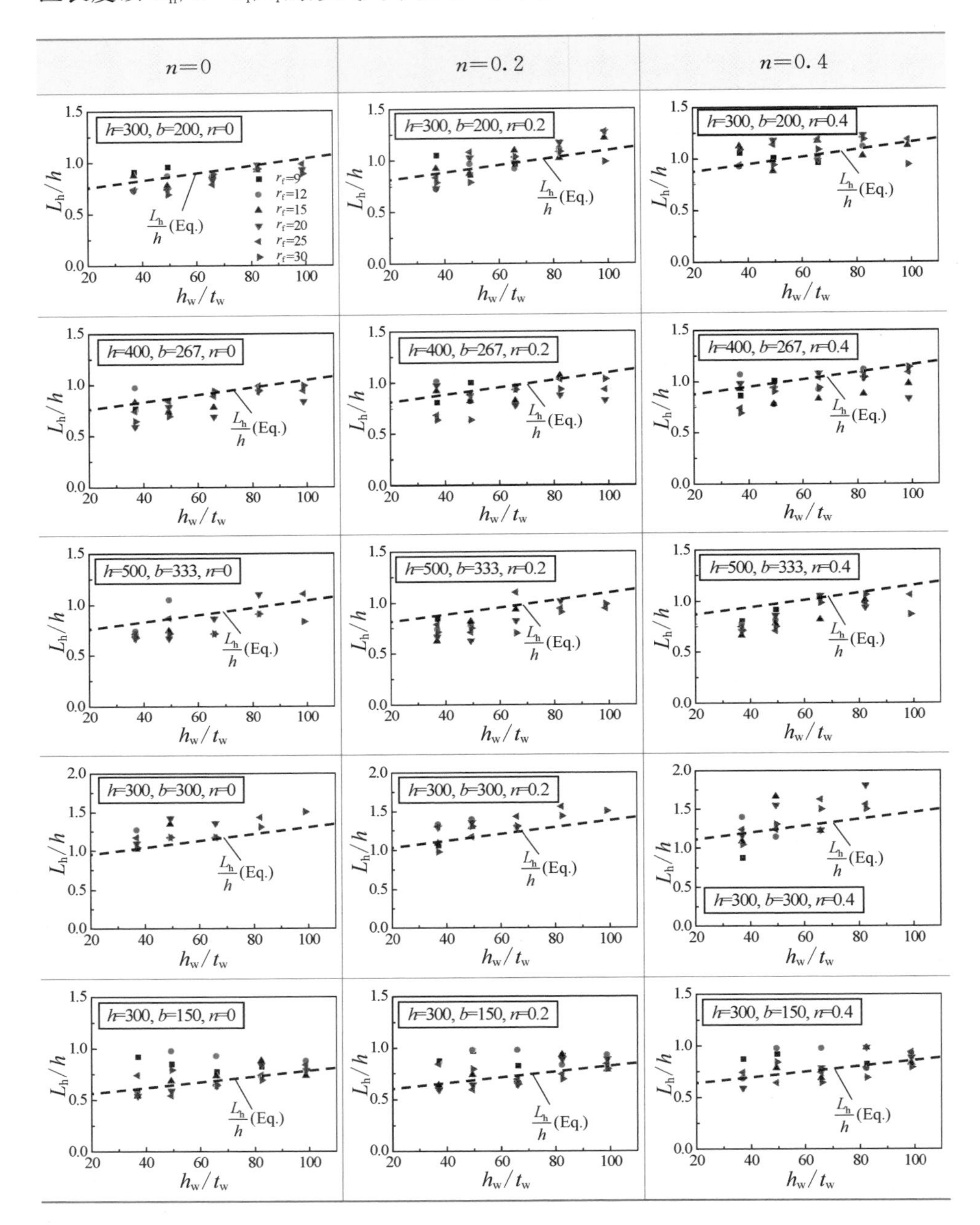

图 5-7　绕强轴各构件 L_h 计算结果

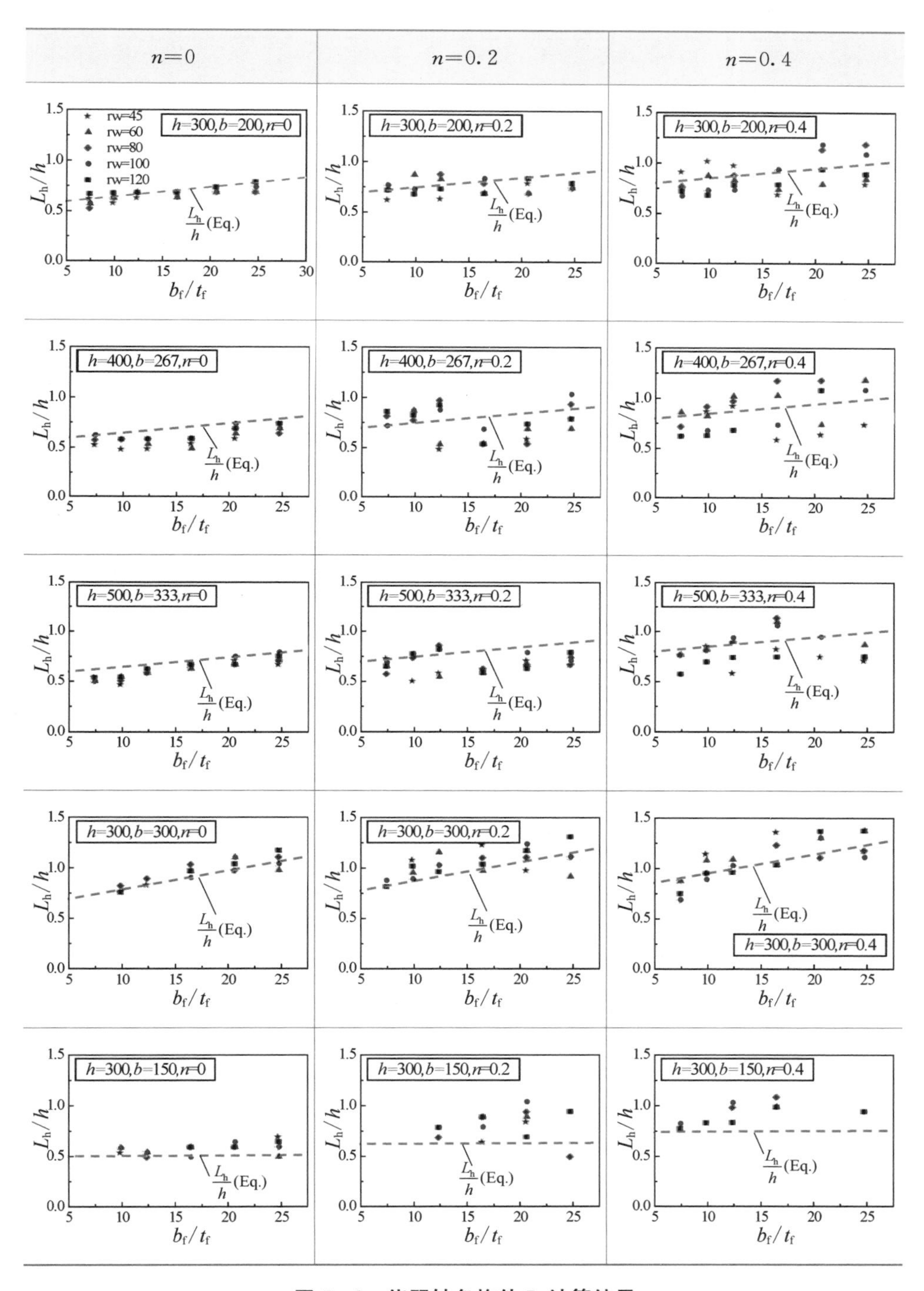

图 5-8　绕弱轴各构件 L_h 计算结果

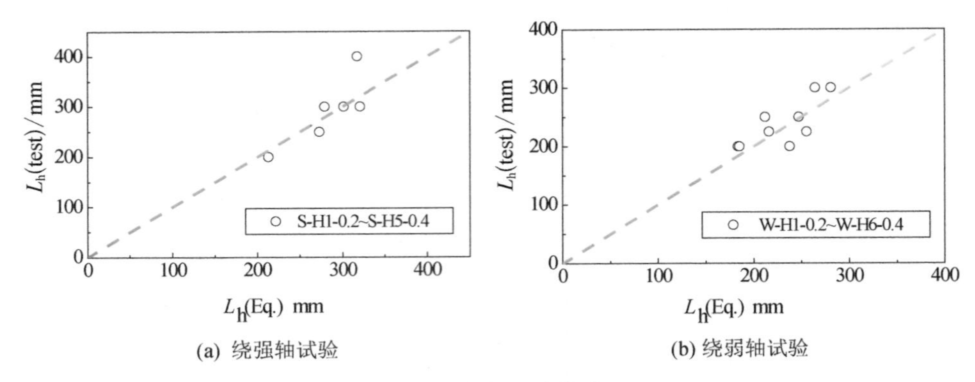

(a) 绕强轴试验　　(b) 绕弱轴试验

图 5-9　试验 L_h 计算结果

采用拟合回归的方式确定 L_h 的表达式。假定绕强轴压弯时，L_h 基本表达式为：

$$\frac{L_h}{h}=a+b\frac{h_w}{t_w}+c\beta+d\beta\frac{h_w}{t_w}+(e-f\beta)n \tag{5-11}$$

假定绕弱轴压弯时，L_h 基本表达式为：

$$\frac{L_{bh}}{h}=a+b\frac{b_f}{t_f}+c\beta+d\beta\frac{b_f}{t_f}+(e-f\beta)n \tag{5-12}$$

采用最小二乘法确定待定系数 a,b,c,d,e 和 f 的值，绕强轴的 L_h 最终表达式为：

$$L_h=\left[1.24+0.006\frac{h_w}{t_w}-0.36\beta-0.0016\beta\frac{h_w}{t_w}+0.2(3-\beta)n\right]h \tag{5-13}$$

绕弱轴的 L_h 最终表达式为：

$$L_h=\left[0.7+0.033\frac{b_f}{t_f}-0.1\beta-0.016\beta\frac{b_f}{t_f}+0.2(1+\beta)n\right]h \tag{5-14}$$

式中，$\beta=h/b$。

各参数分析采用式(5-13)和式(5-14)得到的计算结果用虚线分别标于图 5-7 和图 5-8 的各分图中，并将与试验试件的比较结果列于图 5-9 中。可以看到式(5-13)和式(5-14)较好地体现了 L_h 的变化趋势，说明式(5-13)和式(5-14)可用于后续分析。

3. 弹性段弯曲变形 Δ_{es}

2.1.9 节式(2-14)给出了考虑轴压力影响的悬臂构件弹性刚度计算方法，可得到弹性段考虑轴力影响的 Δ_{es}，如下：

$$\Delta_{es}=V/K_{es} \tag{5-15}$$

$$K_{es}=\begin{cases}\dfrac{3EI}{L_{es}^{3}}, & N=0\\ (c+s)\left(1-\dfrac{c}{s}\right)\dfrac{EI}{L_{es}^{3}}-\dfrac{N}{L_{es}}, & N\neq 0\end{cases} \tag{5-16}$$

其中，$s=\dfrac{\xi}{\tan\xi}\,\dfrac{\tan\xi-\xi}{2\tan(\xi/2)-\xi}$，$c=\dfrac{\xi}{\sin\xi}\,\dfrac{\xi-\sin\xi}{2\tan(\xi/2)-\xi}$，$\xi=L_{es}\sqrt{\dfrac{N}{EI}}$。

4. 铰区平均曲率 φ

综上，铰区的平均曲率 φ 表达式为：

$$\varphi=\frac{\Delta_{hl}}{L_{es}L_{h}}=\frac{\Delta-\Delta_{es}}{(L-L_{h})L_{h}} \tag{5-17}$$

由此即可得到考虑了构件计算长度与弯矩梯度影响的 H 形截面构件截面层次的 $M-\varphi$ 曲线。不考虑弯矩作用平面外弯扭失稳的影响，以此得到的 $M-\varphi$ 模型适用于任意长度及边界条件的梁柱构件绕任一截面主轴弯曲或压弯的情况。

5.2　参数化分析设置

5.2.1　参数化设置

滞回加载的参数化分析设置与 3.3 节一致，通过固定截面高($h=300+t_f$)和宽($b=200$)，变化翼缘和腹板的厚度(t_f 和 t_w)来实现翼缘和腹板宽厚比(r_f 和 r_w)的变化，通过变化竖向荷载 N 实现轴压比 n 的变化，其中 r_f、r_w 和 n 的设置同表 5-2，将所选的三个参数(n，r_f，r_w)进行正交组合中，分别进行绕强轴和绕弱轴的滞回分析。

5.2.2　加载制度的确定

4.1.2 节已表明截面发生局部屈曲时的相对水平位移随着加载条件的不利

而减小，但加载制度对极限承载力影响较小。本节将考察加载制度对铰区极限后性能及滞回曲线形状的影响，并确定参数分析最有合理的加载制度，既能体现截面极限后的退化性能又能节省计算成本。

1. 加载路径对极限后性能的影响机理

以 W－80－15 在不同轴压比作用下(n=0,0.2,0.4)绕弱轴压弯的情况为例，分别对其进行了单调加载(m)、每级循环一圈(c1)以及每级循环 3 圈(c3)的加载分析，将各构件屈曲变形最大位置处的截面在 θ/θ_e 达到各整数加载级第一圈的平均应力及相应的弯矩-转角曲线列于图 5－10 中，可详细考察加载制度对构件极限后性能的影响机理。

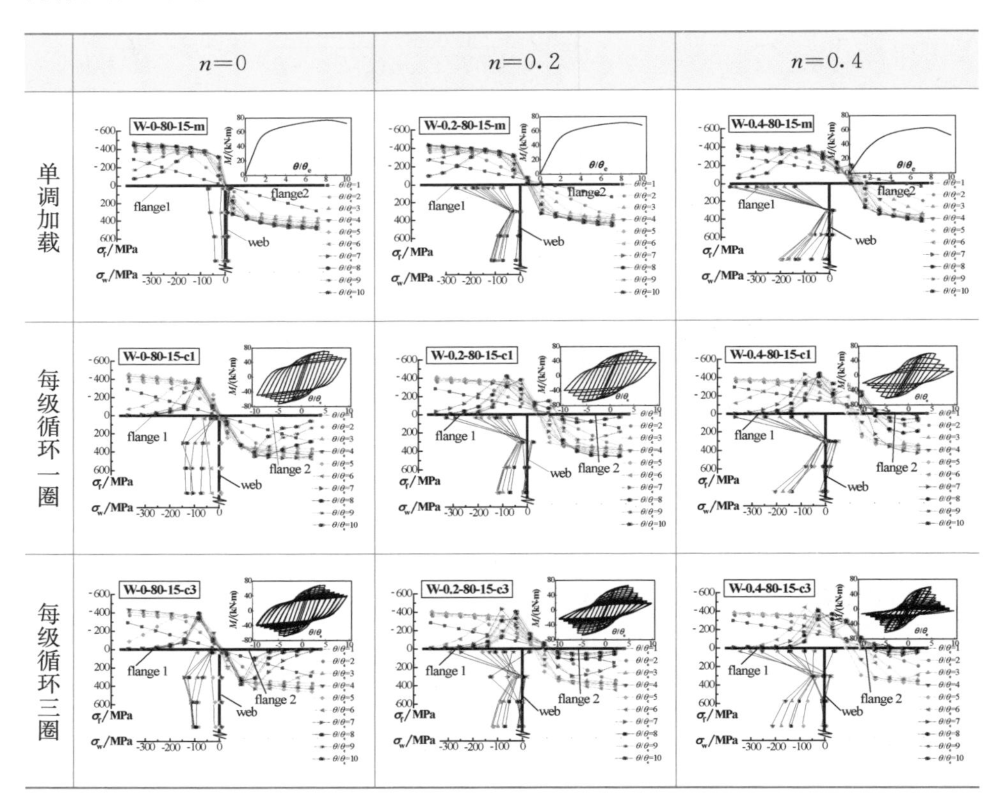

图 5－10　不同加载制度应力发展图

图 5－10 显示，单调和往复加载情况下，截面极限后的应力分布形式有较大差别，极限后承载力退化程度随着加载条件的不利而严重。原因主要有两点。首先，屈曲变形引起不可恢复的塑性损伤，而加载圈数的增加会使累积塑性变形

增加，使屈曲变形进一步深化，引起承载力的退化。其次，单调和往复加载条件下翼缘的应力发展过程不同，单调加载时弯矩始终单向增长，弯矩作用下产生拉应力的翼缘(flange 2)始终保持挺直；而往复加载时弯矩作用方向往复改变，flange 1 和 flange 2 随着弯矩的反向其上正应力也反向，所有翼缘均会发生屈曲，屈曲变形会随着弯矩的反向减小但不会完全消失，仍会残留一定的屈曲变形，屈曲后受拉翼缘的平均拉应力减小，且其降低程度随着累积变形程度的增加而增加。

2. 加载制度对滞回性能的影响

以构件 W－0－80－30 绕弱轴压弯为例，分别对其进行单调加载，每级循环 1 圈、3 圈和 5 圈的加载情况，分别记为 monotonic、1－cycle、3－cycle 和 5－cycle，如图 5－11 所示。可以看到，这 4 条曲线在峰值点前(±2Δ_e前)完全重合；峰值点后 monotonic、1－cycle 和 3－cycle 差异明显，每级循环圈数越多，极限后退化越明显；而 3－cycle 和 5－cycle 的曲线差异较小。因此综合考虑，往复加载的参数分析时采用每级循环 3 圈的加载制度。

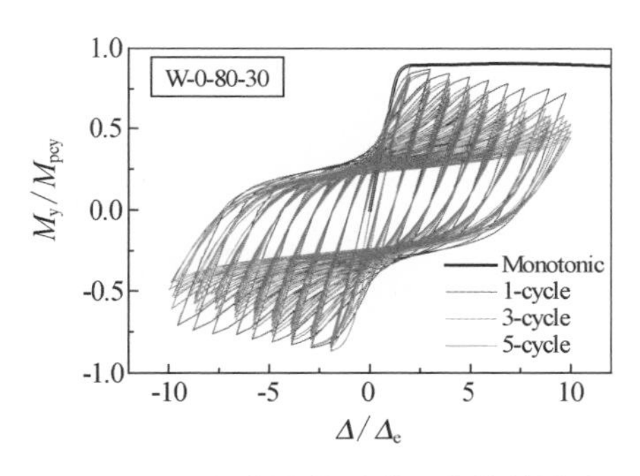

图 5－11　加载圈数对滞回曲线的影响

3. 参数分析加载制度

在进行参数分析时，有限元加载分为两个加载步。第一步，以力加载的方式施加常轴压力(轴压比为 0 的模型省略此步)；第二步，以位移加载的方式在柱顶沿任一截面主轴方向施加往复水平位移。水平位移的加载方式按悬臂构件屈服位移Δ_e的倍数为级差进行加载，即取 ±0.5Δ_y、±0.75Δ_y、±1Δ_e、±2Δ_e、±3Δ_e、±4Δ_e…… 作为加载的回载控制点，当 $\Delta = 10\Delta_e$ 或构件完全破坏时停止加载。位移达到Δ_e前每级荷载反复两次，位移达到Δ_e后每级荷载反复三次，加载制度示意如图 5－12 所示。

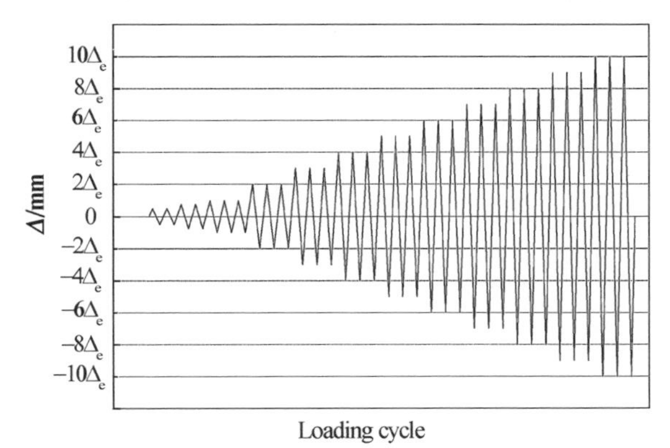

图 5－12　参数分析加载制度

5.3 H形截面铰区绕强轴压弯恢复力模型

恢复力模型是描述往复加载下作用力与变形之间滞回关系的数值模型，又称为滞回模型。恢复力模型包括两个方面[127]：一是对骨架曲线的模拟，骨架曲线是幅值渐增循环加载时滞回曲线峰值的连线；二是对滞回规则的模拟，滞回规则表征卸载和重加载时的力-位移迹线。铰区的恢复力模型可用往复荷载下铰区的弯矩与平均曲率之间的滞回关系式表示(5.1.1节)。本节在参数分析基础上得到考虑塑性阶段板件屈曲相关影响的非塑性H形截面绕强轴压弯的恢复力模型。参数分析显示按4.5.1节的截面分类准则属于Ⅳ类截面的H形截面构件压弯滞回曲线退化非常严重，耗能能力和延性均很低，不利于抗震设计。本节只对5.2.1节参数范围内不属于Ⅳ类截面且属于翼缘腹板弯曲屈曲破坏形式的铰区进行恢复力模型的分析。

5.3.1 骨架曲线

1. 骨架曲线特点

试验及有限元分析均表明，当H形截面构件绕强轴压弯时，铰区性能以极限承载力为分界点，分为极限前和极限后两个阶段。极限前又包括屈服-强化-极限。屈服前内力与位移呈线性关系，应力在截面上的分布也呈线性的方式；屈服后应力发生重分布，此阶段刚度不断降低，但承载力持续增长；直至构件发生屈曲，承载力达到峰值极限状态。极限后，屈曲变形不断累积，承载力发生退化，退化的程度与翼缘宽厚比、腹板宽厚比及轴压比均有关。

为表述方便，将铰区的弯矩和平均曲率分别用屈服弯矩和屈服曲率无量纲化后的形式($\bar{M}$-$\bar{\varphi}$曲线)表示：

$$\bar{M}_x = M_x / M_{ecx} \tag{5-18}$$

$$\bar{\varphi} = \varphi / \varphi_e \tag{5-19}$$

$$\varphi_e = M_{ecx} / EI_x \tag{5-20}$$

式中，M_{ecx}的计算方法见式(2-6)。

4.2.4节给出了H形截面构件绕强轴压弯的极限抗弯承载力M_{ux}的计算方

法，以此为基础可得到无量纲化的截面极限承载力 $\overline{M}_{ux}$：

$$\overline{M}_{ux}=M_{ux}/M_{ecx} \tag{5-21}$$

2. 骨架曲线模型

针对H形截面铰区绕强轴压弯骨架曲线的特点，本节提出两段式骨架曲线，如图5-13所示，包括极限前Ramberg-Osgood(简称R-O)曲线段 a 和极限后直线段 b 组成。根据各参数分析结果，拟合出曲线 a 及 b 的表达式，拟合时尽可能采用简单的表达形式，且考虑参数 r_w，r_f 及 n 的共同作用。

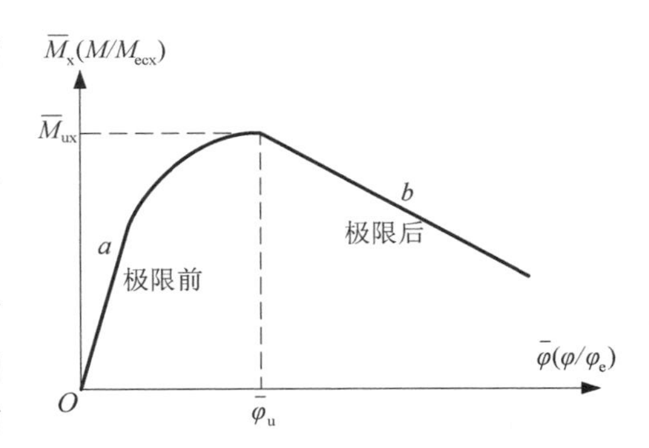

图5-13　铰区绕强轴压弯骨架曲线模型

(1) 极限前曲线 a

曲线 a 表征的是铰区极限前发展塑性的过程，$\overline{M}-\overline{\varphi}$ 曲线极限前初始刚度可认为是1，曲线 a 采用R-O曲线表示，其基本表达式为：

$$\overline{\varphi}=\overline{M}+\left(\frac{\overline{M}}{\beta_a}\right)^{\gamma_a},\ \overline{\varphi}\leqslant\overline{\varphi}_u \tag{5-22}$$

$$\overline{\varphi}_u=\overline{M}_u+\left(\frac{\overline{M}_u}{\beta_a}\right)^{\gamma_a} \tag{5-23}$$

式中，$\overline{\varphi}_u$ 为极限承载力 $\overline{M}_u$ 对应的极限曲率。

系数 β_a 和 γ_a 表示曲线增长的趋势，根据参数分析结果，有：

$$\beta_a=1.15+(1.6-0.05r_f)n+0.0004r_w \tag{5-24}$$

$$\gamma_a=8.5-2.5n \tag{5-25}$$

(2) 极限后曲线 b

直线 b 表示的是极限后承载力退化的过程，基本表达式为：

$$\overline{\varphi}=\overline{\varphi}_u+\frac{\overline{M}_u-\overline{M}}{\alpha_b},\ \overline{\varphi}>\overline{\varphi}_u \tag{5-26}$$

式中，系数 α_b 表示下降段的斜率，根据参数分析结果，回归出的 α_b 表达式如下：

$$\alpha_b=0.1+(0.36-0.0016r_w)n-0.0021r_f \tag{5-27}$$

2. 骨架曲线计算流程

骨架曲线的操作流程见图 5 - 14。

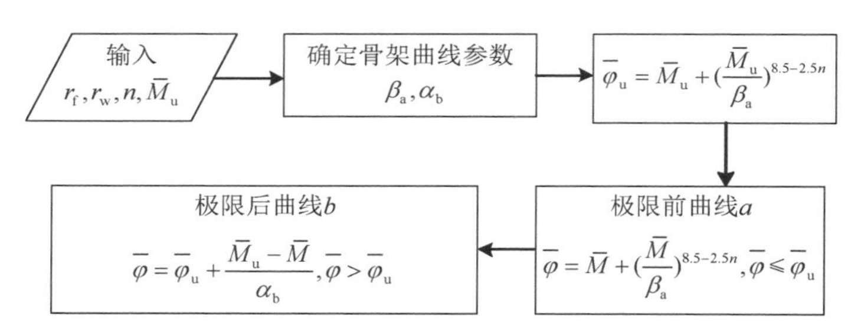

图 5 - 14　骨架曲线计算流程示意图

3. 骨架曲线计算结果

根据图 5 - 14 的流程图得到各宽厚比、轴压比组配下的铰区骨架曲线。将典型截面的 $\overline{M}-\overline{\varphi}$ 骨架曲线计算结果与 Abaqus 比较结果，按板件宽厚比及轴压比的顺序分列图 5 - 15—图 5 - 20 中。比较结果显示本节提出的骨架曲线模型能够很好地体现 H 形铰区绕强轴压弯的非线性性能。

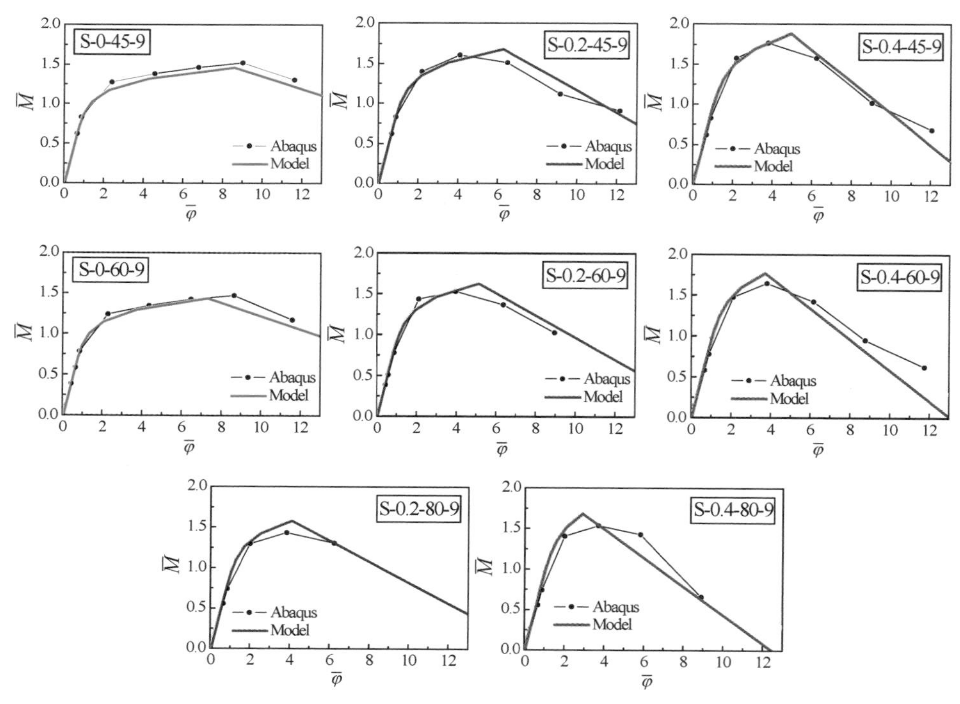

图 5 - 15　$r_f = 9$ 骨架曲线计算结果

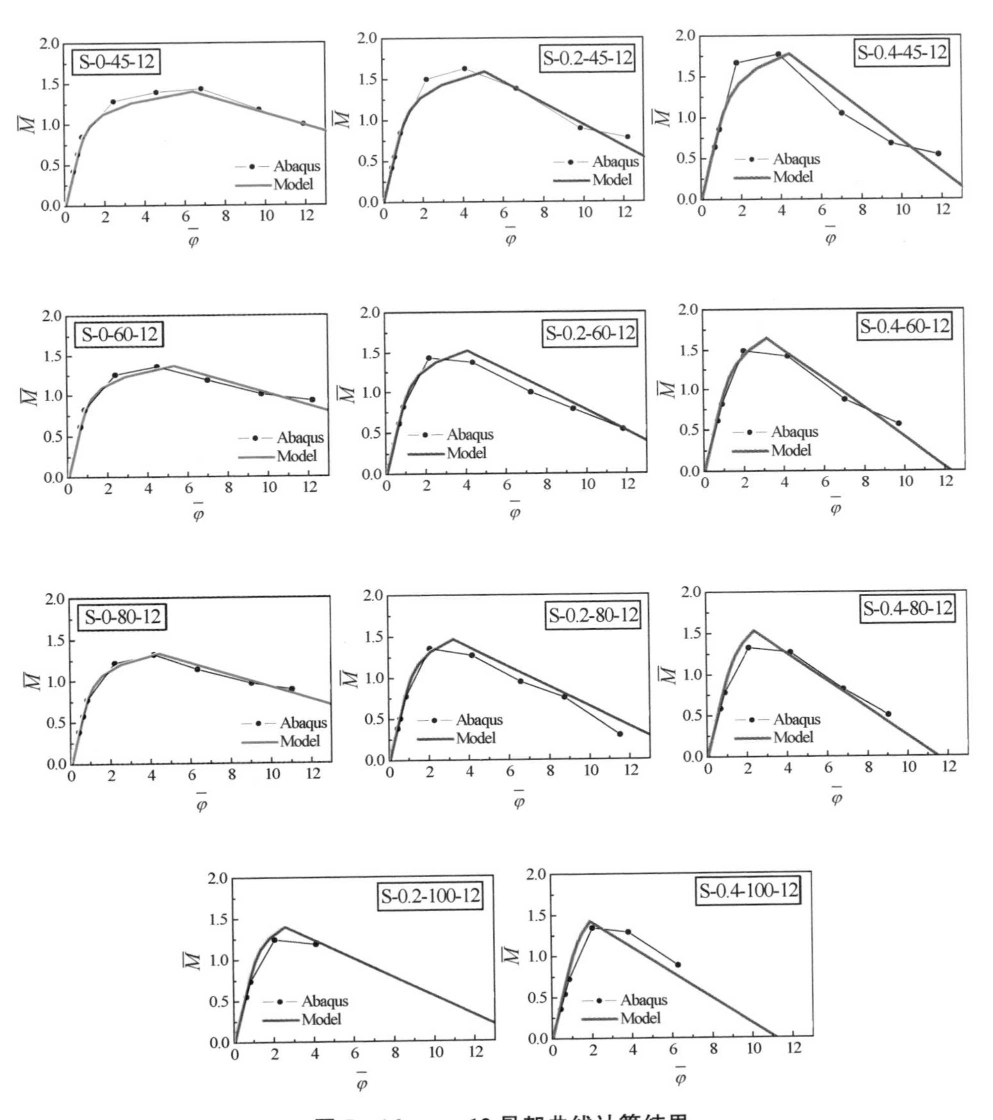

图 5-16　$r_r=12$ 骨架曲线计算结果

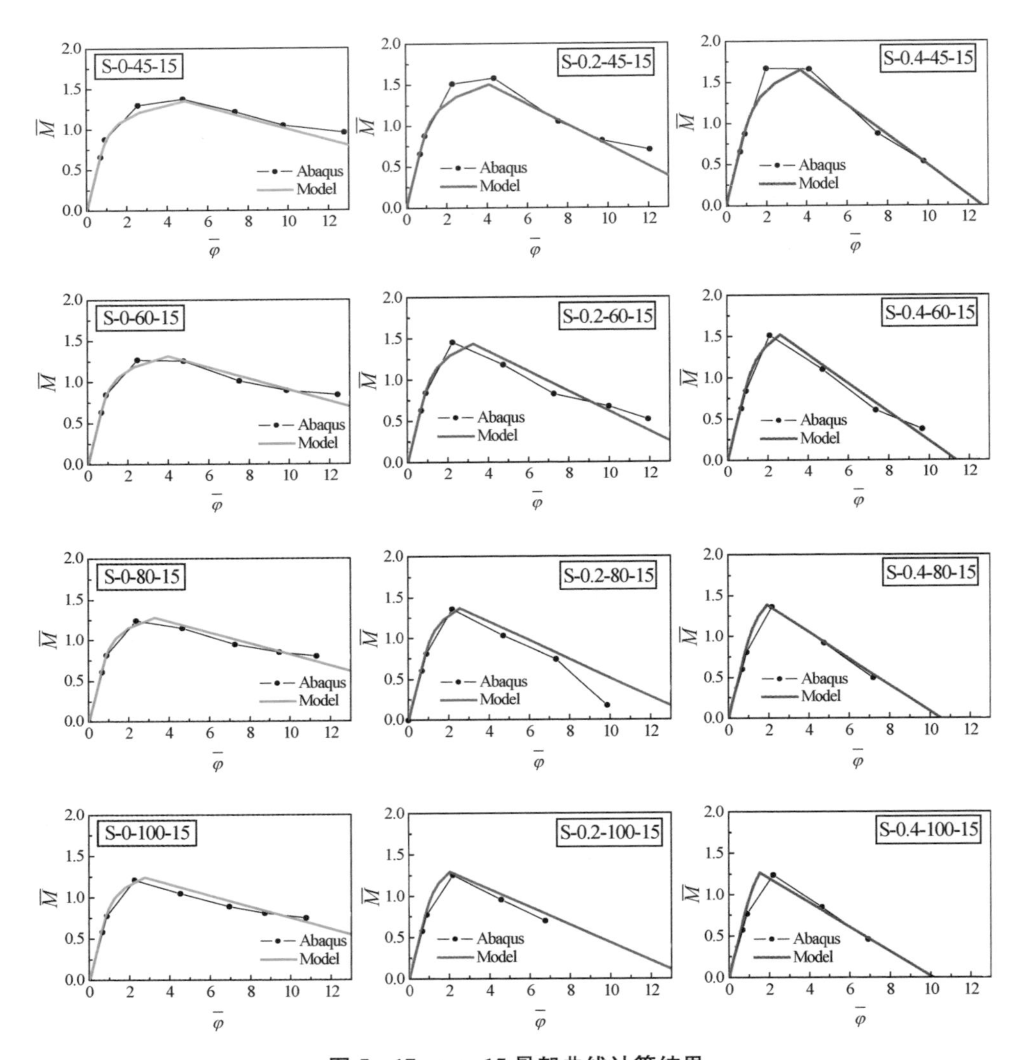

图 5-17　$r_f=15$ 骨架曲线计算结果

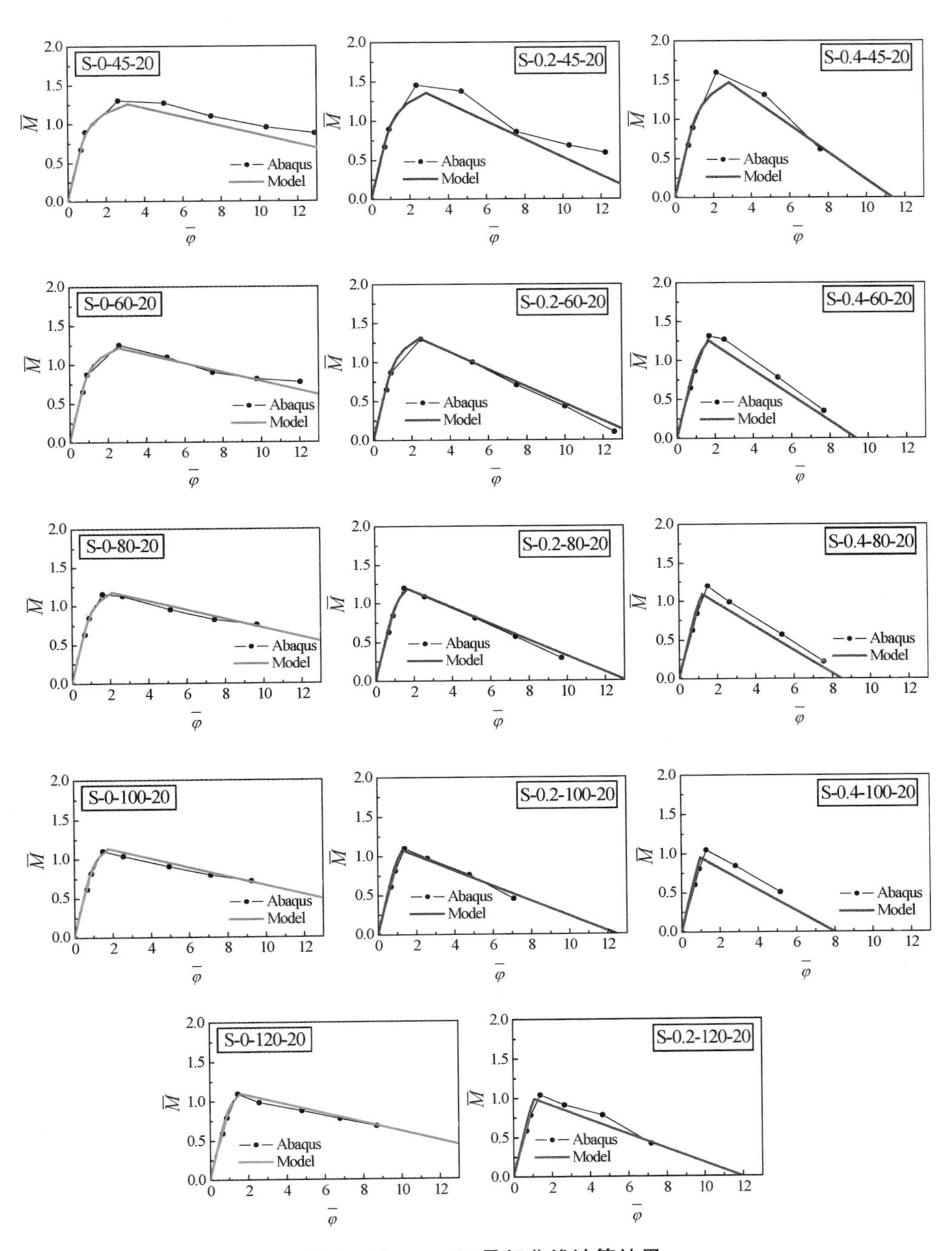

图 5-18　r_f＝20 骨架曲线计算结果

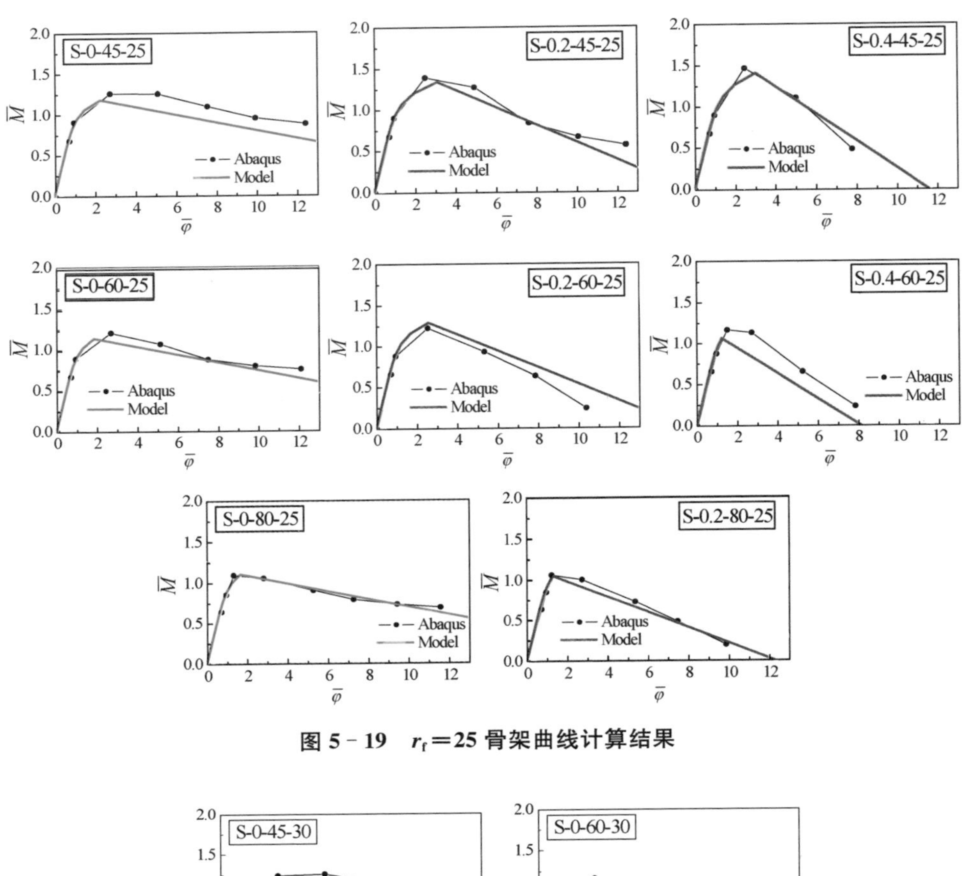

图 5-19 $r_f=25$ 骨架曲线计算结果

图 5-20 $r_f=30$ 骨架曲线计算结果

5.3.2 滞回规则

1. 滞回曲线特点

滞回规则以极限承载力为分界点，分为极限前和极限后。极限前是无屈曲状态塑性深化发展的过程，加载过程中刚度不断降低但承载力持续增长，卸载时卸载刚度与弹性刚度相同，加载圈数对滞回曲线无影响。极限后性能与加载历史有关，加载时刚度和承载力、卸载刚度都有不同程度的退化，退化程度与板件宽厚比与轴压比均有关。

2. 滞回曲线基本表达式

以 R－O 函数为基础，同时参考文献（赵静[49]、徐勇[51]、吴旗[105]）的滞回规则，本节提出了 H 形截面铰区绕强轴压弯的滞回规则。本模型中骨架曲线和滞回模型均关于原点反对称，故只列出从正向卸载至负向加载的计算公式，而从负向卸载向正向加载的计算公式可根据反对称原理推出，不在此列出。

滞回曲线由正向卸载至负向加载的基本表达式为：

$$\bar{\varphi}=\bar{\varphi}_{\mathrm{q}}-\left[\frac{\bar{M}_{\mathrm{q}}-\bar{M}}{\alpha}+\left(\frac{\bar{M}_{\mathrm{q}}-\bar{M}}{\beta}\right)^{\gamma}\right],\ \bar{\varphi}-\bar{\varphi}_{\mathrm{q}}<0 \tag{5-28}$$

式中，α 表示卸载刚度，β 和 γ 共同决定了曲线形状。称 $(\bar{\varphi}_{\mathrm{q}},\ \bar{M}_{\mathrm{q}})$ 为反向加载点，称反向加载路径指向的点为目标点，其目标点坐标用 $(\bar{\varphi}_{\mathrm{t}},\ \bar{M}_{\mathrm{t}})$ 表示。本模型的特点是已知 $(\bar{\varphi}_{\mathrm{q}},\ \bar{M}_{\mathrm{q}})$、$(\bar{\varphi}_{\mathrm{t}},\ \bar{M}_{\mathrm{t}})$、$\alpha$ 和 β，将 $(\bar{\varphi}_{\mathrm{t}},\ \bar{M}_{\mathrm{t}})$ 代入式(5－28)，求出 γ。因此需建立给定截面尺寸及轴压比条件下 $(\bar{\varphi}_{\mathrm{t}},\ \bar{M}_{\mathrm{t}})$、$\alpha$ 和 β 的表达式。

滞回模型目标点 $(\bar{\varphi}_{\mathrm{t}},\ \bar{M}_{\mathrm{t}})$ 的相关规定如下：若反向加载点 $(\bar{\varphi}_{\mathrm{q}},\ \bar{M}_{\mathrm{q}})$ 在骨架曲线上，则以 $(-\bar{\varphi}_{\mathrm{q}},\ -\xi\bar{M}_{\mathrm{q}})$ 作为目标点；若反向加载点 $(\bar{\varphi}_{\mathrm{q}},\ \bar{M}_{\mathrm{q}})$ 不在骨架曲线上则目标点为 $(\bar{\varphi}_{\mathrm{q}},\ \bar{M}_{\mathrm{q}})$ 前一次的反向加载点；当反向加载超过目标点而继续加载时，加载路径将达到目标点后继续沿着骨架曲线发展。ξ 表征了加载历史对承载力的影响，极限前阶段承载力可认为与加载历史无关取 $\xi=1$；极限后阶段承载力随着累积塑性应变的增加而不断退化，取 $\xi=0.98-0.05n$。

3. 滞回规则基本公式

根据滞回曲线特点，滞回规则由两类不同特点的曲线组成（图 5－21），其中曲线 c 表示极限前卸载并反向加载的路径；曲线 d 表示极限后阶段卸载并反向加载的滞回路径。下面给出各类曲线的表达式。

（1）曲线 c

曲线 c 表示极限前卸载并反向加载的路径，此阶段初始卸载刚度等于弹性刚度，且反向加载承载力无退化，故有 $\alpha=1$。曲线 c 的基本表达式：

$$\bar{\varphi}=\bar{\varphi}_{\mathrm{q}}-\left[\bar{M}_{\mathrm{q}}-\bar{M}+\left(\frac{\bar{M}_{\mathrm{q}}-\bar{M}}{\beta_{\mathrm{c}}}\right)^{\gamma_{\mathrm{c}}}\right] \tag{5-29}$$

拟合出 β_{c} 的表达式，有：

$$\beta_{\mathrm{c}}=2.3+(4.5-0.15r_{\mathrm{f}}-0.02r_{\mathrm{w}})n \tag{5-30}$$

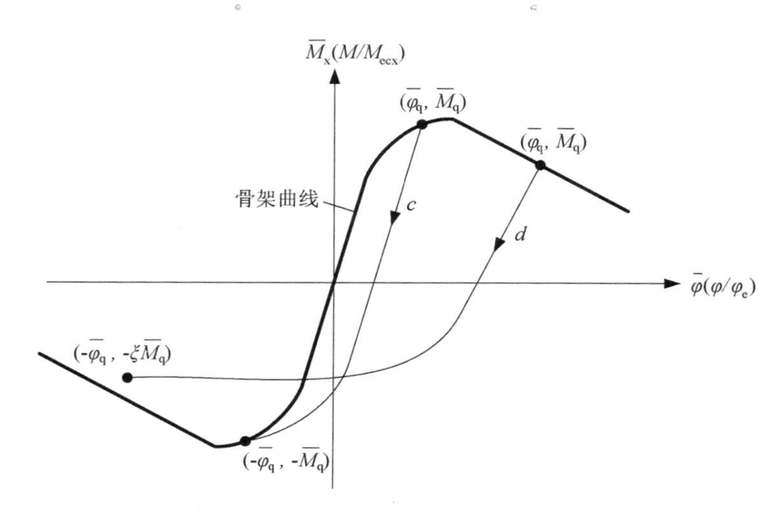

图 5-21　H 形截面铰区绕强轴滞回规则模型

$$\gamma_c = \frac{\ln[2(\bar{\varphi}_q - \bar{M}_q)]}{\ln(2\bar{M}_q/\beta_c)} \tag{5-31}$$

注意到，$\gamma_c > 0$ 时式(5-29)有意义。当 $\gamma_c > 0$ 时，$(\bar{\varphi}_q, \bar{M}_q)$ 需满足

$$\{2(\bar{\varphi}_q - \bar{M}_q) > 1 \text{ 且 } 2\bar{M}_q/\beta_c > 1\} \tag{5-32}$$

或

$$\{0 < 2(\bar{\varphi}_q - \bar{M}_q) < 1 \text{ 且 } 0 < 2\bar{M}_q/\beta_c < 1\} \tag{5-33}$$

结合式(5-22)，有 $\bar{\varphi}_q = \bar{M}_q + \left(\frac{\bar{M}_q}{\beta_a}\right)^{\gamma_a}$，即要求：

$$\{\bar{M}_q > 0.5^{\frac{1}{\gamma_a}}\beta_a \text{ 且} \bar{M}_q > 0.5\beta_c\} \text{ 或}$$
$$\{\bar{M}_q < 0.5^{\frac{1}{\gamma_a}}\beta_a \text{ 且} \bar{M}_q < 0.5\beta_c\} \tag{5-34}$$

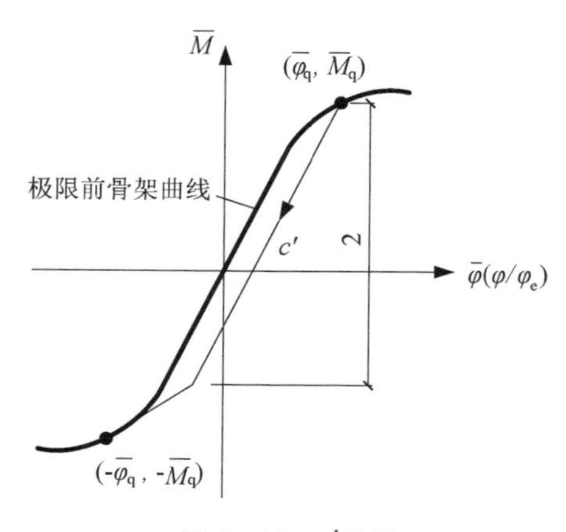

图 5-22　c′曲线

当不满足式(5-34)时，$\gamma_c \leqslant 0$，采用类似材料随动强化的准则，用双折线 c' 代替曲线 c。c' 曲线见图 5-22，卸载刚度为 1。

(2) 曲线 d

曲线 d 表示极限后卸载并反向加载的路径，此阶段初始卸载刚度及承载力

均发生退化。曲线 d 的基本表达式为：

$$\bar{\varphi}=\bar{\varphi}_{\mathrm{q}}-\left[\frac{\bar{M}_{\mathrm{q}}-\bar{M}}{\alpha_{\mathrm{d}}}+\left(\frac{\bar{M}_{\mathrm{q}}-\bar{M}}{\beta_{\mathrm{d}}}\right)^{\gamma_{\mathrm{d}}}\right] \tag{5-35}$$

其中：

$$\alpha_{\mathrm{d}}=[1-(0.015+0.0003nr_{\mathrm{w}}-0.04n)r_{\mathrm{f}}]\frac{\bar{M}_{\mathrm{q}}}{\bar{M}_{\mathrm{u}}} \tag{5-36}$$

$$\beta_{\mathrm{d}}=[2.6-0.028r_{\mathrm{f}}-0.005r_{\mathrm{w}}+(4-0.1r_{\mathrm{f}}-0.01r_{\mathrm{w}})n]\frac{\bar{M}_{\mathrm{q}}}{\bar{M}_{\mathrm{u}}} \tag{5-37}$$

$$\gamma_{\mathrm{d}}=\frac{\ln\left[2\bar{\varphi}_{\mathrm{q}}-\frac{(1+\xi)\bar{M}_{\mathrm{q}}}{\alpha_{\mathrm{d}}}\right]}{\ln\left[\frac{(1+\xi)\bar{M}_{\mathrm{q}}}{\beta_{\mathrm{d}}}\right]} \tag{5-38}$$

5.4　H 形截面铰区绕弱轴压弯恢复力模型

5.4.1　板件塑性屈曲相关行为对滞回性能的影响机理

本书 4.3.2 节给出了板件塑性屈曲相关行为对极限承载力的影响机理，本节将探讨板件塑性屈曲相关行为对滞回性能的影响机理，重点关注极限后板件的塑性相关行为。同样分析了构件 W－80－15，W－80－30 和 W－45－30 在不同轴压比（n=0，0.2，0.4）条件下的滞回反应，这些构件翼缘和腹板宽厚比两两相同，相互比较可体现翼缘宽厚比、腹板宽厚比及轴压比对构件滞回性能的影响机理。

取各构件屈曲变形最大位置处的翼缘和腹板在 $\theta/\theta_{\mathrm{e}}$ 达到各整数级（1～10）时的平均应力进行分析，将各构件屈曲前及屈曲后在 $\theta/\theta_{\mathrm{e}}$ 达到整数时各加载级第一圈的平均应力分别列于图 5－23 和图 5－24 中，由于局部屈曲的发生对应着极限承载力的达到，屈曲前和屈曲后阶段又可称为极限前和极限后阶段。下面分别对这两个阶段性能展开分析。

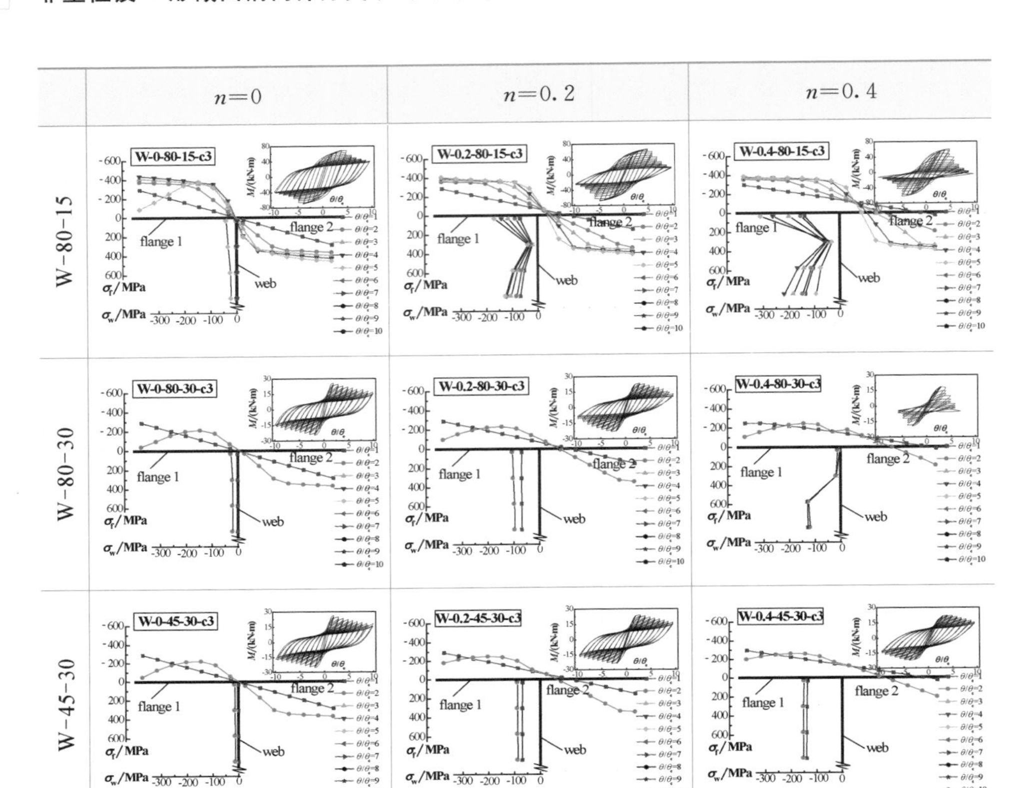

图 5-23　典型构件屈曲前应力发展图

1. 极限前性能

从图 5-23，极限前性能又包括屈服前和屈服至屈曲两段。屈服前阶段($\theta/\theta_e \leqslant 1$)，翼缘的应力呈线性分布，对应着抗弯承载力线性增长。屈服至屈曲阶段，翼缘呈现的是塑性从翼缘边缘往中部逐渐延伸发展的过程，此阶段伴随着构件抗弯刚度的下降，但承载力保持增长；当累积塑性发展到一定程度时，翼缘发生屈曲，平均应力降低，因为平均应力是对弯矩有实质贡献的应力，故局部屈曲的发生导致极限抗弯承载力的到达。可以看到 r_f 对翼缘屈曲发生时刻有重要影响，当 n 和 r_w 不变时，r_f 越大屈曲越早发生，达到极限状态时发展塑性的能力越弱，极限承载力越小。

2. 极限后性能

基于图 5-24 的应力分布特点可将截面极限后的应力分布形式根据腹板是否发生屈曲分为两种情况，近似如图 5-25 所示，以 M 的作用方向使翼缘 1 受压，翼缘 2 受拉的情况为例进行说明。

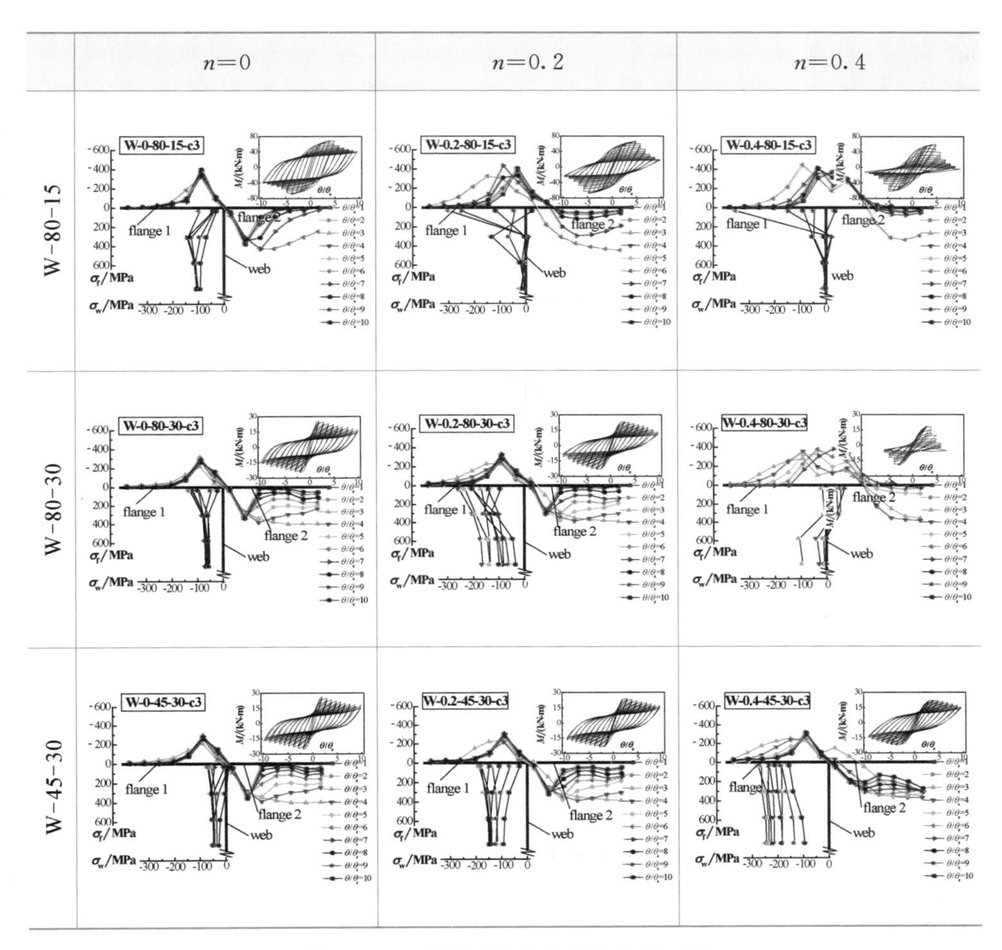

图 5－24　典型构件屈曲后应力发展图

首先，屈曲后翼缘 1 的应力分布形式逐渐趋于稳定（不随外载的增长而变化），屈曲翼缘根据应力分布特点分为翼缘边缘鼓曲段和近腹板段，其中边缘鼓曲段上屈曲变形较大，平均压应力几乎为 0，对抗弯承载力无贡献；而近腹板的翼缘部分由于受到腹板约束屈曲后还能保持一定的应力，可为截面提供极限后强度。

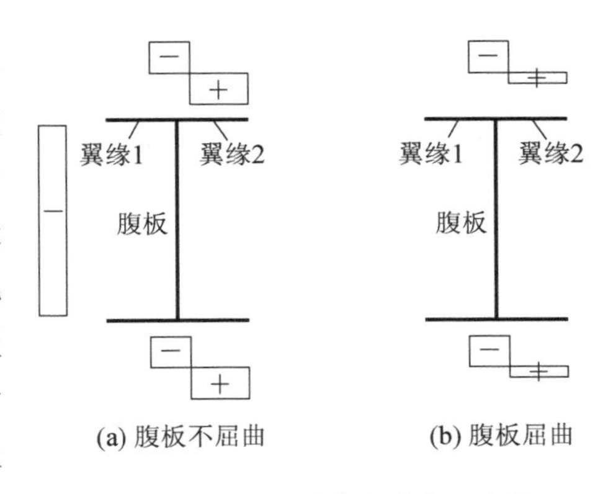

图 5－25　极限后应力分布示意图

其次，腹板和翼缘2的应力分布形式根据腹板是否发生屈曲分为两种情况，对应着不同的极限后力-位移关系。若腹板在加载过程中始终保持挺直，如图5-24中的W-45-30，翼缘1屈曲后，应力发生重分布，中性轴往翼缘2方向移动，腹板能继续发展并保持一定的压应力，为保持力的平衡，翼缘2将发展与翼缘1及腹板压应力相对应的拉应力，如图5-25a所示，对应着弯矩-位移曲线极限后较为稳定的退化过程。若腹板发生屈曲，如图5-24中的W-0.2-80-15，W-0.4-80-15，W-0.4-80-30。屈曲后腹板上应力几乎为0，可认为腹板对抵抗外力无贡献，只靠翼缘1有效部分及翼缘2抵抗外力。屈曲后，中性轴往翼缘2方向移动，当轴压力较大时，翼缘1与翼缘2的大部分用来抵抗轴压力，故抗弯承载力非常有限，一旦发生屈曲，很快退化直至完全破坏，如图5-25b所示。对应着弯矩-位移曲线极限后不稳定的退化过程。

3. 刚度滞升性能

当翼缘宽厚比较大、腹板宽厚比较小且轴压比较小时，铰区弯矩-转角曲线在位移较大时会出现加载刚度随位移的增大而增大的现象，与一般情况下铰区的刚度不断退化的现象有异，本书称之为“刚度滞升性能”。加载后期刚度滞升性能是厚实腹板对构件抗弯提供有利作用的宏观体现。例如W-0.2-80-30和W-0.2-45-30，两者r_f和n相同而前者r_w大于后者，前者无刚度提高现象，后者有刚度提高现象，两者极限承载力相近，而后者的延性及耗能能力均要好于前者。这是因为当翼缘宽厚比较大、腹板宽厚比较小且轴压比较小时，腹板最不容易发生屈曲，既能稳定的发展压应力又能给翼缘提供约束，形成有效的抗弯机制。

4. 极限后板件屈曲相关性能

H形截面构件极限后性能与腹板是否发生屈曲相关，而腹板是否发生屈曲与构件截面几何参数及荷载参数均有关。例如W-80-15构件，$n=0$的腹板没屈曲，而$n=0.2$和0.4的腹板均发生了屈曲，说明轴压比是影响腹板是否屈曲的重要因素。W-0.4-80-30腹板发生屈曲，W-0.4-45-30腹板没屈曲，说明腹板是否发生屈曲与腹板宽厚比有关。W-0.2-80-15腹板发生屈曲，W-0.2-80-30腹板没屈曲，说明腹板是否发生屈曲还与翼缘宽厚比有关，当翼缘过于薄柔时，翼缘的屈曲带动不了腹板发生屈曲。从以上3个例子，证实了板件塑性屈曲相关的特点，也说明板件屈曲相关性能与轴压比有关。并且刚度滞升性能需满足的条件本质上也是腹板与翼缘的相关作用的体现。

综上，翼缘宽厚比r_f是决定H形截面构件极限前性能的关键因素，而腹板是否发生屈曲是决定H形截面构件极限后性能关键因素，r_{f}、r_{w}及n均对腹板是否发生局部屈曲有影响。翼缘、腹板、轴压比对屈曲相关作用的影响需在恢复力模型中体现。

5.4.2　骨架曲线

5.4.1节的研究结果表明，铰区性能以极限承载力为分界点，分为极限前和极限后两阶段。极限前又包括屈服前和屈服后至屈曲前，屈服前内力与位移呈线性关系，应力在截面上的分布也呈线性的方式；屈服后应力发生重分布，塑性从翼缘边缘向内部发展，此阶段刚度不断降低，但承载力持续增长。极限后，屈曲变形不断累积，承载力发生退化，退化的程度与翼缘宽厚比，腹板宽厚比及轴压比均有关。

为表述方便，将弯矩和曲率分别用屈服弯矩和屈服曲率无量纲化后的形式（$\bar{M}-\bar{\varphi}$曲线）表示：

$$\bar{M}_{\mathrm{y}}=M_{\mathrm{y}}/M_{\mathrm{ecy}} \tag{5-39}$$

$$\bar{\varphi}=\varphi/\varphi_{\mathrm{e}} \tag{5-40}$$

$$\varphi_{\mathrm{e}}=M_{\mathrm{ecy}}/EI_{\mathrm{y}} \tag{5-41}$$

其中M_{ecy}的计算方法见式(2-7)。

1. 骨架曲线模型

4.3.3节给出了H形截面铰区绕弱轴压弯的极限抗弯承载力M_{uy}的计算方法，进而可得到无量纲化的截面极限承载力$\bar{M}_{\mathrm{uy}}$（$\bar{M}_{\mathrm{uy}}=M_{\mathrm{uy}}/M_{\mathrm{ecy}}$）。骨架曲线以（$\bar{\varphi}_{\mathrm{u}}$,$\bar{M}_{\mathrm{uy}}$）为界，由极限前曲线$a$和极限后曲线$b$组成，如图5-26所示。根据各参数分析结果，$a$和$b$均可由Ramberg-Osgood曲线组成，拟合出曲线a与曲线b的表达式，如下所示。

(1) 极限前曲线a

曲线a表征的是截面极限前发展塑性的过程，极限前初始刚度可认为是1，曲线a的基本表达式为：

$$\bar{\varphi}=\bar{M}+\left(\frac{\bar{M}}{\beta_{\mathrm{a}}}\right)^{\gamma_{\mathrm{a}}},\ \bar{\varphi}\leqslant\bar{\varphi}_{\mathrm{u}} \tag{5-42}$$

$$\bar{\varphi}_{\mathrm{u}}=\bar{M}_{\mathrm{u}}+\left(\frac{\bar{M}_{\mathrm{u}}}{\beta_{\mathrm{a}}}\right)^{\gamma_{\mathrm{a}}} \tag{5-43}$$

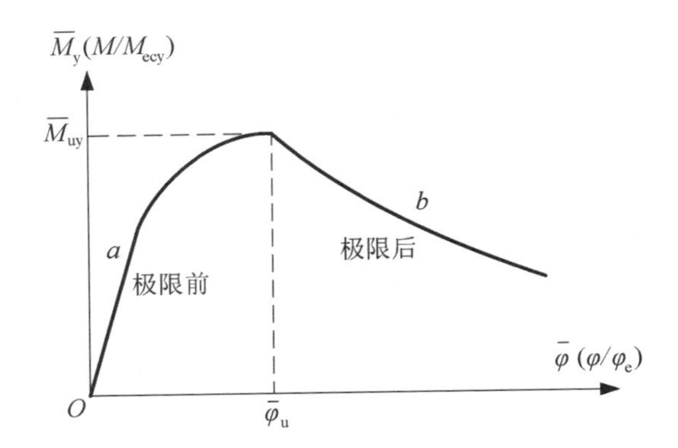

图 5 - 26　H 形截面铰区绕弱轴压弯骨架曲线模型

系数 β_a 和 γ_a 表示曲线增长的趋势，根据参数分析结果，有：

$$\beta_a = \eta_R[1.38 + (0.002r_w + 2.15n + 1)n] \tag{5-44}$$

$$\eta_R = \rho_y \leqslant 1 \tag{5-45}$$

$$\gamma_a = 8.5 - 2.5n \tag{5-46}$$

其中 ρ_y 为板件相关作用的综合参数，见式(4 - 21)。

(2) 极限后曲线 b

曲线 b 表示的是极限后承载力退化的发展过程，基本表达式为：

$$\bar{\varphi} = \bar{\varphi}_u + \frac{\bar{M}_u - \bar{M}}{\alpha_b} + \left(\frac{\bar{M}_u - \bar{M}}{\beta_b}\right)^{\gamma_b},\ \bar{\varphi} > \bar{\varphi}_u \tag{5-47}$$

系数 α_b 表示下降段的斜率，β_b 和 γ_b 表示曲线退化的形状，拟合出各系数的表达式，如下：

$$\alpha_b = 0.14 - 0.004r_f + (0.003r_w + 0.8n - 0.26)n \tag{5-48}$$

$$\beta_b = 0.51 - 0.015r_f + 0.0026r_w + (2.5 - 0.015r_f + 0.007r_w)n \tag{5-49}$$

$$\gamma_b = 4.5 \tag{5-50}$$

2. 骨架曲线计算流程

计算 H 形截面绕弱轴压弯骨架曲线的操作流程见图 5 - 27。

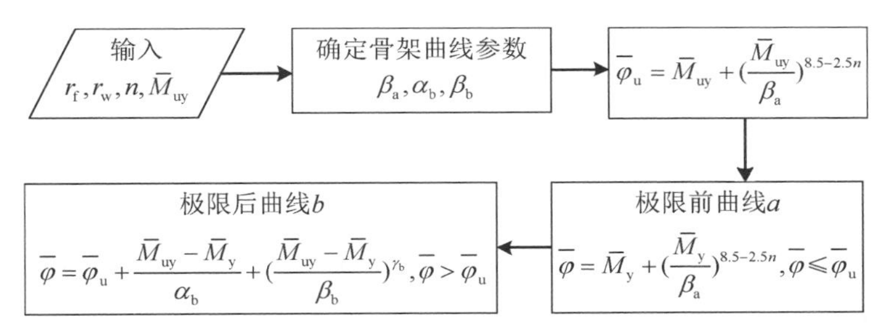

图 5－27　骨架曲线计算流程

3. 骨架曲线计算结果

根据图 5－27 的流程可得到各宽厚比及轴压比组配下的铰区的骨架曲线计算结果。将典型截面铰区的 $\overline{M}-\overline{\varphi}$ 骨架曲线计算结果与 Abaqus 比较结果，按板件宽厚比及轴压比的顺序分列图 5－28—图 5－33 中。比较结果显示本节提出的骨架曲线模型能够很好地体现 H 形截面铰区绕弱轴压弯的非线性性能。

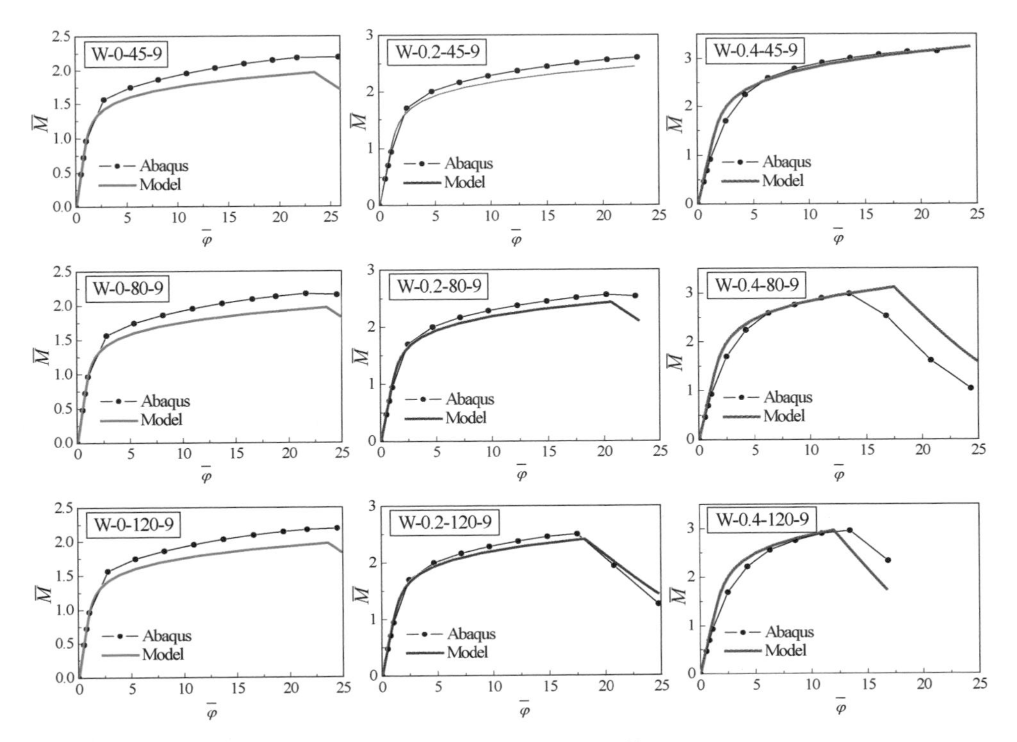

图 5－28　r_f＝9 骨架曲线计算结果

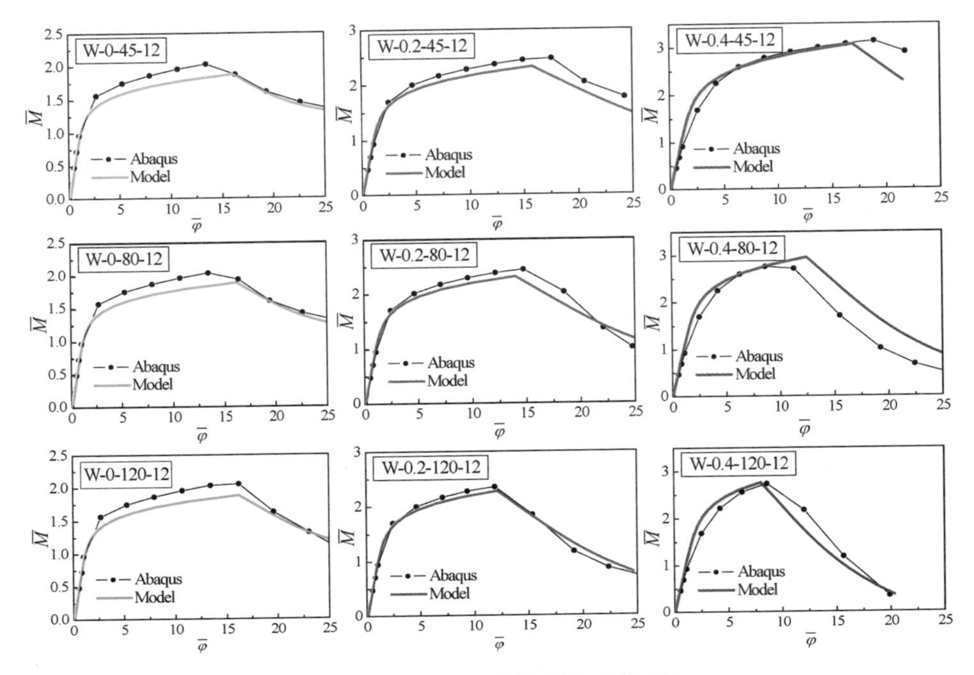

图 5－29　$r_f=12$ 骨架曲线计算结果

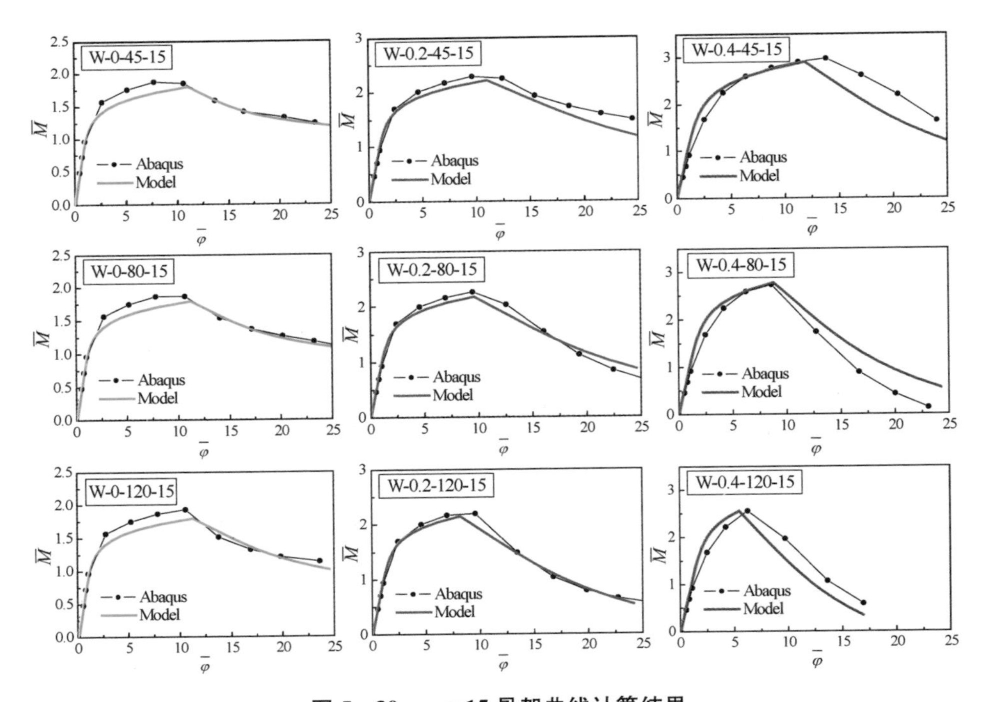

图 5－30　$r_f=15$ 骨架曲线计算结果

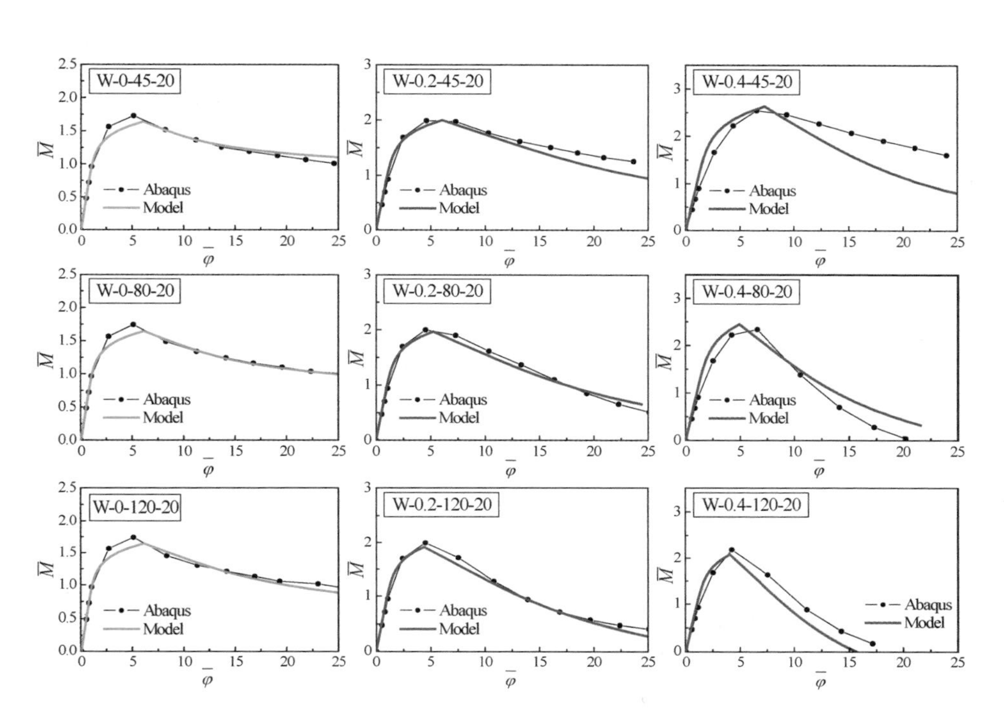

图 5－31　r_f＝20 骨架曲线计算结果

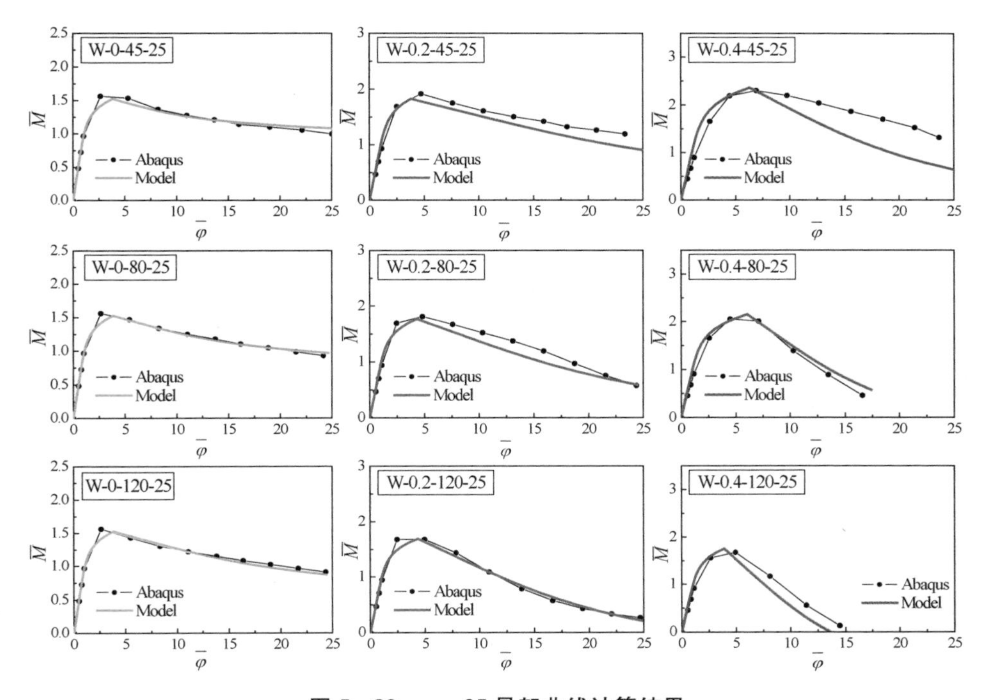

图 5－32　r_f＝25 骨架曲线计算结果

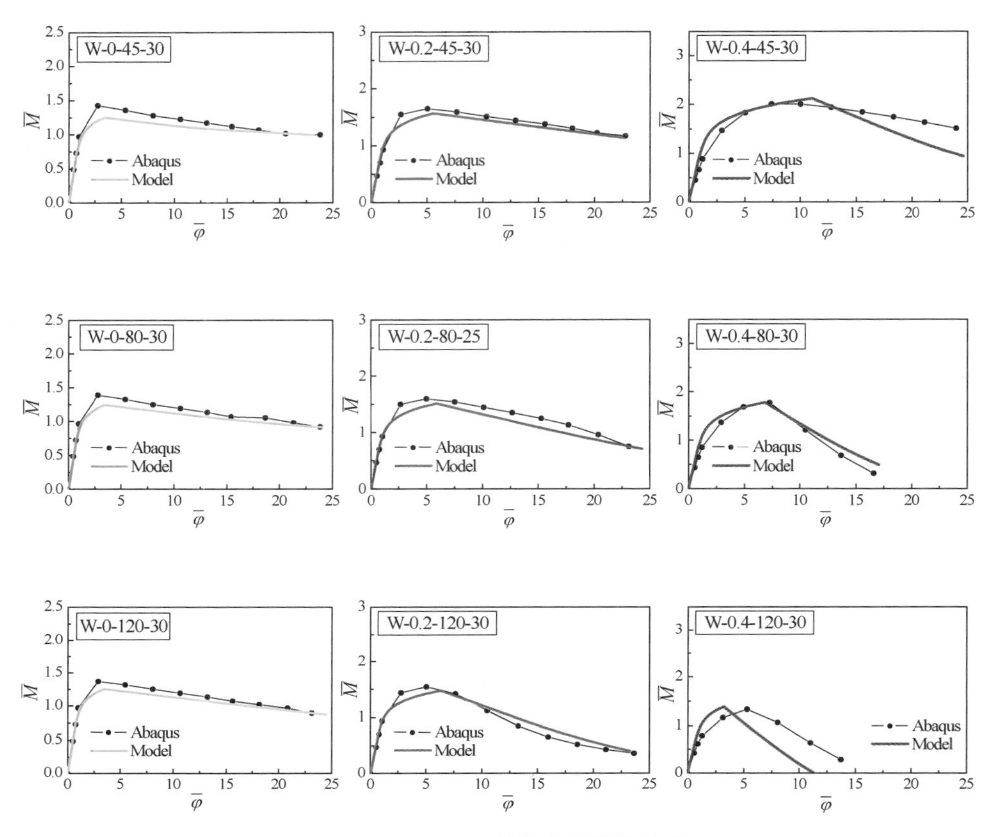

图 5-33　$r_f=30$ 骨架曲线计算结果

5.4.3　滞回规则

1. 滞回曲线特点

H 形截面铰区绕弱轴压弯的滞回规则特点以极限承载力为分界点，分为极限前和极限后。极限前是塑性从翼缘边缘向内部不断扩展延伸的过程，此阶段加载刚度不断降低但承载力持续增长；卸载刚度与弹性刚度相同；加载圈数对滞回曲线无影响。极限后滞回性能按加载后期是否出现刚度提高现象分为两种情况，分别如图 5-34a 与 b 所示。极限后性能与加载历史有关，加载时刚度和承载力都有不同程度的退化，卸载时刚度不断退化，退化程度与板件宽厚比与轴压比均有关。对翼缘宽厚比较大、腹板宽厚比较小且轴压比较小时，铰区滞回曲线在加载后期会出现刚度滞升现象，滞回曲线分为极限前、极限后无刚度滞升段、含刚度滞升段，如图 5-34b 所示。

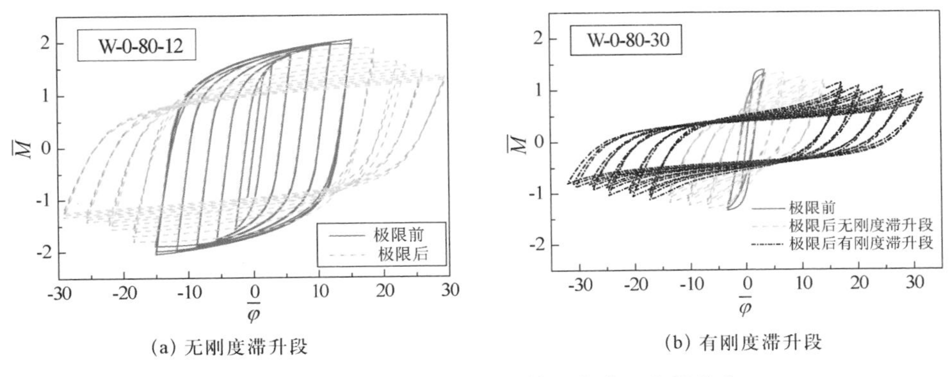

(a) 无刚度滞升段　　(b) 有刚度滞升段

图 5-34　H 形截面铰区绕弱轴压弯滞回曲线特点

2. 滞回曲线基本表达式

H 形截面绕弱轴压弯滞回曲线的基本表达式及滞回规则的相关规定与绕强轴的相同,参见与 5.3.2 节,此处不再赘述。

3. 滞回规则公式

根据滞回曲线特点,滞回规则由三类不同特点的曲线组成(图 5-35),其中曲线 c 表示极限前卸载并反向加载的路径;曲线 d 表示极限后无刚度滞升段的滞回路径;曲线 e 表示极限后有刚度滞升段的滞回路径,该段特点是卸载时刚度不断退化,而加载时刚度会出现先减后增的情况,曲线 e 在$(0, \overline{M}_n)$处裂变成 e_1 和 e_2,其中 e_1 表示加载时刚度退化段,e_2 表示加载时刚度增长段。下面给出各类型曲线的表达式。

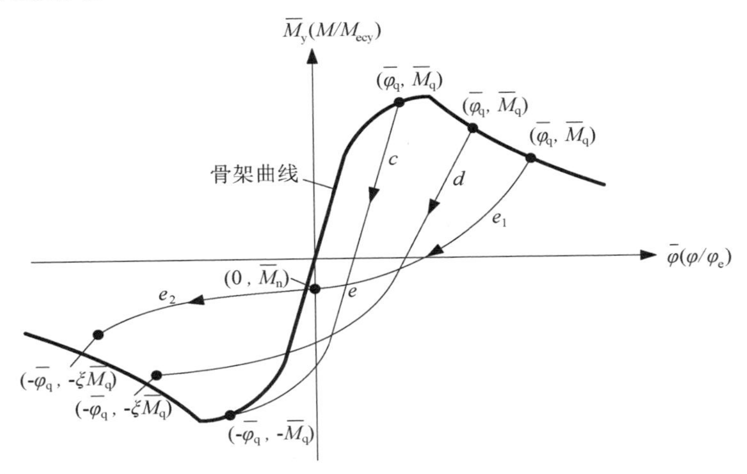

图 5-35　H 形截面铰区绕弱轴压弯滞回规则模型

(1) 曲线 c

曲线 c 表示极限前卸载并反向加载的路径，此阶段初始卸载刚度等于弹性刚度，且反向加载承载力无退化，故有 $\alpha = 1$。曲线 c 的基本表达式：

$$\bar{\varphi} = \bar{\varphi}_q - \left[\bar{M}_q - \bar{M} + \left(\frac{\bar{M}_q - \bar{M}}{\beta_c}\right)^{\gamma_c}\right] \tag{5-51}$$

根据 90 个构件计算结果，拟合得到 β_c 的表达式：

$$\beta_c = \eta_R[2.7 + (9n + 0.013r_w - 0.02r_f)n] \tag{5-52}$$

其中 η_R 见式(5-45)，γ_c 见式(5-31)。当不满足式(5-34)时，用双折线 c'(图 5-22)代替曲线 c。

(2) 曲线 d

曲线 d 表示极限后无刚度滞升现象曲线的反向加载路径，此阶段初始卸载刚度及承载力均发生退化。曲线 d 的基本表达式：

$$\bar{\varphi} = \bar{\varphi}_q - \left[\frac{\bar{M}_q - \bar{M}}{\alpha_d} + \left(\frac{\bar{M}_q - \bar{M}}{\beta_d}\right)^{\gamma_d}\right] \tag{5-53}$$

拟合得到其中：

$$\alpha_d = \eta_R(0.8 - 0.01r_f + 0.005r_w n)\left(\frac{\bar{M}_q}{\bar{M}_u}\right)^{1.5} \tag{5-54}$$

$$\beta_d = [3.65 - 0.07(n+1)r_f + (6.3 - 0.015r_w)n]\left(\frac{\bar{M}_q}{\bar{M}_u}\right)^{1.5} \tag{5-55}$$

其中 η_R 见式(5-45)，γ_d 见式(5-38)。

(3) 曲线 e

极限后，当满足以下 4 个条件，曲线将出现刚度滞升现象，遵循路径 e：

① $r_f \geqslant 20$

② $\dfrac{N}{\sigma_{uw}h_w t_w} \leqslant 0.5$

③ $\bar{M}_q \leqslant (0.008r_f - 0.0007r_w + 0.64)\bar{M}_u$

④ $\bar{\varphi}_q \geqslant 10$

曲线 e 在$(0, \bar{M}_n)$处裂变成 e_1 和 e_2，其中：

$$\bar{M}_n = 0.3(1+0.01r_f)\bar{M}_q \tag{5-56}$$

曲线 e_1 的表达式为：

$$\bar{\varphi} = \bar{\varphi}_q - \left[\frac{\bar{M}_q - \bar{M}}{\alpha_{e1}} + \left(\frac{\bar{M}_q - \bar{M}}{\beta_{e1}}\right)^{\gamma_{e1}}\right] \tag{5-57}$$

$$\alpha_{e1} = \alpha_d \tag{5-58}$$

$$\beta_{e1} = \beta_d \tag{5-59}$$

$$\gamma_{e1} = \frac{\ln\left(\bar{\varphi}_q - \dfrac{\bar{M}_q - \bar{M}_n}{\alpha_{e1}}\right)}{\ln\left(\dfrac{\bar{M}_q - \bar{M}_n}{\beta_{e1}}\right)} \tag{5-60}$$

曲线 e_2 的表达式为：

$$\bar{\varphi} = -\bar{\varphi}_q + \left[\frac{\xi\bar{M}_q + \bar{M}}{\alpha_{e2}} + \left(\frac{\xi\bar{M}_q + \bar{M}}{\beta_{e2}}\right)^{\gamma_{e2}}\right] \tag{5-61}$$

$$\alpha_{e2} = 0.15 \tag{5-62}$$

$$\beta_{e2} = 0.15\frac{\bar{M}_q}{\bar{M}_u} \tag{5-63}$$

$$\gamma_{e2} = \frac{\ln\left(\bar{\varphi}_q - \dfrac{\xi\bar{M}_q + \bar{M}_n}{\alpha_{e2}}\right)}{\ln\left(\dfrac{\xi\bar{M}_q + \bar{M}_n}{\beta_{e2}}\right)} \tag{5-64}$$

5.5　铰区恢复力模型评价

本节总结了 H 形截面铰区绕不同截面主轴压弯的恢复力模型计算步骤，并分别用试验和有限元得到的滞回曲线与采用恢复力模型得到的滞回曲线进行对比，以检验恢复力模型适用性及准确性。

5.5.1 铰区恢复力模型操作流程

H 形截面铰区恢复力模型的完整操作流程见图 5-36，根据以下 5 个步骤，即可得到给定截面及加载条件下的全过程恢复力曲线。

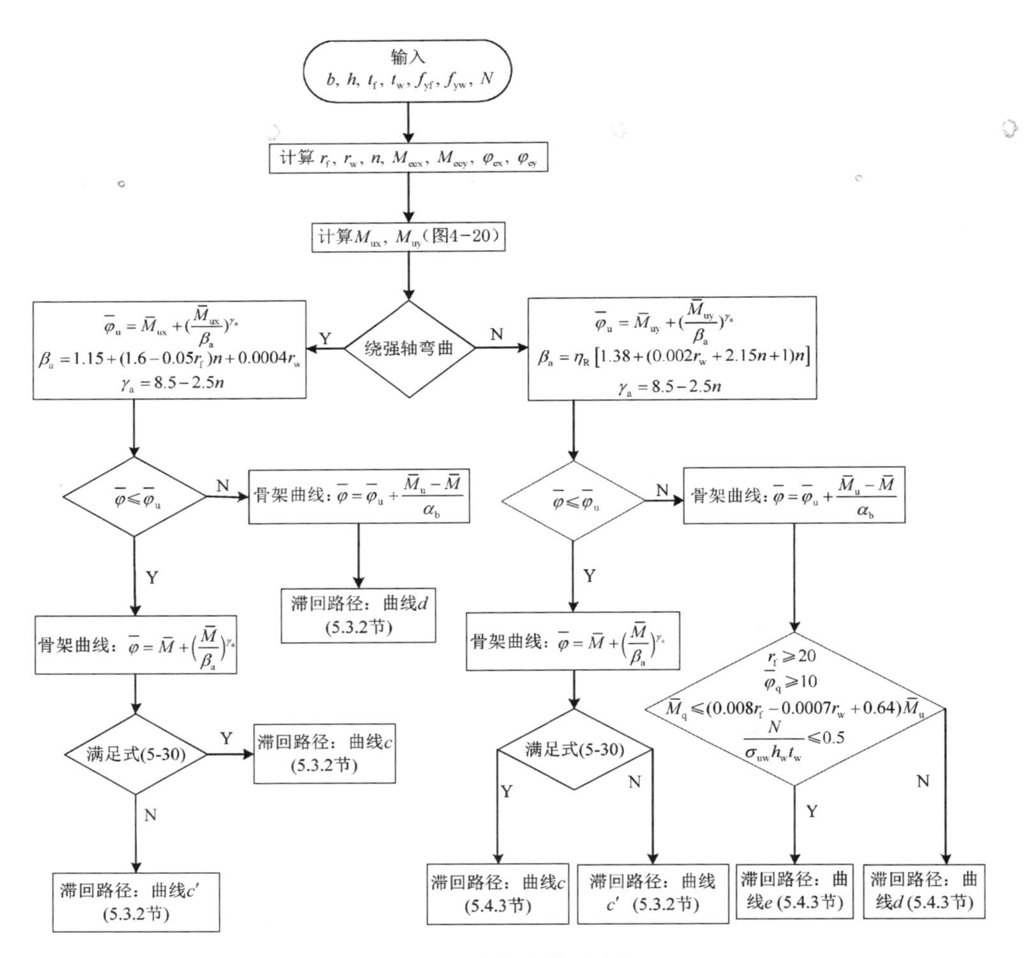

图 5-36 恢复力模型流程图

第一步：输入截面尺寸信息：$b, h, t_f, t_w, f_{yf}, f_{yw}$ 等；输入加载信息：弯矩作用方向、轴压力 N 及加载制度等；得到截面特征参数：$r_f, r_w, n, M_{ec}, \varphi_e$ 等。

第二步：有效塑性宽度法求截面极限承载力 M_u，得到 $\overline{M}_u$（图 4－20）。

第三步：求得极限前骨架曲线参数 β_a 与 γ_a，得到极限承载力 $\overline{M}_u$ 对应的极限位移 $\overline{\varphi}_u$。

第四步：求得骨架曲线。

第五步：求得滞回曲线。

5.5.2　绕强轴压弯恢复力模型验证

1. 恢复力模型与有限元结果对比

根据本节的恢复力模型得到参数分析设置的各宽厚比、轴压比组配下的 H 形截面绕弱轴压弯的 $\overline{M}-\overline{\varphi}$ 滞回曲线，并与 Abaqus 计算结果提取得到的 $\overline{M}-\overline{\varphi}$ 进行比较。将典型构件的计算结果列于图 5－37—图 5－42 中。比较结果显示本节提出的恢复力模型能够很好的体现 H 形截面铰区的各项非线性性能。

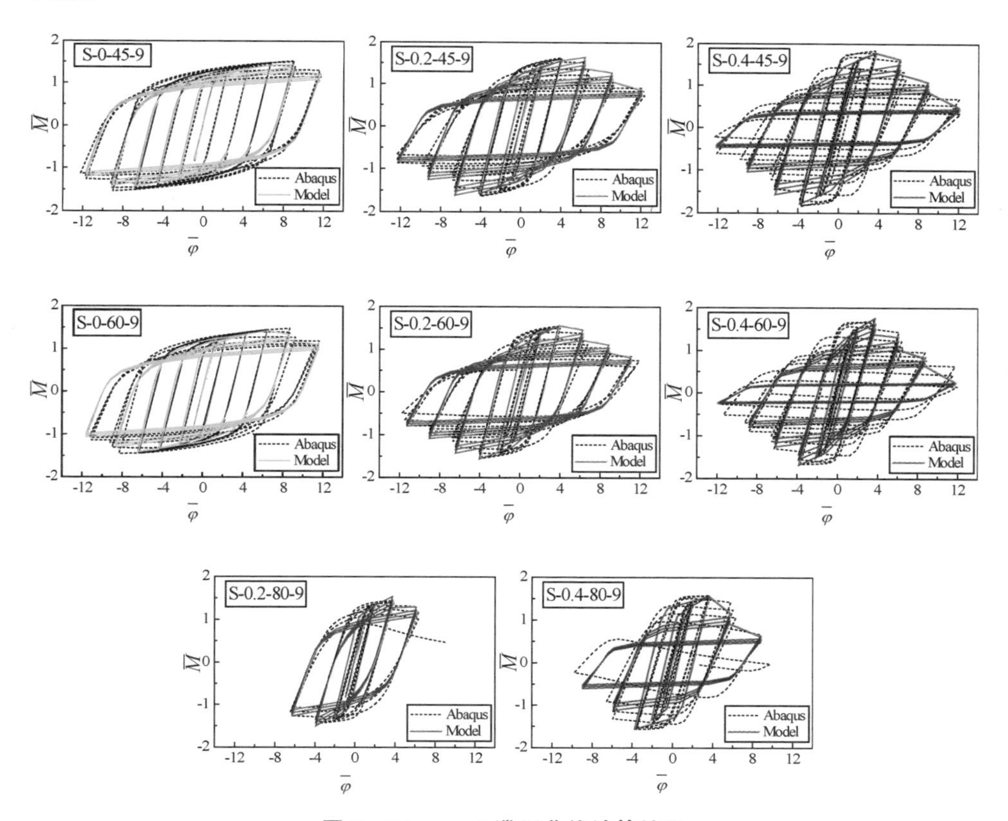

图 5－37　$r_f=9$ 滞回曲线计算结果

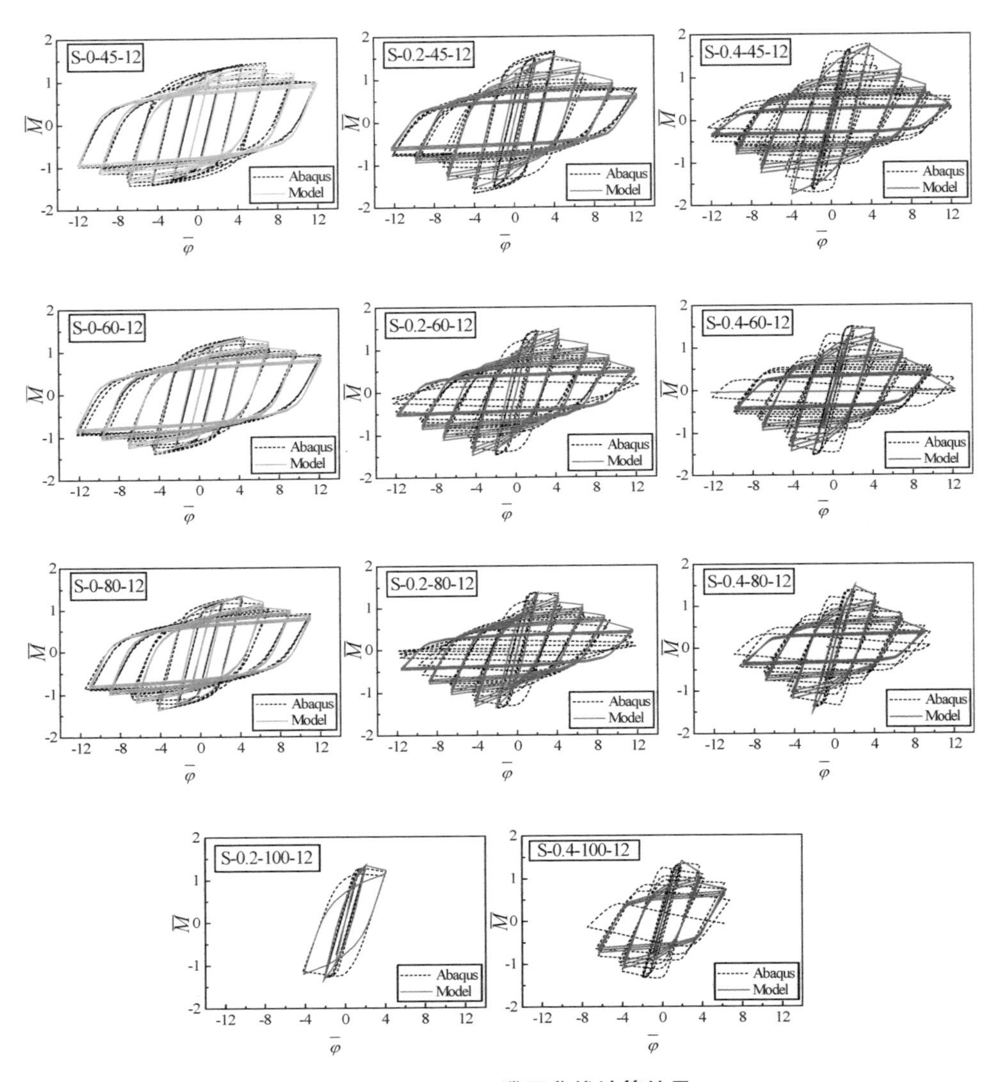

图 5-38 $r_f = 12$ 滞回曲线计算结果

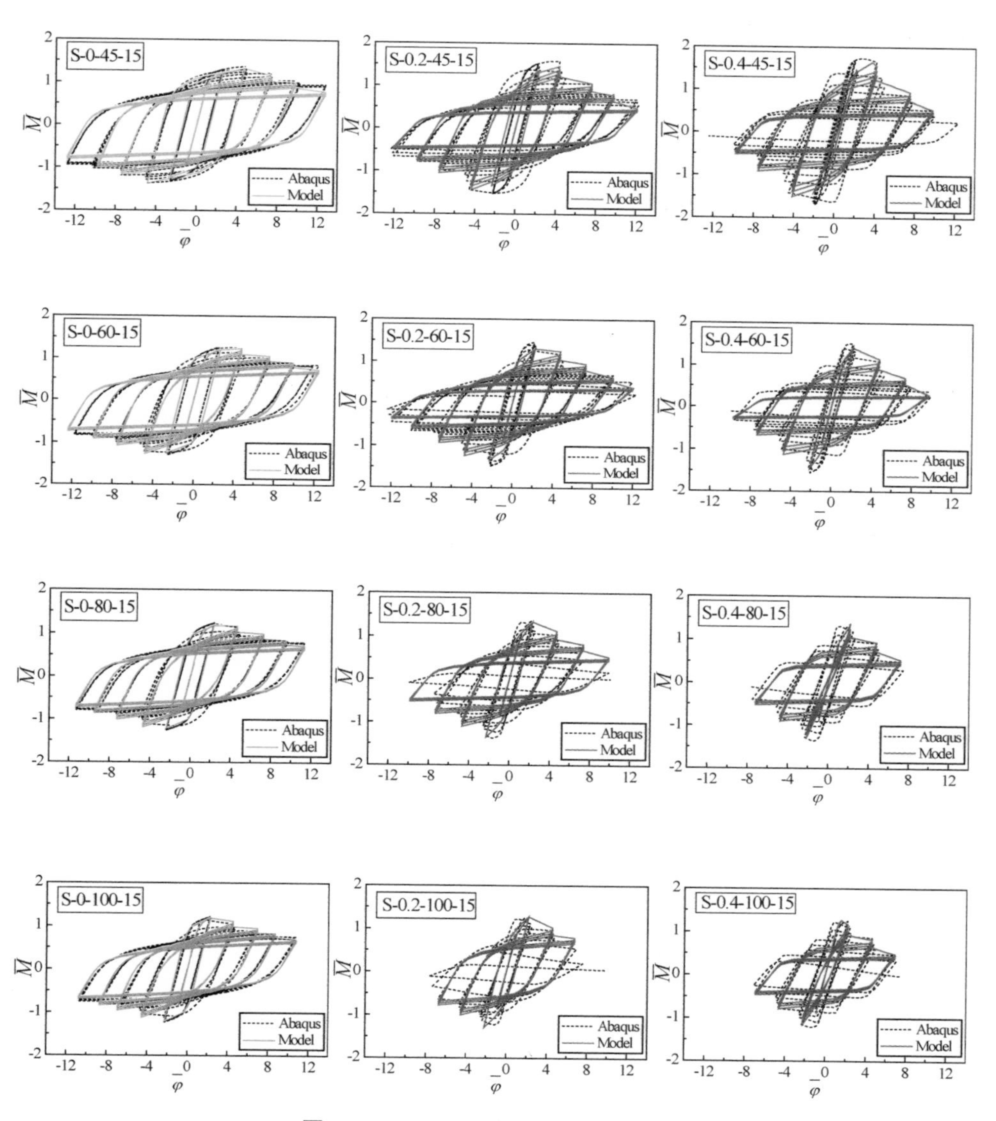

图 5－39　$r_f=15$ 滞回曲线计算结果

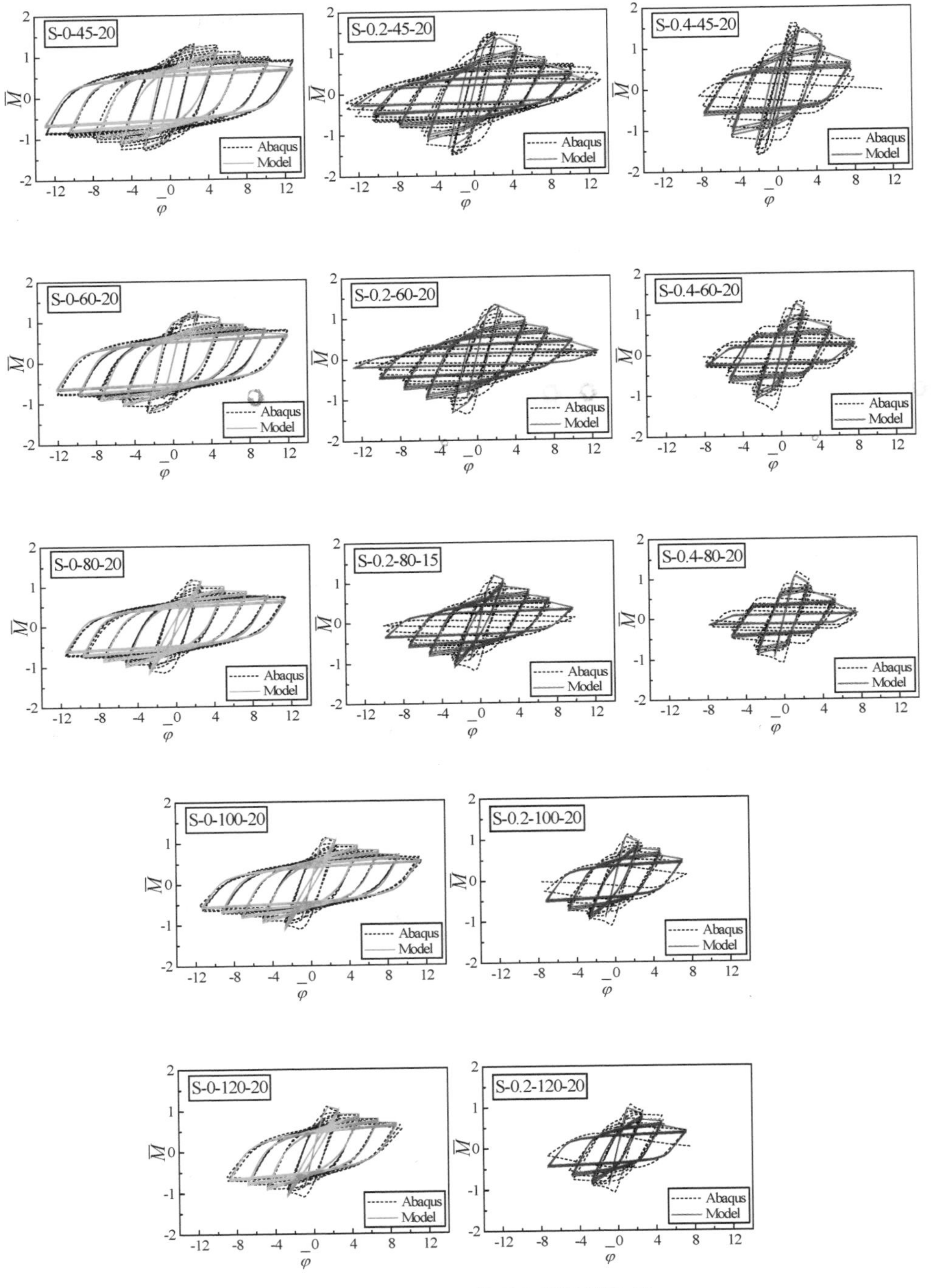

图 5－40　r_f＝20 滞回曲线计算结果

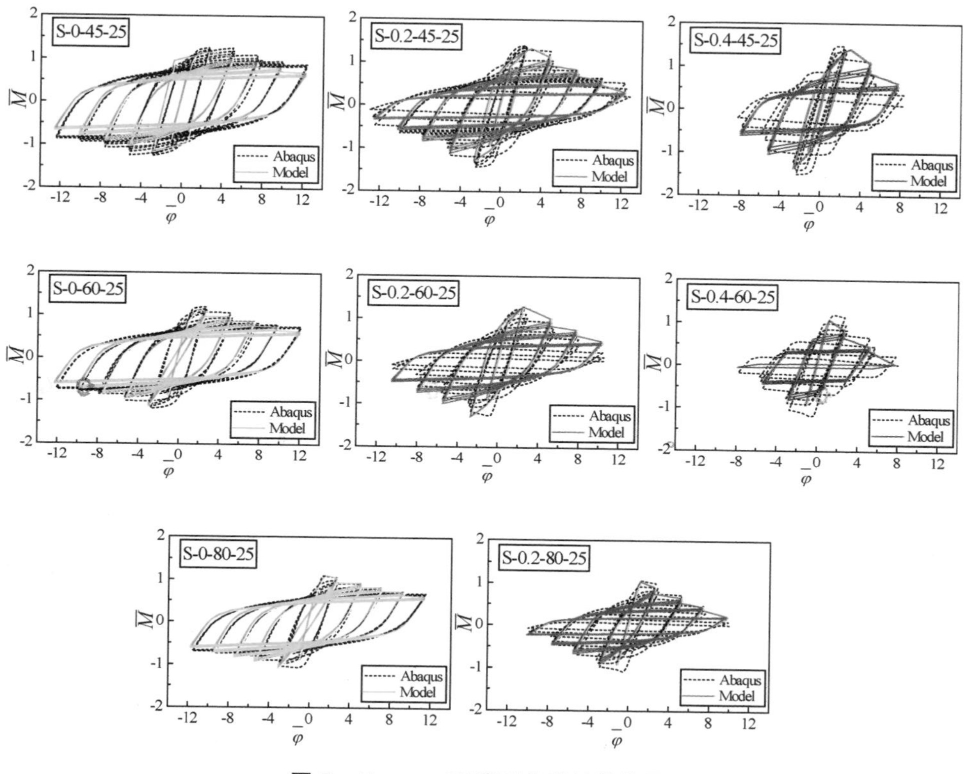

图 5-41　$r_f=25$ 滞回曲线计算结果

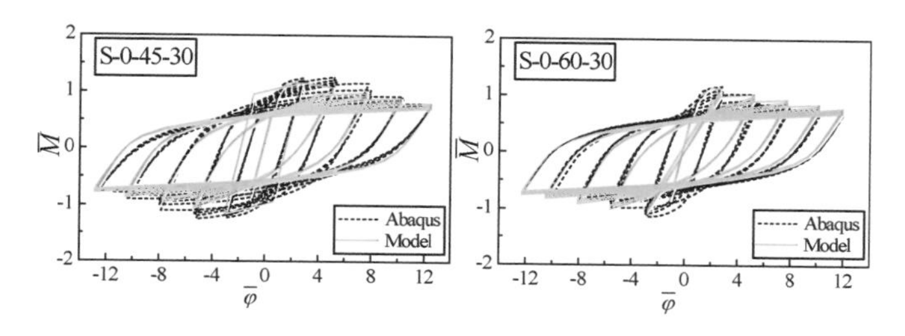

图 5-42　$r_f=30$ 滞回曲线计算结果

2. 恢复力模型与试验结果对比

根据 5.1.3 节的方法提取了第 2 章绕强轴压弯系列试验及赵静[49]试验各试件铰区的 $\overline{M}$-$\overline{\varphi}$ 滞回曲线，并与本章提出的恢复力模型求得 $\overline{M}$-$\overline{\varphi}$ 滞回曲线进行了对比，分别见图 5-43 与图 5-44。可以认为本书的模型与试验曲线吻合良好。

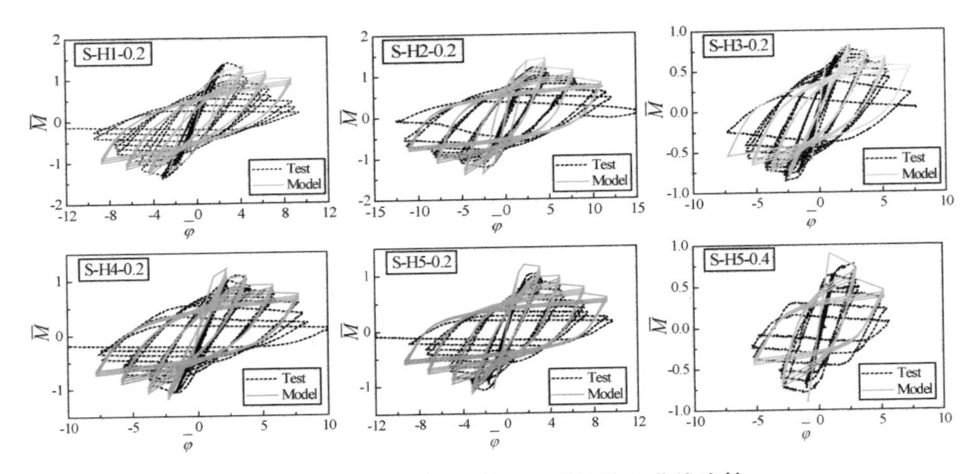

图 5-43　本书试验与恢复力模型滞回曲线比较

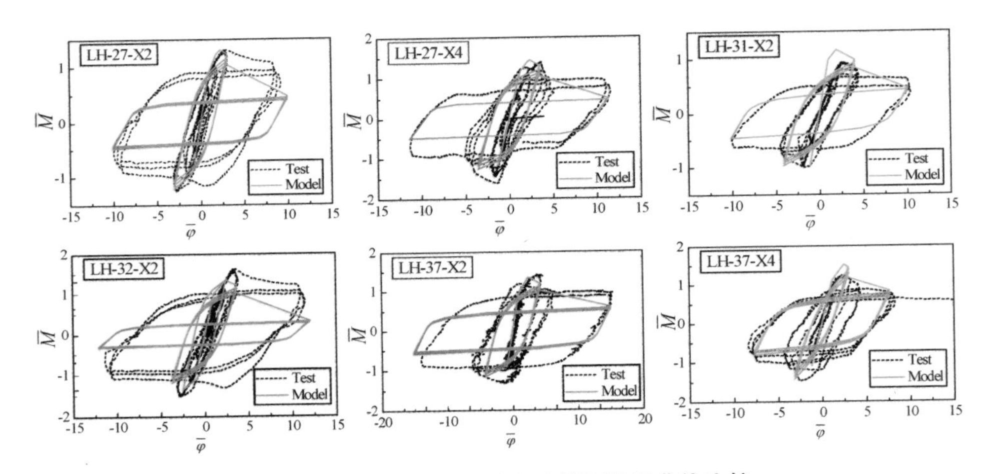

图 5-44　赵静试验与恢复力模型滞回曲线比较

5.5.3　绕弱轴压弯恢复力模型验证

1. 恢复力模型与有限元结果对比

根据本节的恢复力模型得到参数分析设置的各宽厚比、轴压比组配下的 H 形截面铰区绕弱轴压弯的 $\overline{M}-\overline{\varphi}$ 滞回曲线，并与 Abaqus 计算结果提取得到的 $\overline{M}-\overline{\varphi}$ 进行比较。将典型截面的计算结果按板件宽厚比及轴压比的顺序列于图 5-45—图 5-50 中。比较结果显示本节提出的恢复力模型能够很好地体现 H 形截面绕弱轴压弯的各项滞回非线性性能，包括极限承载能力、极限弯矩对应的极限位移、极限后强度及刚度的退化、捏拢的出现等。

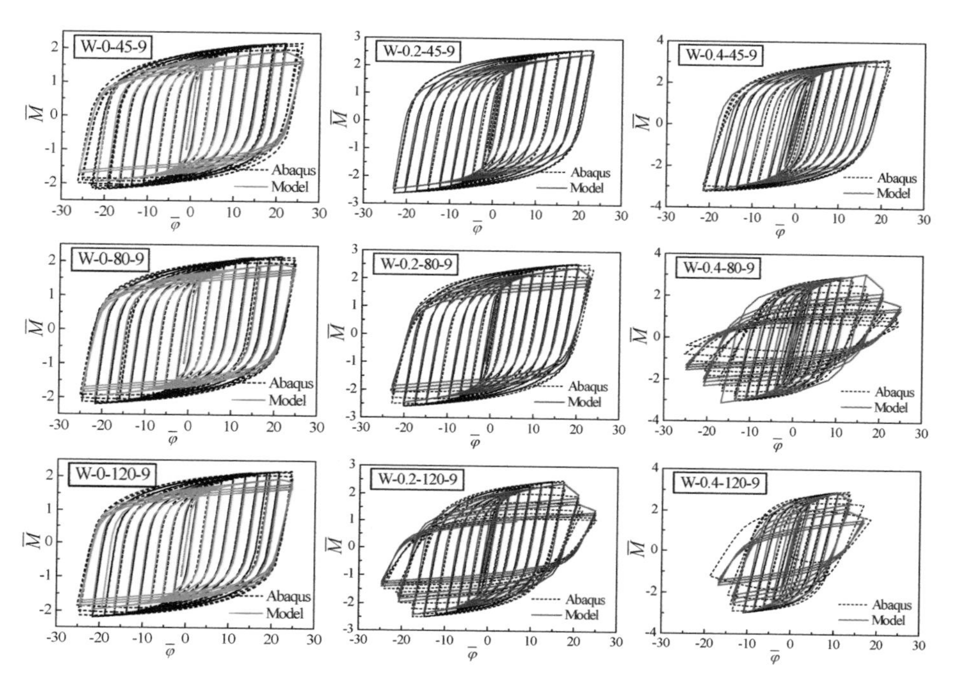

图 5-45　$r_f=9$ 滞回曲线对比图

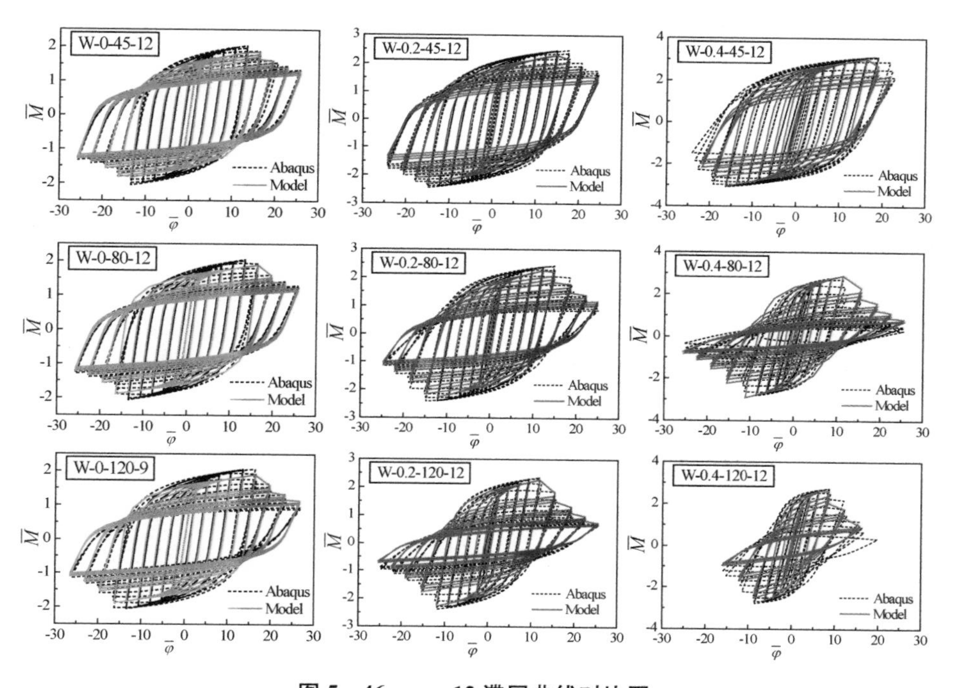

图 5-46　$r_f=12$ 滞回曲线对比图

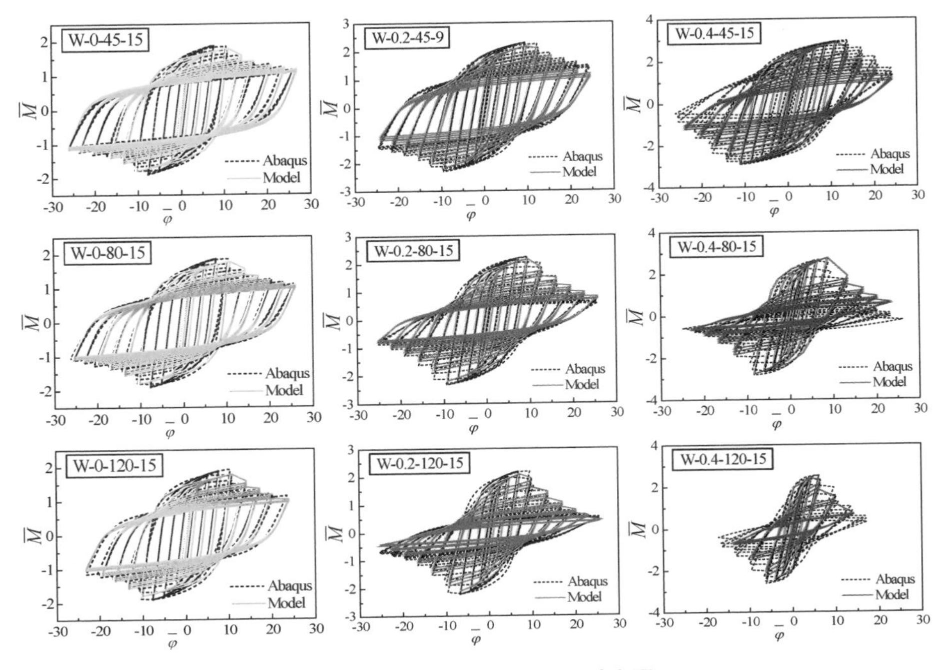

图 5-47　$r_f=15$ 滞回曲线对比图

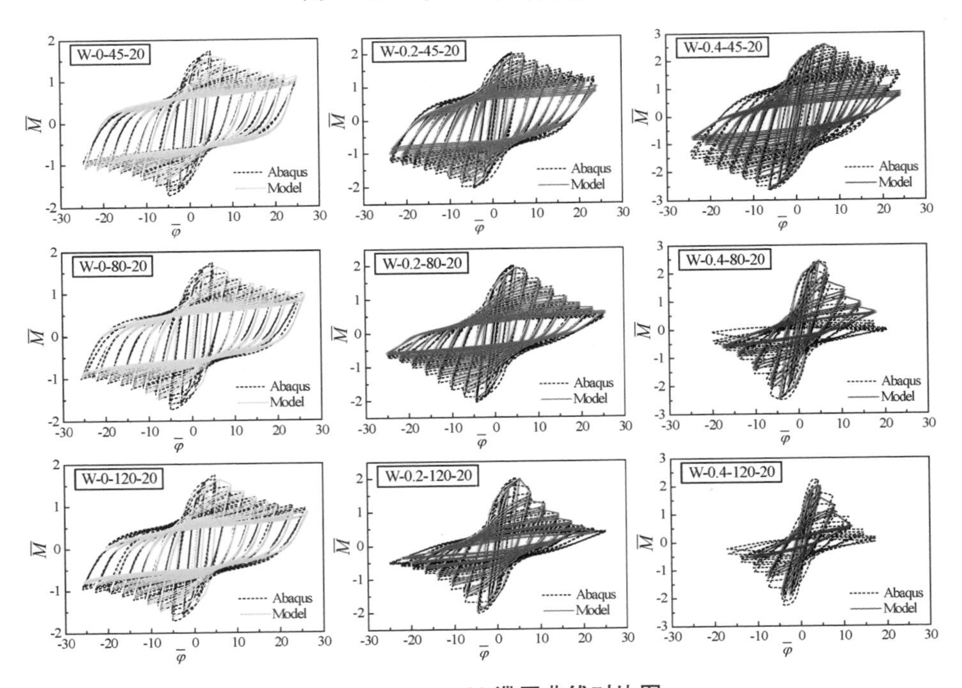

图 5-48　$r_f=20$ 滞回曲线对比图

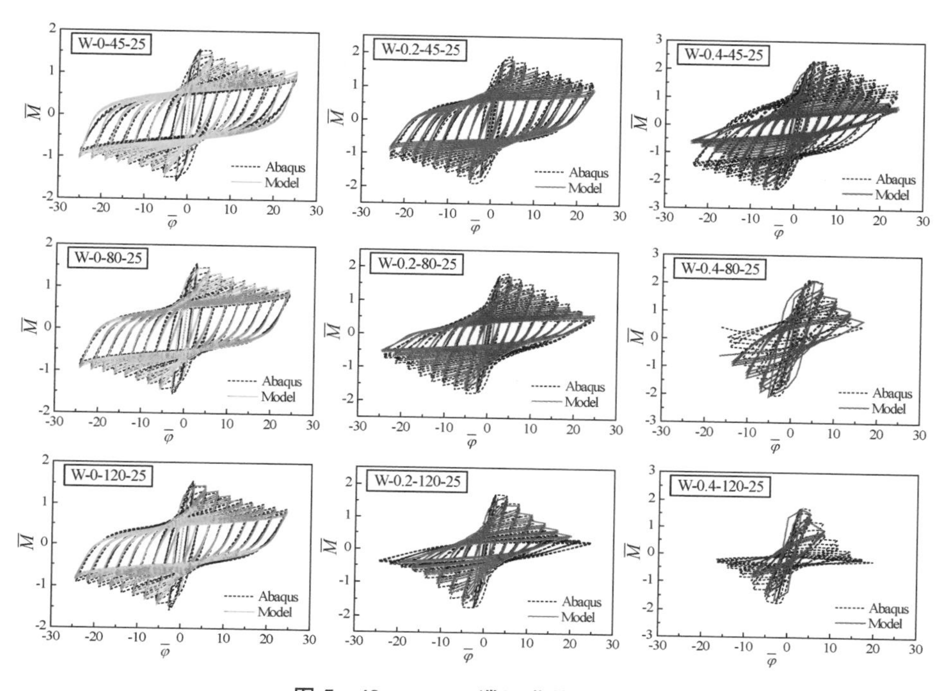

图 5-49 $r_f=25$ 滞回曲线对比图

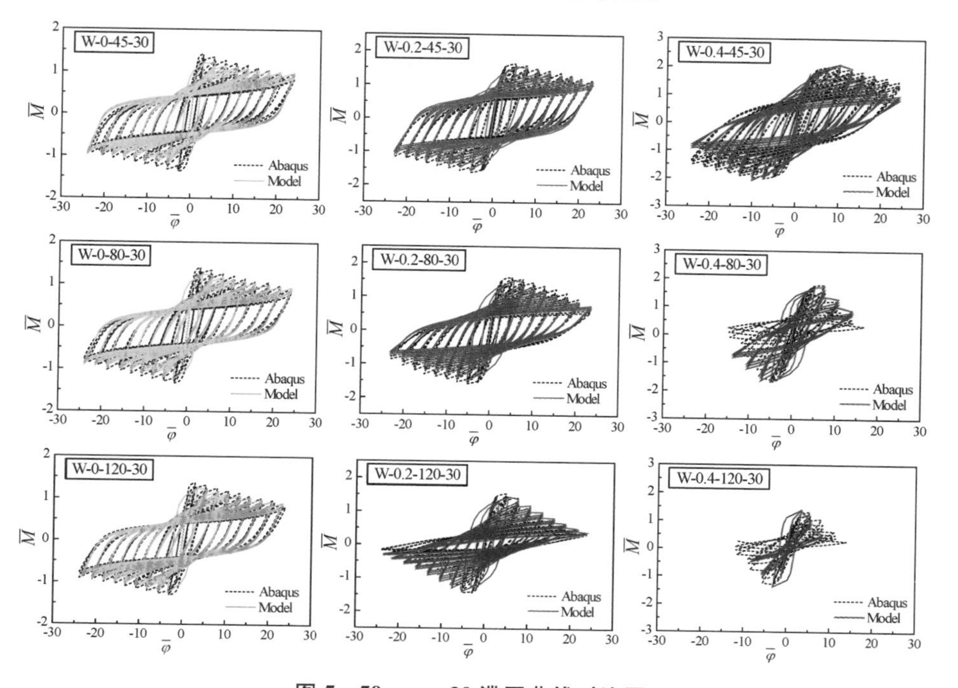

图 5-50 $r_f=30$ 滞回曲线对比图

2. 恢复力模型与试验结果对比

根据 5.1.3 节的方法提取了第 2 章绕弱轴压弯系列试验各试件柱底截面的 $\overline{M} \sim \overline{\varphi}$ 滞回曲线，并与本章提出的恢复力模型求得 $\overline{M} \sim \overline{\varphi}$ 滞回曲线进行了对比，见图 5 - 51。可以认为本书的模型与试验曲线吻合良好。

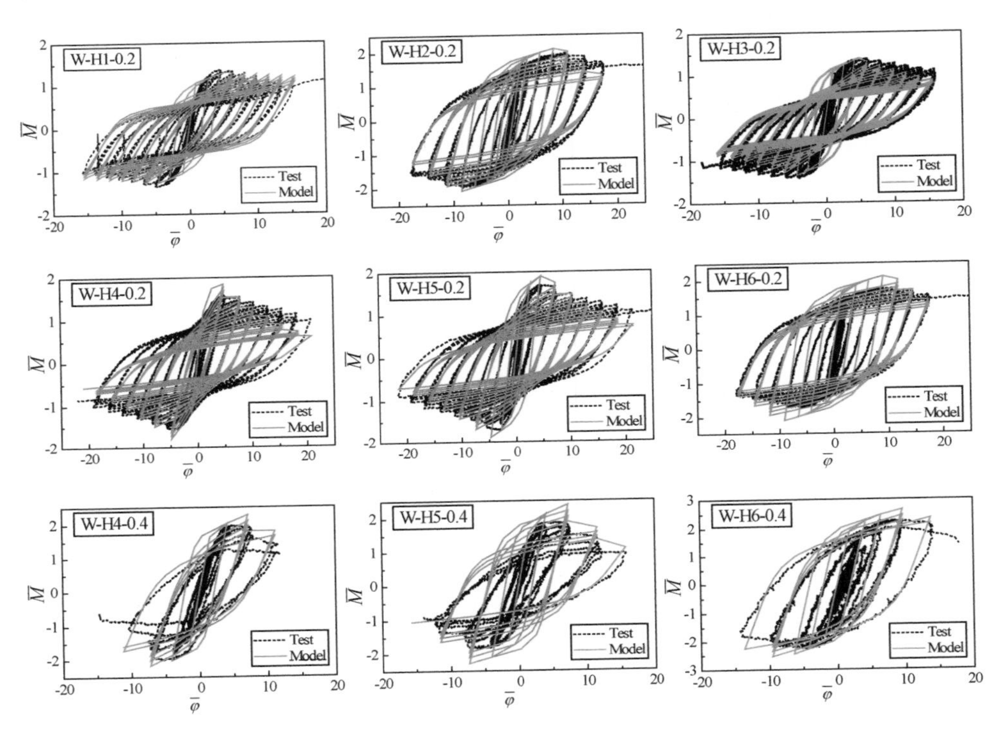

图 5 - 51　试验与恢复力模型滞回曲线比较

5.5.4　恢复力模型评价

本章提出的恢复力模型参数较少，形式简单，意义明确，适合实际应用。试验和有限元结果的比较显示恢复力模型较好地模拟了 H 形截面铰区绕强、弱轴压弯加载全过程的弯矩-曲率关系，具体体现在以下几个方面：

① 本章恢复力模型适用于 $r_f \leqslant 40-0.13r_w-13n \leqslant 30$，$r_w \leqslant 120$，$n \leqslant 0.4$ 的 H 形截面构件绕强轴压弯的情况，及 $r_f \leqslant 30$，$r_w \leqslant 120$，$n \leqslant 0.4$ 的 H 形截面构件绕弱轴压弯的情况。因此本章恢复力模型不但适用于宽厚比较大的由局部失稳控制的非塑性铰截面，还适用于宽厚比较小的塑性铰截面。

② 该模型以截面无量纲化的弯矩-曲率($\overline{M}$-$\overline{\varphi}$)作为恢复力模型的基本形

式，实际代表的H形截面铰区（塑性及局部屈曲集中域）的非线性性能，通过铰区组成构件，即可计算不同长度、弯矩梯度及边界条件下构件的非线性性能；

③ 准确地反映了铰区的极限抗弯承载力及达到极限承载力对应的极限曲率；

④ 模型计算得到的骨架曲线与有限元结果吻合很好，准确地反映了H形截面构件屈服-强化-极限-极限后四阶段性能，极限前承载力的强化及极限后承载力的退化程度与有限元基本一致；

⑤ 滞回规则准确地反映了构件极限前初始卸载刚度及承载力无退化现象，及极限后阶段卸载刚度的退化现象；

⑥ 通过对滞回规则加载刚度的修正，部分构件绕弱轴压弯的弯矩-曲率滞回环在加载后期的刚度提高现象在滞回规则中得到准确反映；

⑦ 在极限承载力、骨架曲线及滞回规则的计算过程中均体现了塑性阶段板件相关作用的影响。

5.6　本章小结

本章进行了不同宽厚比及轴压比组配下的H形截面钢构件绕不同截面主轴滞回压弯的有限元数值分析，对H形截面构件的滞回性能和破坏机理进行了全面的分析。阐述了“铰区”的概念，从各悬臂构件力-位移计算结果中提取了铰区的弯矩-平均曲率关系。提出了考虑板件相关作用的铰区弯矩-平均曲率的恢复力模型，该模型具有参数意义明确、操作简便、计算准确的特点。通过本章的分析，可得到以下结论：

（1）铰区是构件塑性及局部屈曲集中域，其力学性能由铰区的最大弯矩-平均曲率关系描述；通过扣除弹性段的弯曲变形，可得到扣除了弯矩梯度及长度影响的截面层次的弯矩-曲率关系。

（2）加载制度对铰区极限后的应力分布形式有较大影响，极限后承载力退化程度随着加载条件的不利而严重，为充分考虑极限后的退化影响，往复加载的参数分析时采用每级循环3圈的加载制度。

（3）当H形截面构件绕弱轴压弯时，翼缘宽厚比 r_f 是决定铰区极限前性能的关键因素，而腹板是否发生屈曲是决定铰区极限后性能关键因素，r_f、r_w 及 n 均对腹板是否发生局部屈曲有影响。

（4）结合第 4 章有效塑性宽度计算截面的极限抗弯承载力，提出了针对 H 形截面铰区绕不同截面主轴压弯的弯矩-平均曲率恢复力模型，该模型考虑了 r_f、r_w及 n 的共同作用。

（5）经过与试验及有限元滞回曲线的比较，该模型能够准确地模拟出 H 形截面铰区全程受力性能，包括承载力、刚度及承载力的退化、部分构件加载后期的刚度滞升等性能。

第6章 H形截面屈曲铰耗能机制及宽厚比限值

绪论指出非塑性铰H形截面构件对局部失稳较为敏感，难以充分发展构件的弯曲塑性变形，因而在需要利用构件塑性耗能能力的抗震设计规定中，例如中国的抗震设计规范[6]，一般受到较大限制。而试验及理论研究均表明，虽然非塑性铰截面构件相比塑性铰截面构件是一种较为不利的承载形式，但仍具有一定的塑性变形及耗能能力，合理应用非塑性铰截面构件的延性和耗能能力，既能保证结构的安全，又能达到节省钢材的目的。因此有必要对非塑性H形截面构件的延性和耗能能力展开系统的分析研究，综合评价其抗震能力。

6.1 屈曲铰耗能机制

6.1.1 “屈曲铰”的概念

5.1.1节提出了铰区的概念，铰区是构件非线性变形的集中域。根据屈曲铰的成因和性能的不同，本节阐述了与塑性铰相对的“屈曲铰”的含义。

塑性铰截面（Ⅰ类截面）形成的铰区为塑性铰，塑性铰区的抗弯承载力需满足持续保持或超过全截面塑性弯矩并发展充分的转动变形的条件，以实现框架内力的重分布直至倒塌机制形成。塑性铰区的局部失稳发生较晚，屈曲对破坏不起控制作用，具有良好的承载和耗能性能。

对于非塑性铰截面构件而言，在弯矩最大的部位出现局部失稳，局部失稳域在外力作用下亦会发生转动，是极限后非线性变形的主要集中区段，构件整体侧移随失稳区的转动而不断发展。针对铰区局部失稳的转动变形特点，吴香香等[126]提出了屈曲铰的概念，所谓“屈曲铰”是由局部失稳控制破坏模式的铰区，屈曲铰区具有承载力及刚度退化的特征，延性和耗能能力要弱于塑性铰区。为保证屈曲铰在变形过程中，使框架依然能进行内力重分布，屈曲铰应具有如下特征：首先，屈曲铰的破坏形式由局部失稳控制；其次，抗弯承载力能够达到或超过边缘屈服弯矩 M_{ec}；最后，极限后仍具有一定的非线性变形能力且承载力不发生急剧退化。

与塑性铰相比，在非线性变形发展阶段容许抗弯承载力的下降，是屈曲铰的特点之一。塑性铰和屈曲铰的性质均可由铰区的弯矩-转角关系描述。图 6-1 显示了各类型铰的弯矩-转角简化形式，其中 a 和 b 分别为有、无考虑材料强化作用的塑性铰模型，而 c 代表了屈曲铰模型，屈曲铰下降段形状由板件宽厚比和轴压比共同决定[7]。通过屈曲铰的概念，将部分非塑性铰截面构件框架在抗震地区的应用变成可能。

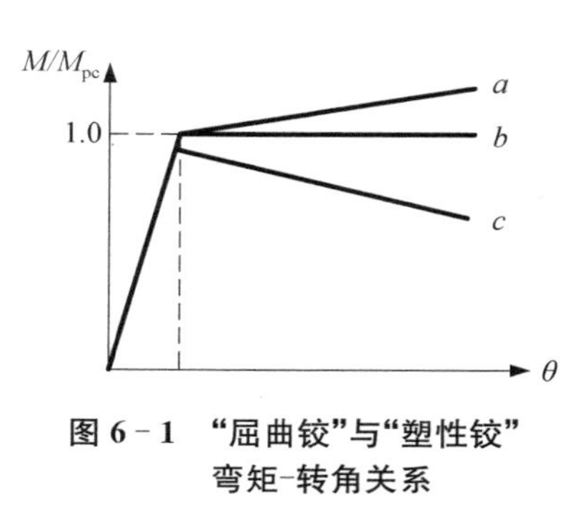

图 6-1 “屈曲铰”与“塑性铰”弯矩-转角关系

6.1.2 屈曲铰耗能原理

对悬臂构件进行“拆分”，拆分的顺序依次为：悬臂构件→铰区→受压板件→受压板条，如图 6-2 所示。第 5 章将压弯悬臂构件拆分成铰区与弹性段，如图 6-2a 所示，其中铰区是悬臂构件非线性阶段的主要耗能区段，弹性段对耗能贡献很小。铰区的组成板件（翼缘和腹板）沿构件轴线方向可划分成若干个板条（图 6-2b，c），铰区的耗能能力主要取决于这些板条的耗能能力，因此探究铰区的耗能机制首先需要理解板条的工作机理。

图 6-2d 显示了单个板条的耗能机理。单个板条可近似等效成长度为 L_h 的两端固接轴压柱，板条所受轴压力为 $P=\sigma t\,\mathrm{d}x$，其中 σ 为板条平均压应力，t 为板条厚度，$\mathrm{d}x$ 为板条宽度。对于塑性铰、以及屈曲铰发生前屈曲阶段，板条保持挺直，应力应变沿板条轴线方向均匀传递，即塑性应变能沿杆长方向均匀发展，说明整段板条均能参与塑性耗能，形成了一种良好的耗能机制（图 6-2d Ⅰ）。对于屈曲铰，当受压板条累积塑性应变达到一定程度后，板条发生屈曲，屈曲后板条偏离原平衡位形发生弯曲位形（相当于轴压杆发生了整体屈曲），板条将在弯矩最大的位置（两端及杆件中部）集中发展塑性，最后形成类似塑性铰的塑性集中段，并形成图 6-2d Ⅱ 所示的破坏机构；塑性铰之间的板条段无法发展塑性，对耗能贡献很小。表明屈曲铰的屈曲板条是以部分部位发展塑性的方式消耗能量，因此屈曲板件仍能具有一定的耗能能力但耗能能力低于全部部位发展

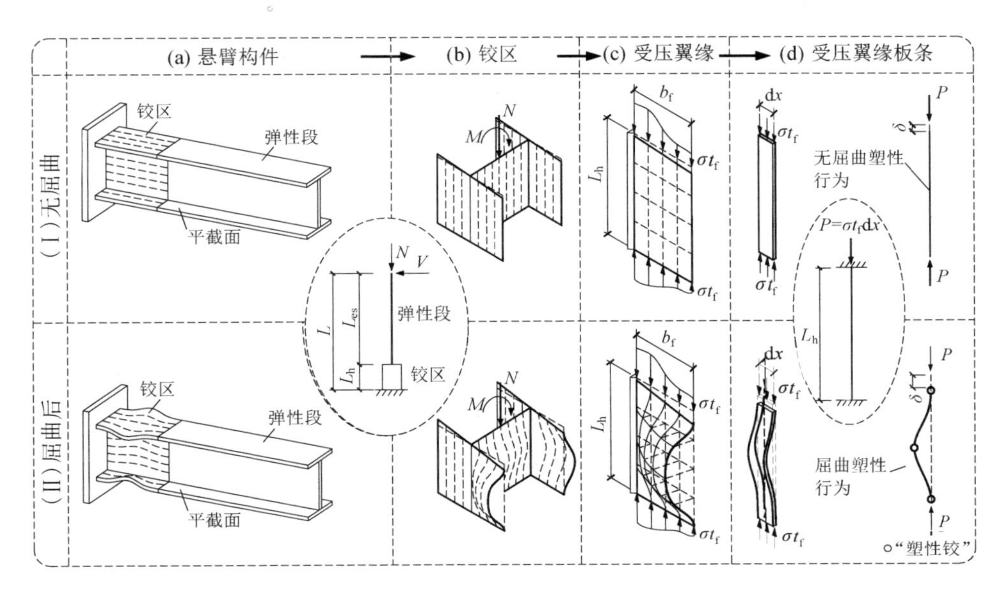

图 6－2　屈曲铰耗能原理

塑性的无屈曲板条。本书将板条无屈曲时以整段板条参与塑性耗能的行为称为"无屈曲塑性行为"，对应着屈曲铰极限前阶段及塑性铰的塑性发展形式；将板条屈曲后以部分部位发展塑性的行为称为"屈曲塑性行为"，对应着屈曲铰极限后阶段的塑性发展形式。

由此可将影响屈曲铰非线性性能的屈曲特性归纳为两方面内容，一是无屈曲塑性与屈曲塑性的发生时序，即屈曲塑性发生时刻；二是屈曲塑性的发展形式，即屈曲后各板件屈曲变形形式及发展程度。屈曲铰段的屈曲特性是决定构件承载、变形及耗能能力的关键。从而揭示了一个重要发现，即不同构件耗能能力差异的根源在于材料塑性以何种方式发展以及可能发展的程度。

注意到，铰区的每个板条都不是独立存在的，每个板条的受力及变形会受相邻板条的约束，而相邻板件（翼缘和腹板）更是相互提供支撑条件的主要来源，因此铰区的屈曲特性由截面几何条件（主要为板件宽厚比及其组配形式）与受荷条件（包括弯矩作用方向、轴压比及加载路径）共同决定，也即板件屈曲相关行为对铰区的各项抗震性能均有影响。

6.1.3　屈曲铰耗能指标定义

1. 屈曲铰耗能量

屈曲铰段的受力及变形形式如图 6－3 所示。将屈曲铰段看作一个整体，屈

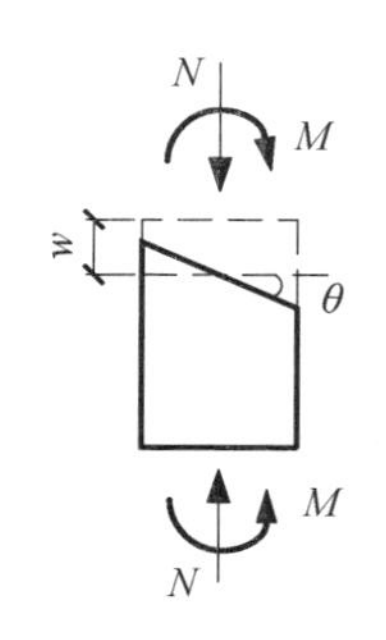

图 6-3 屈曲铰段受力及变形

曲铰段消耗的外力功包括两部分，分别为屈曲铰弯矩 M 沿弯曲转角 θ 所做的功（简称为弯曲耗能）及轴压力沿竖向位移所做的功（简称为轴压耗能），表达式为：

$$E_{\mathrm{M}} = \sum M\theta = L_{\mathrm{h}} \sum M\varphi \tag{6-1}$$

$$E_{\mathrm{N}} = \sum Nw \tag{6-2}$$

$$E = E_{\mathrm{M}} + E_{\mathrm{N}} \tag{6-3}$$

式中，E_{M}为屈曲铰弯曲耗能量，E_{N}为轴压耗能量，E 为屈曲铰总耗能量。

用表征屈曲铰基本特性的参数 $L_{\mathrm{h}}M_{\mathrm{ec}}\varphi_{\mathrm{e}}$ 将屈曲铰各耗能量进行无量纲化，可得到屈曲铰无量纲化的截面层次的耗能指标 $\overline{E}_{\mathrm{M}}$ 、$\overline{E}_{\mathrm{N}}$ 和 $\overline{E}$，其中 $\overline{E}_{\mathrm{M}}$ 为屈曲铰消耗地震作用的能量指标，表征了屈曲铰抵抗地震作用的能力；$\overline{E}_{\mathrm{N}}$ 为轴压力消耗的能量指标，取决于轴压力大小及屈曲变形大小（2.4.5 节与 2.5.5 节）；$\overline{E}$ 为屈曲铰总耗能量指标，表达式如下：

$$\overline{E}_{\mathrm{M}} = \frac{E_{\mathrm{M}}}{L_{\mathrm{h}}M_{\mathrm{ec}}\varphi_{\mathrm{e}}} = \sum \overline{M}\,\overline{\varphi} \tag{6-4}$$

$$\overline{E}_{\mathrm{N}} = \frac{E_{\mathrm{N}}}{L_{\mathrm{h}}M_{\mathrm{ec}}\varphi_{\mathrm{e}}} = \frac{\sum Nw_{\mathrm{h}}}{L_{\mathrm{h}}M_{\mathrm{ec}}\varphi_{\mathrm{e}}} \tag{6-5}$$

$$\overline{E} = \frac{E}{L_{\mathrm{h}}M_{\mathrm{ec}}\varphi_{\mathrm{e}}} = \sum \overline{M}\,\overline{\varphi} + \frac{\sum Nw_{\mathrm{h}}}{L_{\mathrm{h}}M_{\mathrm{ec}}\varphi_{\mathrm{e}}} \tag{6-6}$$

式中，L_{h}为屈曲铰段长度，计算方法见 5.1.3 节；$\overline{M} = M/M_{\mathrm{ec}}$ 为屈曲铰段无量纲化的弯矩；$\overline{\varphi} = \varphi/\varphi_{\mathrm{e}}$ 为屈曲铰段无量纲化的平均曲率。

$\overline{E}_{\mathrm{M}}$ 在 $\overline{E}$ 中所占比例越大表明构件的抗震性能越好，因此定义屈曲铰弯曲耗能系数 ζ_{M}，有：

$$\zeta_{\mathrm{M}} = \frac{E_{\mathrm{M}}}{E} = \frac{\overline{E}_{\mathrm{M}}}{\overline{E}} \tag{6-7}$$

弯曲耗能系数 ζ_{M} 表征了屈曲铰能量耗散的组成方式。

2. 屈曲铰屈曲耗能系数

前已述及，屈曲改变了板件发展塑性的方式。屈曲后，屈曲铰发展塑性的形式由无屈曲塑性转变成屈曲塑性，即屈曲板件较未屈曲板件以一种较为不利的形式在耗能。假定受压板件面外有足够的支撑，在外力作用下始终不发生屈曲，屈曲铰段总耗能量为 E_{ub}。注意到，无屈曲发生时，每级加载循环的 $\sum w$ 为小量，即可忽略 E_N 的作用，因此有：

$$E_{ub} \approx E_M(\text{无屈曲}) \tag{6-8}$$

图 6-4 显示了屈曲铰段发生屈曲与不发生屈曲的耗能关系示意图，假定屈曲铰段始终不发生屈曲的耗能量为 E_{ub}；屈曲铰段考虑屈曲的实际耗能量为 E（$E = E_M + E_N$）；E_{ub} 与 E 之差即为由于局部屈曲所损失的屈曲铰总耗能量，而 E_{ub} 与 E_M 之差即为由于局部屈曲所损失的消耗地震作用的能量。因此定义：

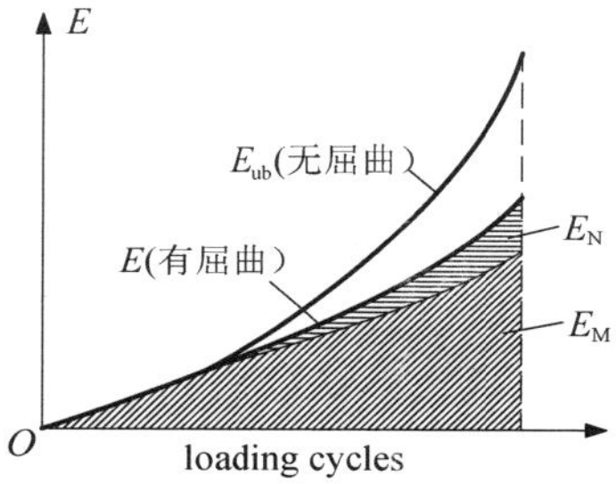

图 6-4　屈曲铰耗能示意图

$$\zeta_b = \frac{E_M}{E_{ub}} = \frac{\bar{E}_M}{\bar{E}_{ub}} \tag{6-9}$$

ζ_b 表征了由于局部屈曲作用，屈曲铰较塑性铰抵抗地震作用能力的退化程度，称之为屈曲耗能系数。其中 ζ_b 越小局部屈曲影响越大，耗能能力越差；而当 $\zeta_b = 1$ 时，无屈曲发生，相当于塑性铰的耗能能力。

第 5 章建立了考虑局部屈曲作用的 H 形截面铰区全程弯矩-平均曲率（$\bar{M}-\bar{\varphi}$）恢复力模型。该模型以极限承载力状态为界分为极限前和极限后两阶段，极限前对应着屈曲铰屈曲前性能，此阶段承载力及卸载刚度均无退化；极限后对应着屈曲铰屈曲后性能，此阶段承载力及卸载刚度均有不同程度的退化。

图 6-5 整理了第 5 章 H 形截面铰区绕强、弱轴单轴压弯的极限前恢复力模型计算方法，其中左上角为骨架曲线的计算方法，右下角为滞回规则的计算方法。假定铰区始终不发生屈曲，$\bar{M}-\bar{\varphi}$ 滞回曲线将一直遵循图 6-5 的恢复力规则发展，由此即可得到不发生局部屈曲的滞回曲线，进而得到不考虑局部屈曲影响的耗能量指标 $\bar{E}_{ub}$。图 6-6 以构件 W-0.2-80-15 为例，分别显示了考虑局部屈曲和不发生局部屈曲的 $\bar{M}-\bar{\varphi}$ 滞回曲线。

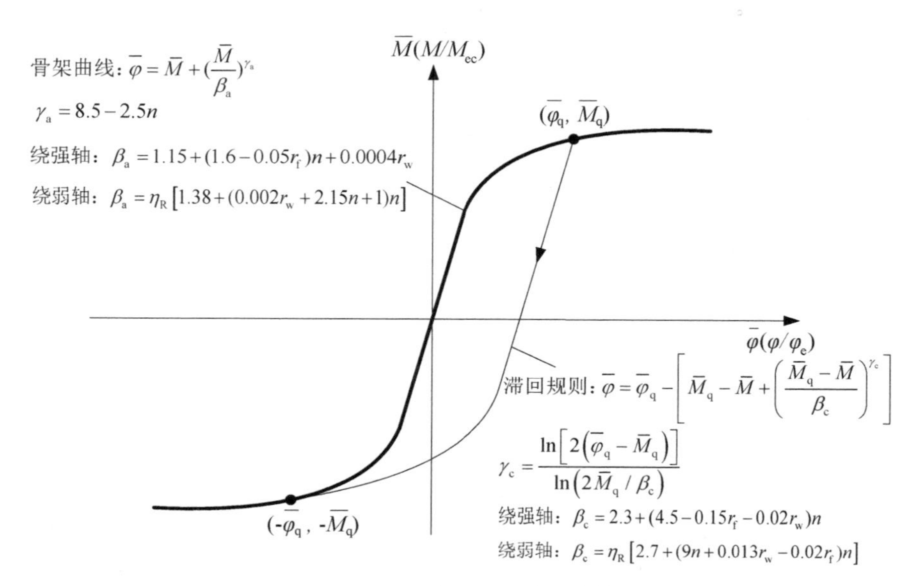

图 6-5　屈曲铰极限前恢复力模型

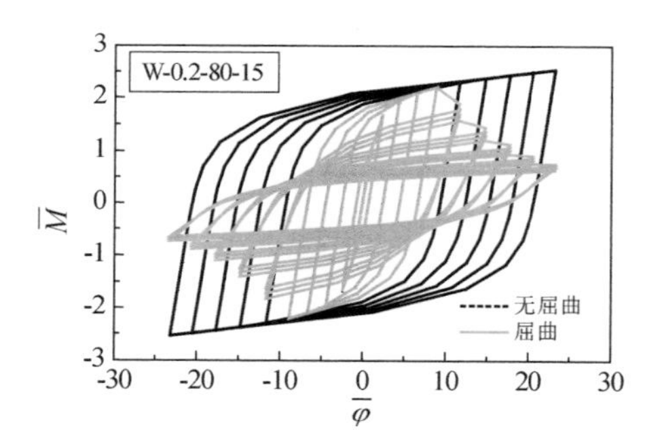

图 6-6　屈曲和无屈曲滞回曲线

6.1.4　典型构件耗能发展过程

本节以不同宽厚比及轴压比组配下的几个典型构件绕不同截面主轴压弯为例，探究 H 形截面屈曲铰的耗能发展过程及各耗能指标与板件宽厚比及轴压比的定性关系。第 5 章已完成各构件的 Abaqus 数值分析，可得到各构件的 $M-\varphi$ 曲线和 $N-w$ 曲线，进而得到每个加载循环（ $0\rightarrow\overline{\varphi}\rightarrow-\overline{\varphi}\rightarrow0$ ）的总耗能量 $\overline{E}$ 和弯曲耗能量 $\overline{E}_M$，逐级累加可到各构件 $\overline{E}$ 、$\overline{E}_M$ 及 ζ_M 发展过程。根据图 6-5 屈曲铰极限前恢复力模型，可得到各构件不发生屈曲的 $\overline{M}-\overline{\varphi}$ 滞回曲线，提取每个加载循环的 $\overline{E}_{ub}$，逐级累加可得到各构件 $\overline{E}_{ub}$ 及 ζ_b 发展过程。具体的加载制度参见图 5－13。

1. 典型构件绕强轴压弯耗能发展过程

分析了构件 S－45－9 和 S－80－15 在各轴压比(n=0、0.2、0.4)下绕强轴压弯的耗能关系。将各构件的不屈曲及屈曲的累积总耗能量指标 $\overline{E}_{ub}$ 及 $\overline{E}$ 均列于图 6－7 中。从中可以看到除构件 S－0.2－80－15 和 S－0.4－80－15(因退化严重过早完全破坏),其他各构件不屈曲的耗能指标 $\overline{E}_{ub}$ 的发展趋势及总量随板件宽厚比及轴压比略有变化,但整体差异较小,说明不屈曲时,屈曲铰的耗能能力是稳定的。这是因为极限前恢复力模型虽与板件宽厚比及轴压比有关,但整体形状差异较小。板件宽厚比及轴压比对 $\overline{E}$ 的影响趋势显著,具体表现为 $\overline{E}$ 随着板件宽厚比及轴压比的增大而显著减小;这是因为板件宽厚比及轴压比的增大会导致局部屈曲的提前发生,并加速屈曲后承载力及刚度的退化,使构件很快不能承载。

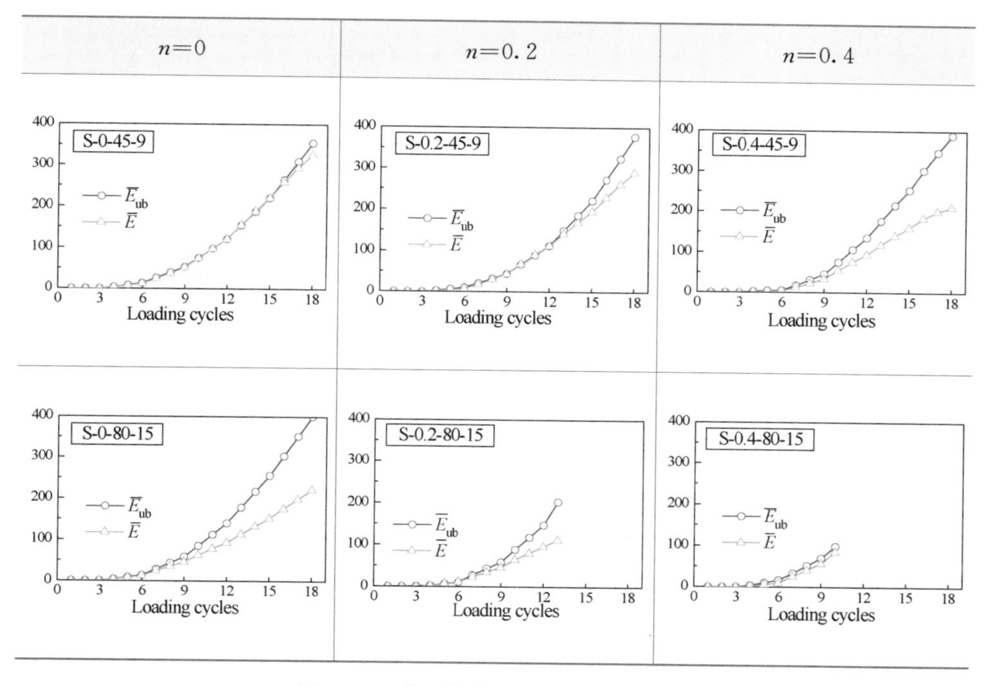

图 6－7　典型构件累积耗能发展过程

弯曲耗能系数 ζ_M 表征了屈曲铰能量耗散的组成方式,屈曲耗能系数 ζ_b 表征了屈曲模式对耗能能力的影响,将各构件 ζ_M 及 ζ_b 分别列于图 6－8 与图 6－9 中。当 $n=0$ 时,无轴压力做功,$\zeta_M = 1$;$n \neq 0$ 时,可以看到轴压比及板件宽厚

比对 ζ_M 及 ζ_b 影响趋势相同，宽厚比和轴压比的增大会加速 ζ_M 及 ζ_b 的退化速率。

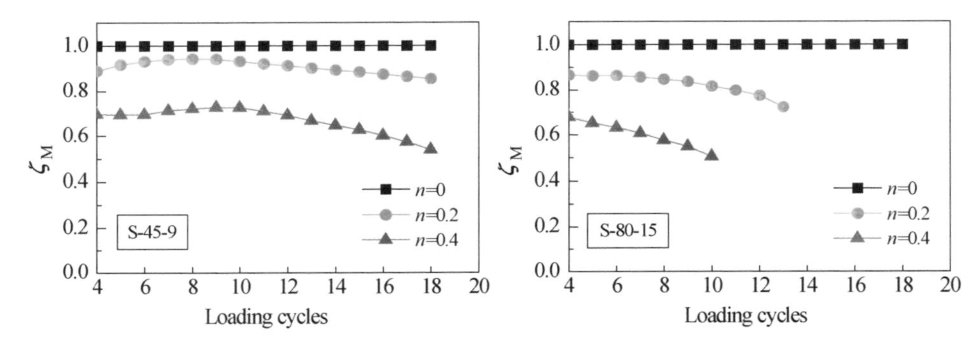

图 6-8 典型构件 ζ_M 发展过程

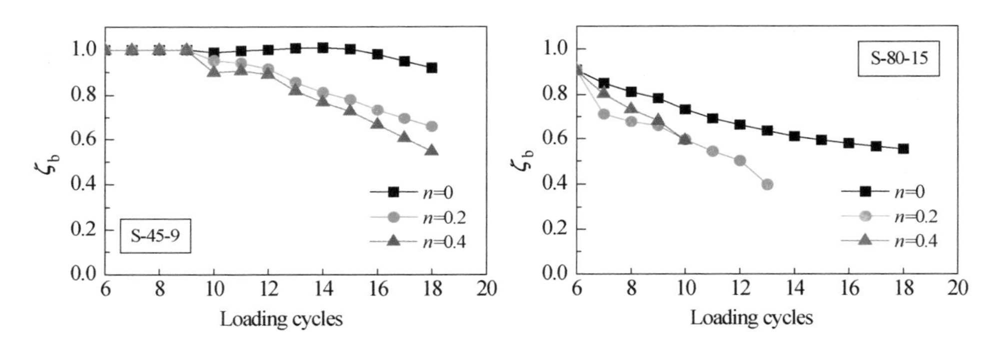

图 6-9 典型构件 ζ_b 发展过程

2. 典型构件绕弱轴压弯耗能发展过程

分析了构件 W-45-9、W-80-15 及 W-120-25 在各轴压比(n=0、0.2、0.4)下绕弱轴压弯的耗能关系。将各构件屈曲及不屈曲的累积总耗能量 $\overline{E}$ 及 $\overline{E}_{ub}$ 均列于图 6-10 中。从中可以看到除构件 W-0.4-120-25(因退化严重过早完全破坏)，各构件不屈曲的耗能量 $\overline{E}_{ub}$ 的发展趋势及总量随板件宽厚比及轴压比略有变化，但整体差异较小，与绕强轴压弯的发现相似。板件宽厚比对 $\overline{E}$ 影响显著，具体表现为 $\overline{E}$ 随着板件宽厚比的增大而显著减小，这是因为板件宽厚比越大，屈曲越早发生，屈曲后退化越严重。轴压比对 $\overline{E}$ 的影响主要体现在宽厚比较大的构件上，这是因为当板件宽厚比较小时，在加载区间无局部屈曲发生，因此轴压比的影响不明显；而当板件宽厚比较大时，轴压比的增大会导致局部屈曲的提前发生，并加速屈曲后承载力及刚度的退化。

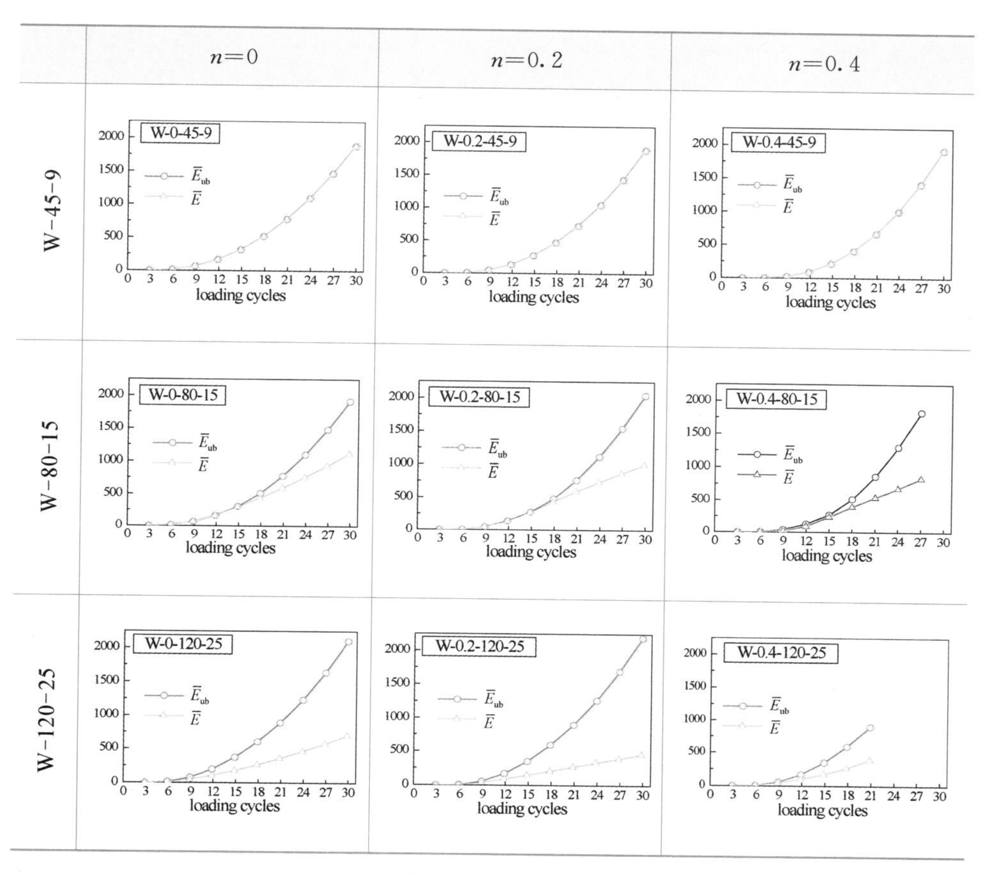

图 6 - 10　典型构件累积耗能发展过程

将各构件 ζ_M 及 ζ_b 分别列于图 6 - 11 与图 6 - 12 中。当 $n=0$ 时，无轴压力做功，$\zeta_M=1$，不考虑。可以看到，$n\neq0$ 时，轴压比及板件宽厚比均对 ζ_M 有较大影响，且轴压比与宽厚比的影响是相互耦合的。具体表现为当板件宽厚比较小时，屈曲铰在加载范围内不屈曲，$\zeta_M\approx1$，轴压比几乎无影响；而随着板件宽厚比的增大，轴压比对屈曲铰的屈曲行为影响显著，轴压比越大，$\overline{E}_M$ 在屈曲铰

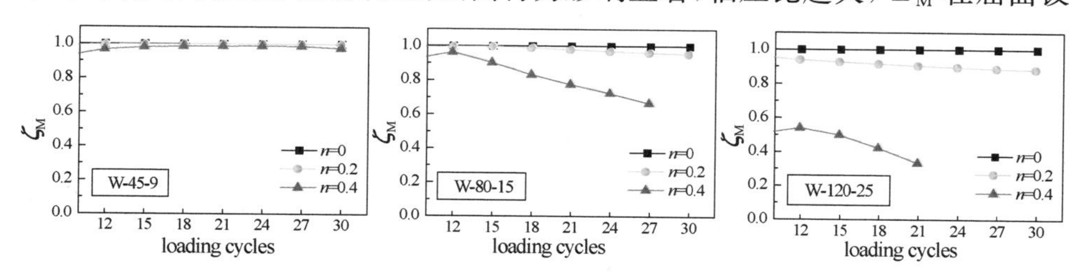

图 6 - 11　典型构件 ζ_M 发展过程

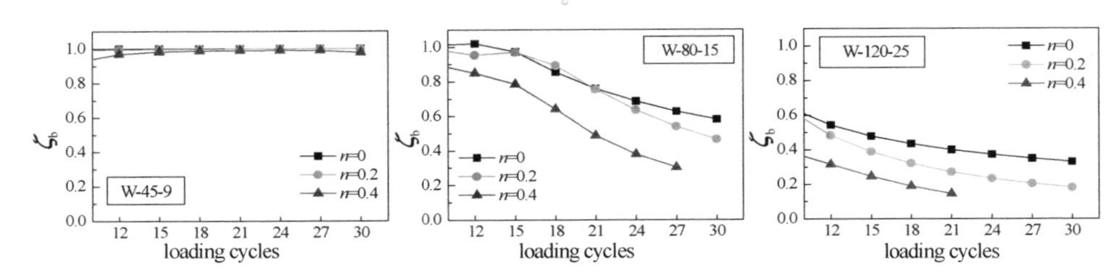

图 6-12 典型构件 ζ_b 发展过程

总耗能量中的比例越小,轴压力耗能越大,ζ_M 越小,构件抵抗地震作用的能力越弱。如构件 W-0.4-120-25,ζ_M 在加载后期只有 0.3,说明此时屈曲变形过大,截面在以一种不稳定的方式在耗能,不适宜再承载。ζ_b 综合体现了轴压比及宽厚比对截面屈曲性能及耗能能力的影响。

3. 屈曲铰耗能发展过程小结

对于 H 形截面屈曲铰绕不同主轴压弯时,耗能系数有较大差别。相同宽厚比及轴压比的屈曲铰绕弱轴压弯时 ζ_M 及 ζ_b 要大于其绕强轴压弯的情况,再次说明了加载方向对构件性能有重要影响。这是因为加载方向的改变会改变屈曲铰屈曲发生时序及屈曲后性能,即改变了屈曲铰的屈曲模式。

ζ_M 主要体现了能量的分配方式,与轴压力的影响一致,但轴压力为 0 或轴压比较小时,无法体现出屈曲的影响。图 6-7 和图 6-10 表明各构件单轴压弯不屈曲的耗能指标 $\overline{E}_{ub}$ 是稳定的,因为极限前恢复力模型虽与板件宽厚比及轴压比有关,但整体形状差异较小,故宽厚比及轴压比对 $\overline{E}_{ub}$ 的发展趋势及总量的影响均较小。说明在相同的加载制度下,ζ_b 直接代表了 $\overline{E}_M$ 的大小程度,可综合体现轴压比及宽厚比对屈曲铰耗能能力的影响,因此 ζ_b 可作为评价屈曲铰消耗地震能量能力的推荐设计指标。

6.2 H 形截面屈曲铰单轴压弯综合性能

6.2.1 分析方法

为考察 H 形截面屈曲铰单轴压弯的承载力-延性-耗能能力的综合性能,本节基于 5.5.1 节 H 形截面铰区单轴压弯恢复力模型基本步骤,得到了不同宽厚比及轴压比组配下的 H 形截面铰区分别绕强、弱轴压弯的滞回曲线($\overline{M}-\overline{\varphi}$)。参数的设置见表 6-1 所示,其中 n 的取值范围 0～0.4,隔 0.1 取值;r_f 的取值范围10～30，隔2取值；r_w的取值范围50～120，隔10取值。

表6-1　参数设置

n	0，0.1，0.2，0.3，0.4
r_f	10，12，14，16，18，20，22，24，26，28，30
r_w	50，60，70，80，90，100，110，120

表征屈曲铰的承载力-延性-耗能能力的相关指标 $\overline{M}_u-\mu-\zeta_b$ 的计算方法如下：

1. 极限抗弯承载力 $\overline{M}_u$

无量纲化的构件极限抗弯承载力 $\overline{M}_u$ 显示了达到极限状态时截面塑性的发展程度，对于一般非塑性铰截面，局部屈曲的发生对应着截面达到极限状态，因此 $\overline{M}_u$ 显示了局部屈曲发生时序。各构件的极限抗弯承载力 $\overline{M}_u$ 根据图4-20的有效塑性宽度法得到。

2. 延性系数 μ

延性在一定程度上表征了屈曲铰的塑性变形能力，延性系数 μ 定义为：

$$\mu=\frac{\varphi'_u}{\varphi_e}=\overline{\varphi}'_u \tag{6-10}$$

式中，$\overline{\varphi}'_u$ 为极限后0.85倍极限荷载所对应的曲率，可从骨架曲线得到。

绕强轴压弯的延性系数 μ 的计算公式如下：

$$\mu=\overline{\varphi}'_u=\overline{\varphi}_u+\frac{0.15\,\overline{M}_{ux}}{\alpha_b} \tag{6-11}$$

绕弱轴压弯的延性系数 μ 的计算公式如下：

$$\mu=\overline{\varphi}'_u=\overline{\varphi}_u+\frac{0.15\,\overline{M}_{uy}}{\alpha_b}+\left(\frac{0.15\,\overline{M}_{uy}}{\beta_b}\right)^{\gamma_b} \tag{6-12}$$

式(6-11)和式(6-12)中的 $\overline{\varphi}_u$，α_b，β_b，γ_b 的计算方法分别参见第5章相关章节。

3. 屈曲耗能系数 ζ_b

屈曲耗能系数 ζ_b 表征了屈曲铰的耗能能力，图6-9及图6-12显示 ζ_b 是过程依赖的量，与加载历史有关，无法直接应用，因此必要提出 ζ_b 的定量计算方法。基于5.5.1节的恢复力模型基本步骤，按图6-13的加载制度，按屈服曲率的倍数为级差进行加载，即取 $\overline{\varphi}=\pm1$、±2、±3……作为加载的回载控制点，每

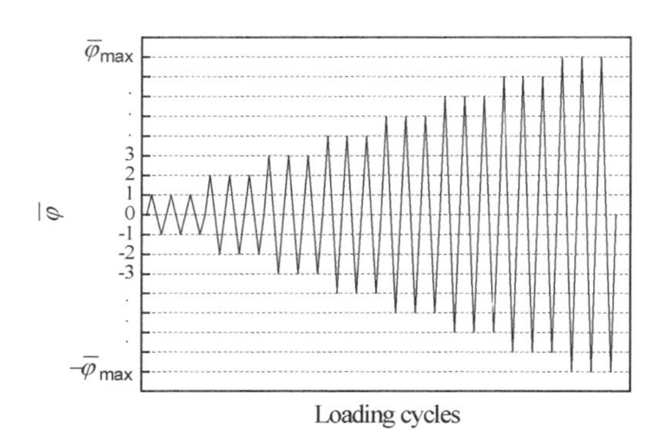

图 6-13　加载制度

级循环 3 圈。规定计算终止点为屈曲铰的转角 $\theta_{max}=0.02$ rad，此时：

$$\overline{\varphi}_{max}=\frac{0.02}{L_h\varphi_e} \tag{6-13}$$

按式(6-13)算出的 $\overline{\varphi}_{max}$ 不为整数，为计算方便，根据四舍五入的方法，将其取整。分别求取各构件的屈曲与不屈曲的 $\overline{M}-\overline{\varphi}$ 滞回曲线，进而得到各构件的屈曲耗能系数 ζ_b。

6.2.2　H 形截面屈曲铰绕强轴压弯综合性能

将表 6-1 设置的宽厚比及轴压比组配下的屈曲铰段绕强轴压弯的承载力-延性-耗能相关指标 $\overline{M}_{ux}-\mu-\zeta_b$ 列于图 6-14 中。可以看到 $\overline{M}_{ux}$、μ 及 ζ_b 的变化趋势体现了塑性阶段板件相关作用的影响，各项性能均随着板件宽厚比及轴压比的增大而减小。

将 $\mu=3$ 作为延性类别的分界，认为 $\mu<3$ 的屈曲铰变形能力较差，不能用于抗震设计。从图 6-14 找出 $\mu=3$ 的宽厚比及轴压比组配点，拟合出 $\mu=3$ 的宽厚比关系，如下式所示：

$$R_{\mu x}=38-30n-0.15r_w \tag{6-14}$$

当 $r_f\leqslant R_{\mu x}$ 时，$\mu\geqslant 3$；当 $r_f>R_{\mu x}$ 时，$\mu<3$。

根据图 6-14，拟合出 ζ_b 的表达式，如下：

$$\zeta_b=1.68-(0.035+0.05n-0.00025r_w)r_f-0.009r_w-0.4n \tag{6-15}$$

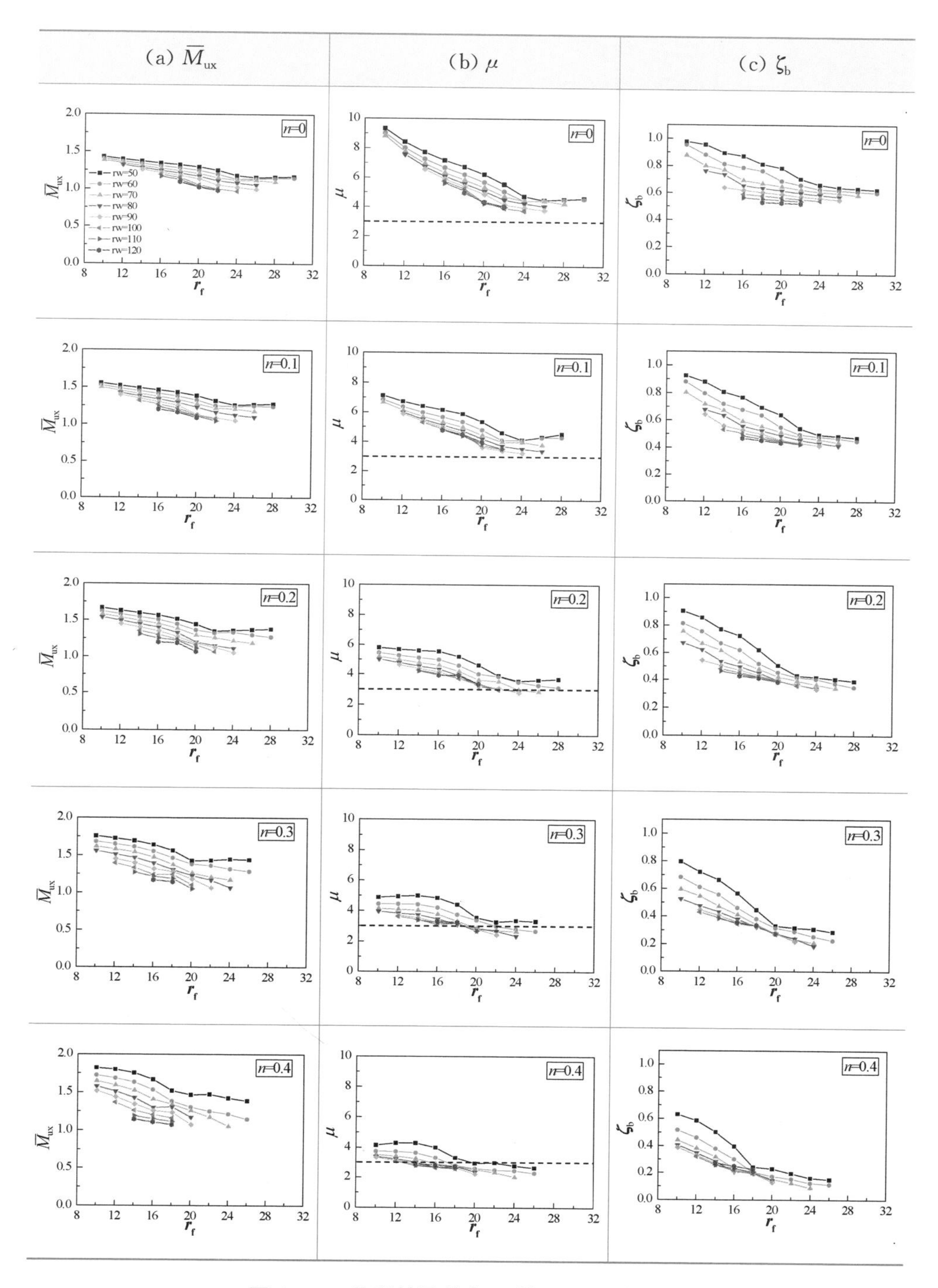

图 6－14　绕强轴承载力-延性-耗能计算结果

将按式(6－15)的计算结果列于图 6－15 中，可见 ζ_b 较好的反映了板件宽厚比及轴压比对屈曲铰耗能能力的影响趋势。

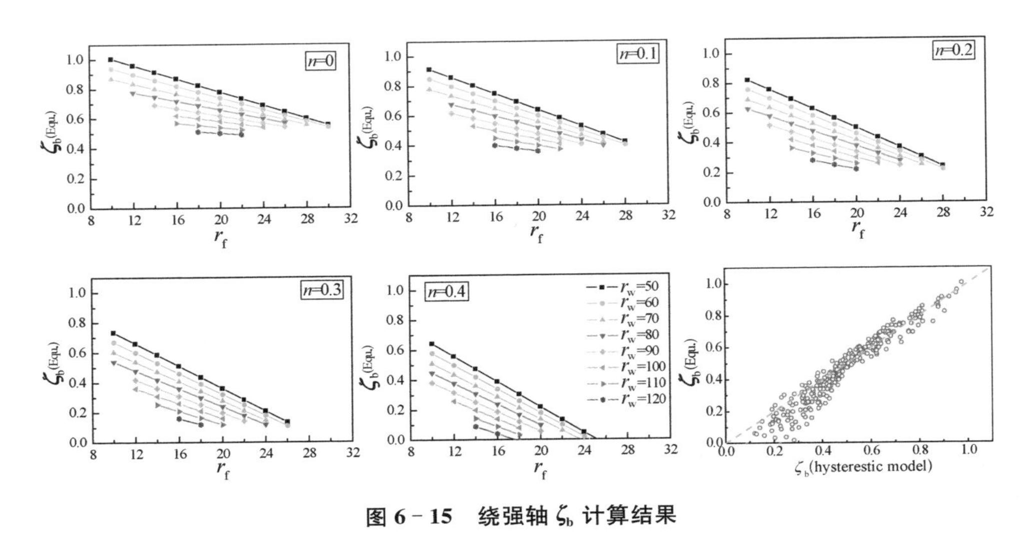

图 6－15　绕强轴 ζ_b 计算结果

6.2.3　H 形截面屈曲铰绕弱轴压弯综合性能

将表 6－1 设置的宽厚比及轴压比组配下的屈曲铰段绕强轴压弯的承载力-延性-耗能相关指标 $\overline{M}_{uy}-\mu-\zeta_b$ 列于图 6－16 中。可以看到 $\overline{M}_{uy}-\mu-\zeta_b$ 的变化趋势均体现了塑性阶段板件相关作用的影响。对于 H 形截面构件绕弱轴压弯的情况，翼缘宽厚比及轴压比对其非线性性能影响显著，腹板宽厚比对截面性能的影响依赖于轴压比的大小，当轴压比较小时，腹板宽厚比对截面各项性能的影响均可忽略，当轴压比增大时，腹板宽厚比的增大会使 $\overline{M}_{uy}-\mu-\zeta_b$ 均有不同程度的退化。

与第 4 章研究结果一致，参数分析范围内的所有截面的 $\overline{M}_{uy}$ 均大于 1，说明参数分析范围内的截面在达到极限状态时均能发展不同程度的塑性。μ 和 ζ_b 具有相似的规律，均随着板件宽厚比及轴压比的增加而减小。相比发现对于板件宽厚比和轴压比较小的截面，由于局部屈曲发生较晚，$\zeta_b=1$，因此该类截面的抗震能力只能通过 μ 反应。而对于板件宽厚比及轴压比较大的截面，延性系数趋于稳定(板件宽厚比的变化对其影响不大)，所有截面的延性系数 μ 均大于 3，而 ζ_b 对宽厚比的变化较为敏感，因此有必要考虑 ζ_b 的变化。

拟合出 ζ_b 的表达式，如下：

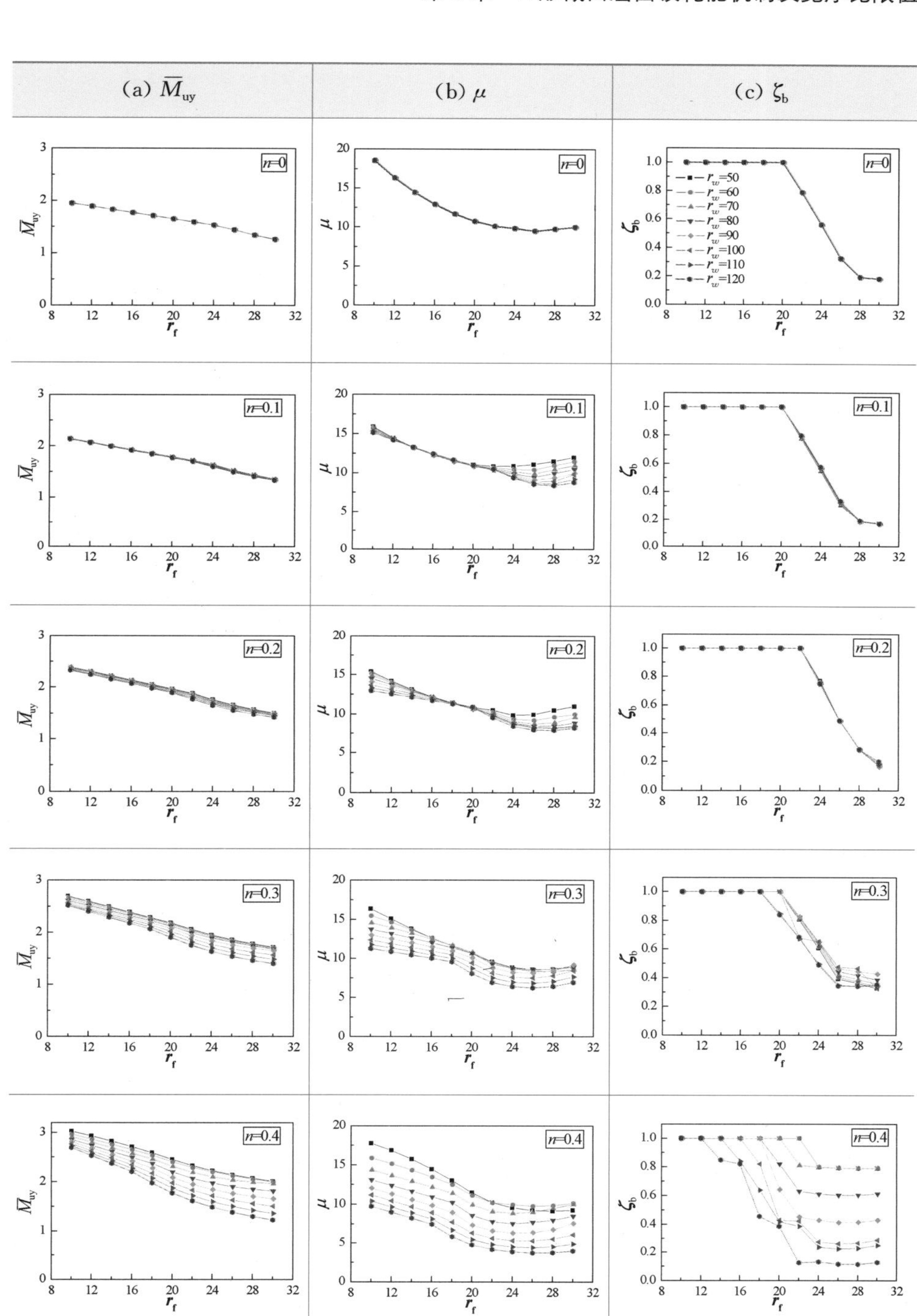

图 6－16　绕弱轴承载力-延性-耗能计算结果

$$\zeta_b=\begin{cases}3.145-(0.105-0.175n)r_f-0.0145nr_w-3n, & r_f\geqslant 21-(0.3r_w-21)n\\ 1, & r_f<21-(0.3r_w-21)n\end{cases}\tag{6-16}$$

将按式(6-16)的计算结果列于图 6-17 中。

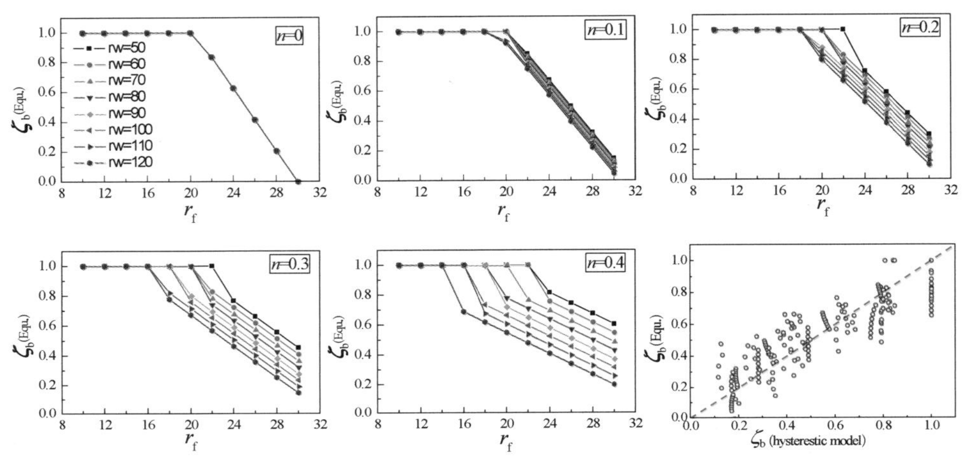

图 6-17　绕弱轴 ζ_b 计算结果

6.3　屈曲铰宽厚比限值

根据 6.1.1 节的定义，"屈曲铰"的承载力要能够达到或超过边缘屈服弯矩 M_{ec}，极限后仍有一定的非线性变形能力且承载力不发生急剧退化，使框架内力的重分布变成可能。图 6-14 及图 6-16 均表明，当板件宽厚比和轴压比较大时，铰区的承载力、延性及耗能能力均表现出非常不利的结果，不满足屈曲铰的条件，不建议在抗震结构采用。为将非塑性铰截面构件引入抗震结构，本节根据屈曲铰的定义，给出了屈曲铰的宽厚比限制范围。

6.3.1　屈曲铰条件

根据屈曲铰的定义，结合图 6-14 及图 6-16，满足式(6-17)—式(6-19)的 3 个条件的截面即可认为满足屈曲铰的要求。所提议的设计概念分别考虑了对构件承载力、延性和耗能能力的要求。这一规定保证了在经历极限荷载后，构

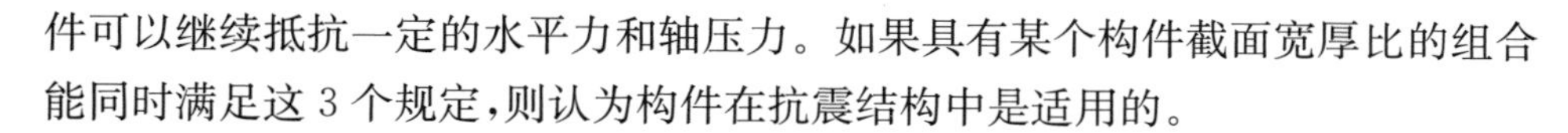

件可以继续抵抗一定的水平力和轴压力。如果具有某个构件截面宽厚比的组合能同时满足这 3 个规定,则认为构件在抗震结构中是适用的。

$$\bar{M}_u \geqslant 1 \tag{6-17}$$

$$\mu \geqslant 3 \tag{6-18}$$

$$\zeta_b \geqslant 0.3 \tag{6-19}$$

6.3.2 屈曲铰限值范围

1. 绕强轴压弯情况

4.5.1 节提出了Ⅲ类截面的宽厚比限值,也即给出了满足式(6-17) $\bar{M}_{ux} \geqslant 1$ 的宽厚比限值,为:

$$r_f \leqslant R_{ex} = 40 - 0.13r_w - 13n \leqslant 30 \tag{6-20}$$

根据图 6-14,可找到满足式(6-18) $\mu \geqslant 3$ 的宽厚比限值,如下:

$$r_f \leqslant R_{\mu x} = 38 - 30n - 0.15r_w \tag{6-21}$$

式中,$R_{\mu x}$ 为屈曲铰延性条件宽厚比限制。

根据式(6-15),当 $\zeta_b = 0.3$ 时,有:

$$R_{Ex} = \frac{1.38 - 0.009r_w - 0.4n}{0.035 + 0.05n - 0.000\,25r_w} \tag{6-22}$$

式中,R_{Ex} 为屈曲铰耗能条件宽厚比限制。满足 $r_f \leqslant R_{Ex}$,即满足式(6-19) $\zeta_b \geqslant 0.3$。

综上,非塑性铰 H 形截面钢构件绕强轴压弯的屈曲铰宽厚比限值为:

$$r_f \leqslant \min\{R_{ex}, R_{\mu x}, R_{Ex}, 30\} \tag{6-23}$$

2. 绕弱轴压弯情况

对于参数分析范围内的宽厚比及轴压比,$\bar{M}_{uy} \geqslant 1$ 及 $\mu \geqslant 3$ 的条件自动满足。根据式(6-16),当 $\zeta_b = 0.3$ 时,有:

$$R_{Ey} = \frac{2.845 - 0.014\,5nr_w - 3n}{0.105 - 0.175n} \tag{6-24}$$

式中,R_{Ey} 为屈曲铰耗能条件宽厚比限制。满足 $r_f \leqslant R_{Ey}$,即满足 $\zeta_b \geqslant 0.3$。

综上,非塑性铰 H 形截面钢构件绕弱轴压弯的屈曲铰宽厚比限值为:

$$r_{\mathrm{f}} \leqslant \{R_{\mathrm{Ey}}, 30\} \tag{6-25}$$

3. 综合考虑绕不同截面主轴压弯情况

满足式(6-23)与式(6-25)的构件就认为满足屈曲铰的条件，根据式(6-23)与式(6-25)，图 6-18 给出了典型轴压比下的屈曲铰的宽厚比限值情况。可以发现绕强轴压弯的延性及耗能控制条件是屈曲铰的主要控制条件。随着轴压比的增大，宽厚比的限值越为严格。

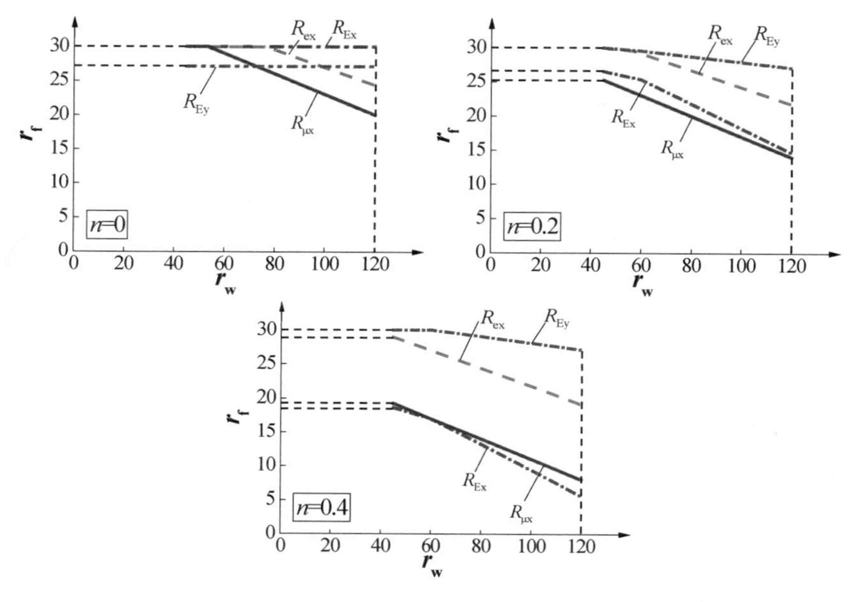

图 6-18　屈曲铰宽厚比限值

6.4　本章小结

本章针对铰区局部失稳的转动变形特点，阐述了屈曲铰的概念，揭示了屈曲铰的屈曲耗能机理，提出了评价屈曲铰耗能能力的屈曲耗能系数的定量计算方法，并给出了屈曲铰用于抗震结构中的宽厚比限值。通过本章的分析，可得到以下结论：

(1) 屈曲铰屈曲后板条是以部分部位发展塑性的方式消耗能量，仍能具有一定的耗能能力，但耗能能力低于全部部位发展塑性的无屈曲板条，即不同构件

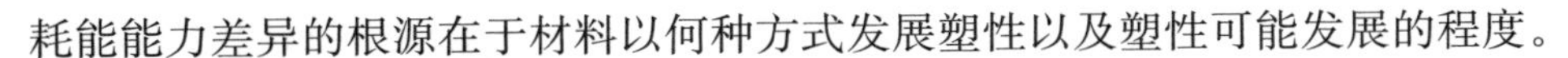

耗能能力差异的根源在于材料以何种方式发展塑性以及塑性可能发展的程度。

(2) 宽厚比及轴压比对屈曲铰不发生屈曲的耗能量影响很小，因此可用屈曲耗能系数 ζ_b 作为评价屈曲铰消耗地震能量能力的设计指标。

(3) 基于恢复力模型，根据大量参数分析得到了绕不同截面主轴压弯的考虑板件屈曲相关作用的屈曲耗能系数 ζ_b 的定量表达式。

(4) 提出了综合考虑承载-延性-耗能的屈曲铰条件，以此为基础给出了 H 形截面构件绕不同主轴压弯的屈曲铰的宽厚比限值。

H 形截面钢构件双向压弯分析

本书绪论阐述了研究梁柱构件双向压弯性能的必要性。目前国内外对 H 形截面构件双向压弯的研究对象主要为塑性铰 H 形截面(Ⅰ类截面)构件,且研究重心在获取该类截面构件在竖向荷载在双向偏心加载条件下的单调性能;而对由局部失稳控制的非塑性铰 H 形截面构件双向压弯性能的研究非常缺乏,尤其是对该类构件由双向水平侧移产生双向弯矩的加载模式的非线性反应更为匮乏。

7.1 H 形构件双向压弯特点

7.1.1 H 形构件双向压弯受力及变形特点

根据图 2-1 的等效原理,本章选取悬臂构件柱顶承受常轴压力及两主轴方向的水平力作为基本加载模式,如图 7-1(a)所示,其中 $L=1\ 500$ mm。由于双向压弯构件一经荷载作用就出现两个方向的挠度和扭转角,构件在弹塑性状态达到极限状态时,属于极值点失稳问题[128]。

H 形构件双向压弯的受力及变形特性如图 7-1(b)所示,在此受力状态下柱底截面将受到 6 个反力的共同作用,包括轴力 N、剪力 V_x(弱轴方向剪力)和 V_y(强轴方向剪力)、弯矩 M_x(绕强轴弯矩)和 M_y(绕弱轴弯矩)及二阶扭矩 M_z;构件不但会发生弯矩作用平面内的位移(u_x, u_y),还会发生扭转变形(γ)。H 形截面在绕强轴方向的抗弯刚度 EI_x很大,而绕弱轴方向的抗弯刚度 EI_y、抗扭刚度 GI_t和抗翘曲刚度 EI_ω均较小,因而弱轴方向的挠度 u_x和绕纵轴的扭转角 γ 均可能较大,轴压力产生的二阶弯矩及剪力产生的二阶扭矩不可忽略。柱底截面的弯矩及扭矩表达式为:

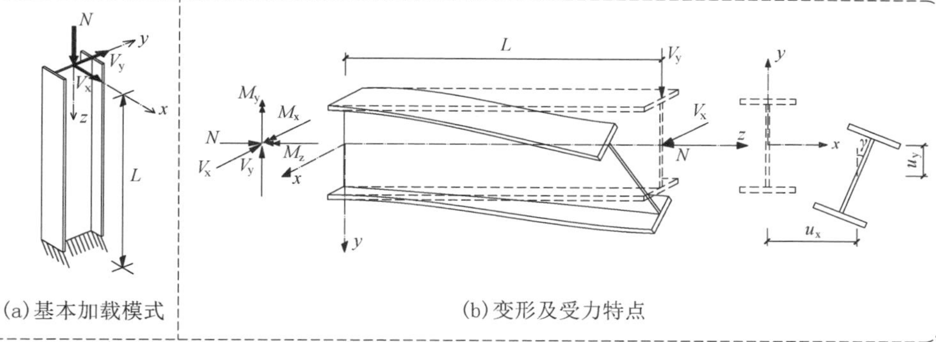

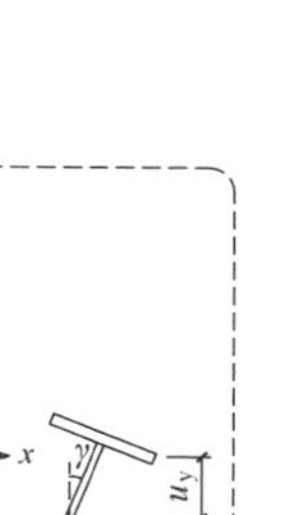

(a) 基本加载模式　　(b) 变形及受力特点

图 7-1　H 形构件双向压弯受力及变形特点

$$M_x = V_y L + N u_y. \tag{7-1}$$

$$M_y = V_x L + N u_x \tag{7-2}$$

$$M_z = V_x u_y - V_y u_x \tag{7-3}$$

由于 H 形截面两主轴方向的抗弯刚度相差较大，双向加载时，合力与合位移方向不重合，如图 7-2 所示。弹性阶段，合位移 u 与合力 V 的方向保持不变；进入塑性或屈曲状态后，u 与 V 的关系呈现非线性，u 与 V 的方向随着加载历史发生改变，这是空间加载非线性反应的重要特点。

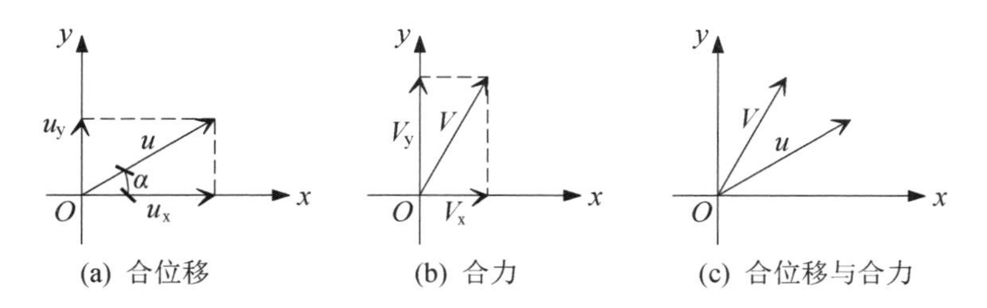

(a) 合位移　　(b) 合力　　(c) 合位移与合力

图 7-2　H 形构件双向压弯合力与合位移关系示意图

7.1.2　弹性阶段性能与屈服位移

在外荷载作用下，构件截面上的弯矩主要依靠截面上各点的纵向正应力来承受。弹性阶段，柱底截面的应力分布形式见图 7-3，任一点的应力可由截面内力得到：

$$\sigma=\frac{N}{A}+\frac{M_x}{I_x}y+\frac{M_y}{I_y}x+\frac{B_\omega}{I_\omega}\omega_n \tag{7-4}$$

式(7-4)的第一项是轴压正应力;第二项和第三项是弯曲正应力;最后一项是翘曲正应力。

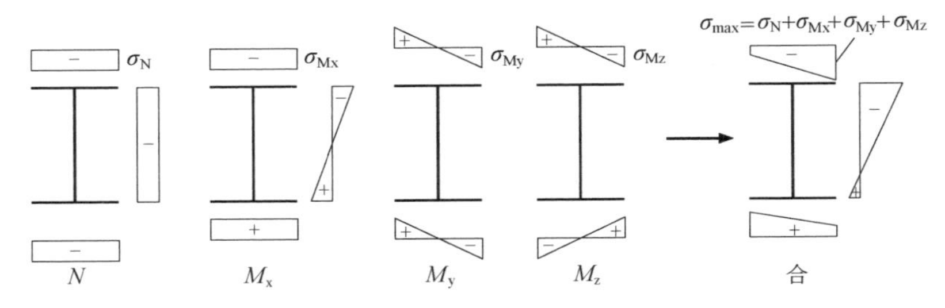

图 7-3　弹性阶段正应力分布图

注:+表示拉应力,一表示压应力

弹性阶段变形较小,可不考虑二阶弯矩与二阶扭矩的影响,截面最大应力表示为:

$$\sigma_{max}=\sigma_N+\sigma_{Mx}+\sigma_{My} \tag{7-5}$$

$$\sigma_N=\frac{N}{A}=nf_y \tag{7-6}$$

$$\sigma_{Mx}=\frac{M_x}{I_x}\frac{h}{2}=\frac{M_x}{W_x} \tag{7-7}$$

$$\sigma_{My}=\frac{M_y}{I_y}\frac{b}{2}=\frac{M_y}{W_y} \tag{7-8}$$

双向弯矩 M_x和 M_y可简单按悬臂受弯梁弹性理论得到,如下:

$$M_x=V_yL=\frac{3EI_x}{L^2}u_y \tag{7-9}$$

$$M_y=V_xL=\frac{3EI_y}{L^2}u_x \tag{7-10}$$

故有:

$$\frac{M_x}{M_y}=\frac{V_y}{V_x}=\frac{I_x}{I_y}\frac{u_y}{u_x}=\frac{I_x}{I_y}\tan\alpha \tag{7-11}$$

$$\frac{\sigma_{Mx}}{\sigma_{My}}=\frac{M_x}{W_x}\Big/\frac{M_y}{W_y}=\frac{I_x}{I_y}\tan\alpha\cdot\frac{W_y}{W_x}=\frac{h}{b}\tan\alpha \tag{7-12}$$

根据边缘屈服理论，由 $\sigma_{max}=f_y$ 可确定屈服位移 u_{ex}（x 方向屈服位移分量），u_{ey}（y 方向屈服位移分量）及 u_e（屈服合位移），如下：

$$u_{ex}=\frac{2(1-n)L^2f_y}{3(b+h\tan\alpha)E} \tag{7-13}$$

$$u_y=\frac{2(1-n)L^2f_y}{3(h+b/\tan\alpha)E} \tag{7-14}$$

$$u_e=\frac{2(1-n)L^2f_y}{3(b\cos\alpha+h\sin\alpha)E} \tag{7-15}$$

7.1.3　有限元分析方法

本章采用 Abaqus 作为主要计算工具，建模时材料与单元类型、网格划分、初始缺陷及分析步骤均与第 3 章单轴压弯的模型相同，双向压弯的边界条件见图 7-4。采用位移加载模式，定义合位移方向与 x 轴的夹角 α 定义为加载方向角（图 7-2a）。

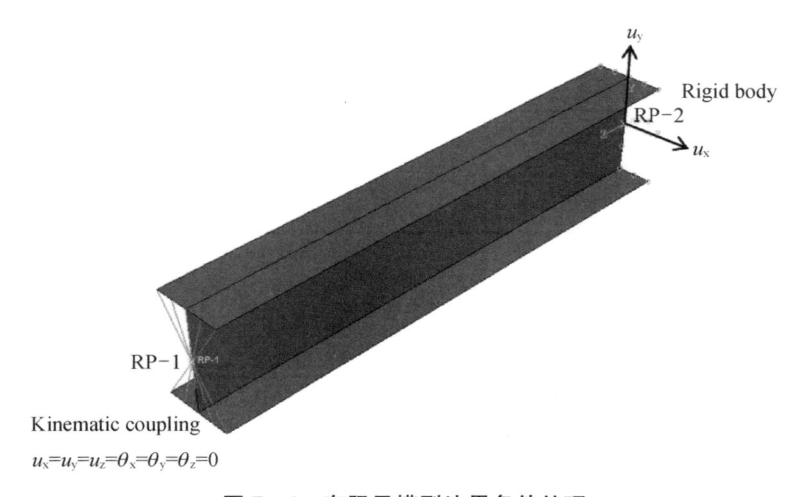

图 7-4　有限元模型边界条件处理

本章将重点考察产生正应力的项包括 N、M_x、M_y、M_z 与 u_x、u_y、γ 的非线性关系。

7.2 H形构件双向压弯单调性能

7.2.1 单调分析参数设置

为考察 H 形截面钢构件双向压弯性能，对轴压比为 0.2 的三个不同宽厚比组配下的 H 形悬臂构件进行了不同加载方向的单调双向加载分析，相互比较可考察局部屈曲对双向压弯性能的影响程度。3 个构件的基本参数见表 7－1，构件的命名方式为 B－n－r_w－r_f，其中 B 表示双向压弯，M_{ecx} 和 M_{ecy} 为单轴压弯屈服弯矩，分别参见式(2－6)及式(2－7)。

表 7－1 选取构件基本参数表

试件编号	$h\times b\times t_w\times t_f$	r_w	r_f	n	I_x /cm^4	I_y /cm^4	M_{ecx} /(kN·m)	M_{ecy} /(kN·m)
B－0.2－42－10	300×200×8×12	42	10	0.2	11 361	1 601	209.0	44.2
B－0.2－68－15	300×200×5×8	68	15	0.2	7 552	1 067	140.8	29.5
B－0.2－98－20	300×200×3.5×6	98	20	0.2	5 631	800	105.7	22.1

在有限元分析时，采用柱顶加载模式，首先在柱顶施加常轴压力；随后在柱顶沿两主轴方向同时施加水平位移，使 $u_y/u_x = \tan\alpha$。当 $\alpha=0°$时，为沿 x 方向单向加载(绕弱轴方向压弯)；$\alpha=90°$，为沿 y 方向单向加载(绕强轴方向压弯)。分别进行了方向角 $\alpha=0°,15°,30°,45°,60°,75°,90°$(图 7－5)的加载分析。

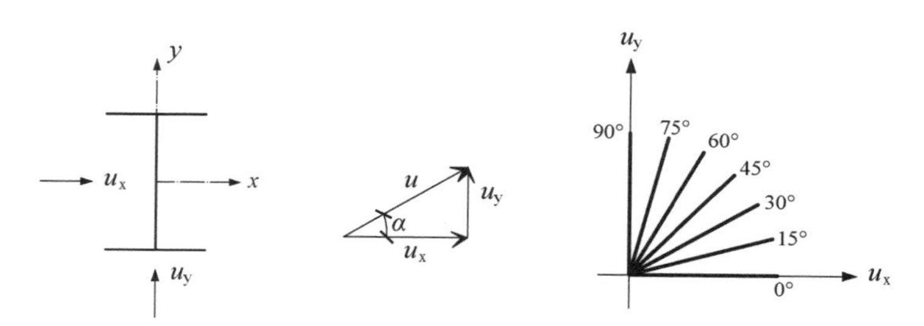

图 7－5 方向角设置

7.2.2　破坏机理

1. 破坏模式

所有构件显示出相同的破坏顺序：第一阶段为弹性阶段；第二阶段构件保持挺直，为无屈曲塑性发展阶段(图7-6(a))；第三阶段为局部屈曲发展阶段(图7-6(b))。所有构件的最终破坏模式均是近柱底部分的局部屈曲破坏，构件其他部位由于弯矩作用较小在加载过程中处于弹性范围，不同构件局部屈曲发生时对应的累积塑性发展程度不同。这与第5章单轴压弯将悬臂构件分成“铰区”与“弹性段”的假设相一致，说明铰区的概念同样适用于双向压弯情况。

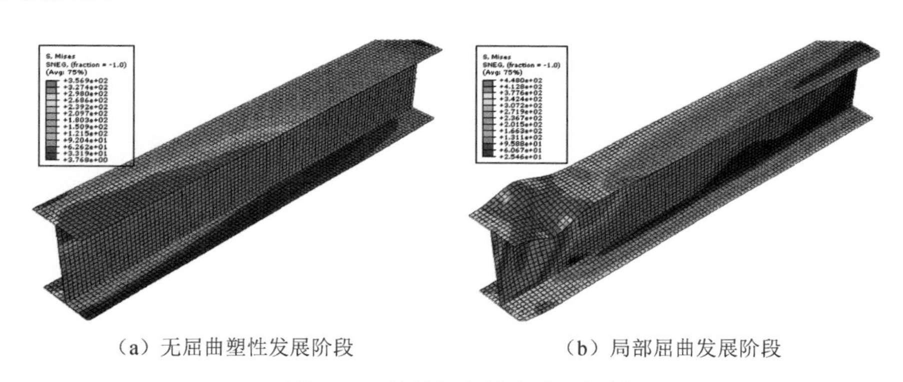

(a) 无屈曲塑性发展阶段　　(b) 局部屈曲发展阶段

图7-6　构件双向压弯破坏机制

2. 典型构件破坏机制

本节以构件B-0.2-42-10和B-0.2-98-20在$\alpha=45°$的加载情况为例，分析这两个构件在$u/u_e \leqslant 5$阶段平均应力及两主轴方向弯矩和扭转变形发展过程(图7-7)，考察构件双向压弯作用下的塑性及屈曲破坏机制。

构件B-0.2-42-10板件宽厚比较小，板件局部屈曲发生较晚。图7-7a的应力发展图显示$u/u_e \leqslant 5$前无局部屈曲的发生，对应着塑性应力在原平衡位形的不断发展，塑性发展的顺序依次为翼缘②，翼缘③，翼缘①，翼缘④。翼缘②达到全塑性($u/u_e=2$)时M_y达到峰值，此后M_y开始逐渐退化；而随着塑性发展的深入，绕强轴方向的抗弯刚度开始有所下降，但抗弯承载力M_x始终保持增长。这是因为扭矩M_z产生的应力对x轴取矩为0，而在翼缘组(例如翼缘①和翼缘③)产生的应力分布形式与M_y分布相同，说明M_z对M_x影响较小，但对M_y有较大影响，导致M_y会在屈曲前发生退化。

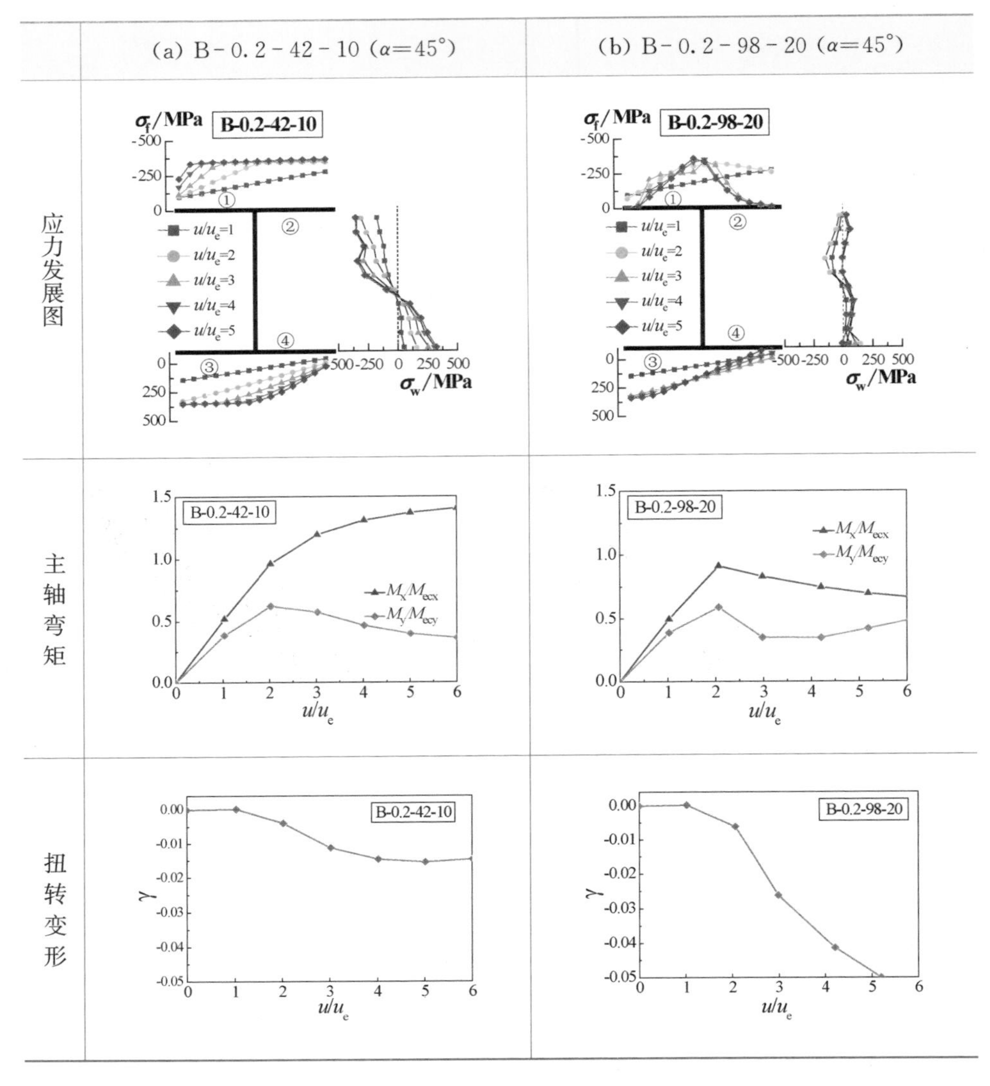

图 7-7　典型构件破坏机制

构件 B-0.2-98-20 板件宽厚比较大，板件局部屈曲较早发生。图 7-7(b)的应力发展图显示 $u/u_e=2$ 时翼缘②发生了局部屈曲，并带动翼缘①及腹板发生股曲变形，屈曲板件平均应力减小，为保持截面力的平衡，翼缘③和④虽未屈曲，但无法再发展增量应力，两主轴方向抗弯承载力同时达到峰值。屈曲翼缘根据应力分布形式分为两段，分别为边缘股曲段和近腹板段，其中屈曲翼缘边缘屈曲变形较大，平均压应力几乎为 0，可认为该段屈曲后退出工作；而近腹板的翼缘部分由于受到腹板约束屈曲后还能保持一定的应力，平均压应力近似等于屈服应力，可认为是有效宽度。故屈曲后两主轴抗弯承载力开始退化，但由于板件屈曲后承载力的作用，屈曲后仍能保持一定的承载力。这与单轴压弯的研究结果相一致。

对比构件B－0.2－42－10和B－0.2－98－20的扭转变形可以发现，后者的扭转变形要远大于前者，说明局部屈曲对扭转变形影响较大。截面发生局部屈曲后，截面翘曲刚度 I_ω退化，而扭矩 M_z持续增长，导致翘曲应力的影响增大，扭转变形增大。

图7－7还显示，M_x达到峰值时对应的是局部屈曲的发生或材料处于硬化状态停止计算，而 M_y达到峰值对应的可能是局部屈曲的发生也可能是无屈曲塑性发展过程中的一点，因此将 M_x达到峰值作为构件的极限状态。

7.2.3　单调参数分析结果

1. 两主轴弯矩-位移关系

提取各构件柱底截面两主轴弯矩 M_x和 M_y（含轴力产生的二阶弯矩），分别用所对应的单轴压弯屈服弯矩 M_{ecx}和 M_{ecy}进行无量纲化；提取柱顶合位移 u，用屈服合位移 u_e将其无量纲化，u_e的计算方法见式(7－15)，将各构件 u/u_e达到10之前无量纲化的主轴弯矩-变形列于图7－8中。

从图7－8可以发现，方向角 α 对 M_x的影响以 M_x的峰值点为界可分为极限前和极限后两阶段，7.2.2节指出 M_x的峰值点对应着局部屈曲的发生时刻，又可称为屈曲前和屈曲后两阶段。可以看到方向角 α 对 M_x屈曲前性能影响较大，而对屈曲后性能影响较小。屈曲前，方向角 α 对 M_x的影响主要体现在屈曲时刻，具体表现为各构件局部屈曲发生时刻对应的 u/u_e随着方向角 α 的增大而减小，该现象在构件0.2－68－15尤为明显。这是因为，单轴压弯的研究结果表明，H形截面绕不同主轴压弯时，截面应力分布形式存在本质差异，一般而言，H形截面绕强轴压弯比绕弱轴压弯时更易失稳。屈曲后，不同的 α 下 M_x差异较小，这是因为屈曲后，屈曲板件的应力分布形式逐渐稳定（不随外载的变化而变化），为维持力的平衡，未屈曲板件的应力分布形式也变化不大，因此虽然加载方向不同，M_x差异较小。

由于 M_y受扭矩影响较大，M_y对方向角 α 的变化较为敏感，对同一构件，不同的 α，M_y发展过程差异较大。α 越大，表明翼缘中压应力越均匀，可供弱轴平面弯矩发展的空间越小，导致 M_y/M_{ecy}越小，反之亦然。

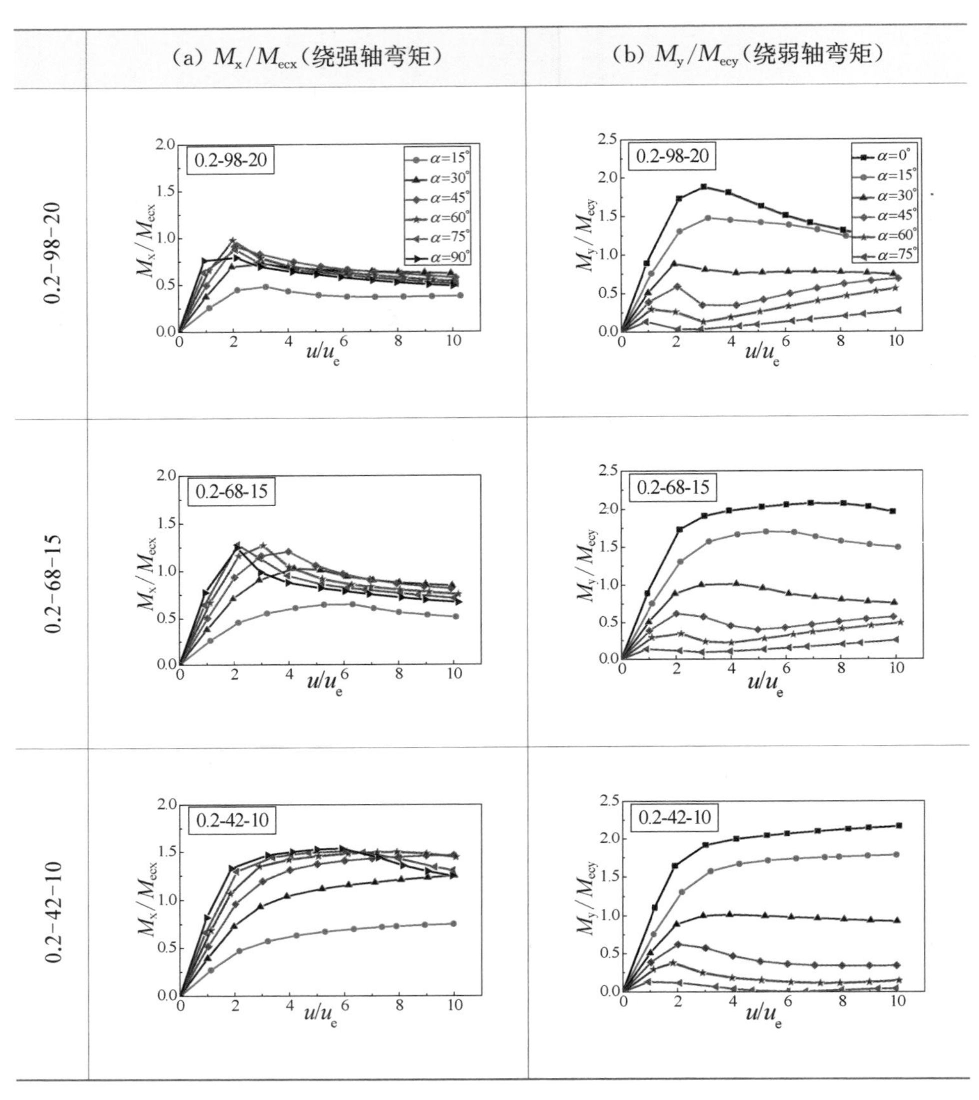

图 7-8　各构件两主轴弯矩-变形图

2. 两主轴弯矩相关关系

不同方向角条件下的两主轴弯矩置于同一幅图中得到 M_x-M_y相关曲线，将每个构件的双向弯矩相关曲线分别列于图 7-9(a)—(c)中，并将 3 个构件的两主轴弯矩包络线汇总于图 7-9 d 中，该包络线也称为极限状态相关曲线，是双向压弯设计的重要依据。可以看到，所计算的 3 个构件的两主轴相关曲线随着板件宽厚比的增大逐渐缩小，但相关曲线具有相似的形状。

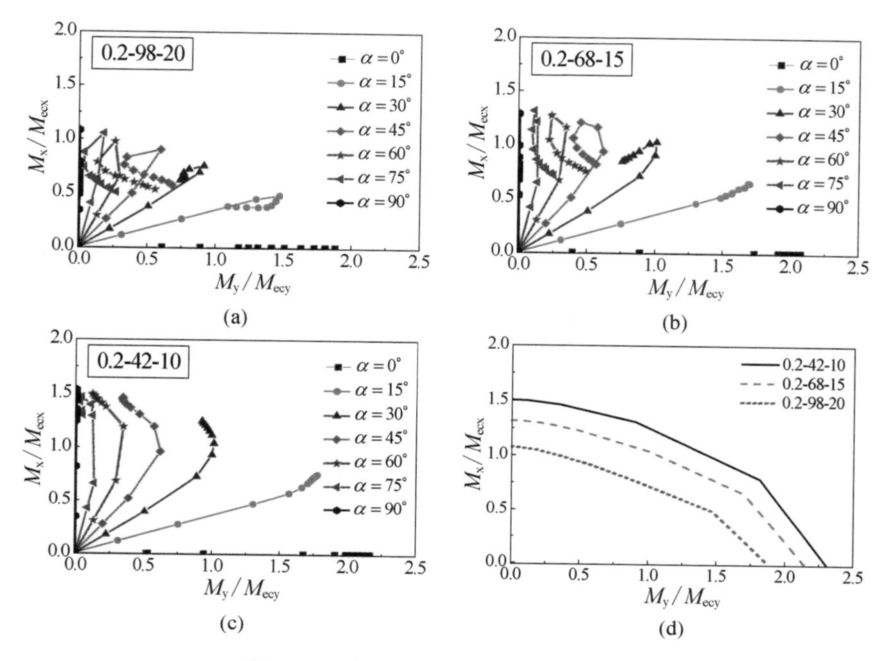

图 7－9　各构件两主轴弯矩相关曲线

3. 扭矩及扭转变形

将各构件 u/u_e 达到 10 之前的扭矩 M_z 及扭转角 γ 汇总于图 7－10 中。扭矩是作用在构件上的二阶作用，依赖于构件的抗弯承载力与塑性变形能力，在加载后期不可忽略，扭矩产生的翘曲正应力会加速截面的塑化及屈曲的发展，加速截面承载力及刚度的劣化，而构件的退化将导致位移的增大，有可能增大扭矩，体现了扭矩作用的不可逆性。

弹性阶段，扭矩的表达式为：

$$M_z = V_x u_y - V_y u_x = \frac{3E}{L^3}(I_y - I_x) u_x u_y \tag{7-16}$$

当构件几何尺寸确定时，扭矩引起的翘曲正应力 σ_ω 与 M_z 成正比，即与 $u_x u_y$ 的乘积成正比，因此 $\alpha=30°$，45°及 60°时扭矩较大，对应的扭转变形也较大。翘曲正应力的存在会使截面提前进入屈服。

进入塑性或发生屈曲后，扭转变形与扭矩的关系难以用显式表达出来。图 7－10 显示，扭转变形随着板件宽厚比的增大而增大，具体表现为相同方向角作用下，扭转变形按 0.2－42－10，0.2－68－15，0.2－98－20 的顺序依次增长，说明截面的局部屈曲将导致扭转变形的快速增长。因为扭矩产生的正应力与绕弱轴弯矩产生的正应力在形式上有相似之处，扭矩的作用对绕弱轴的抗弯承载力有较大影响，从而解释了绕弱轴弯矩的不规则性和复杂性。

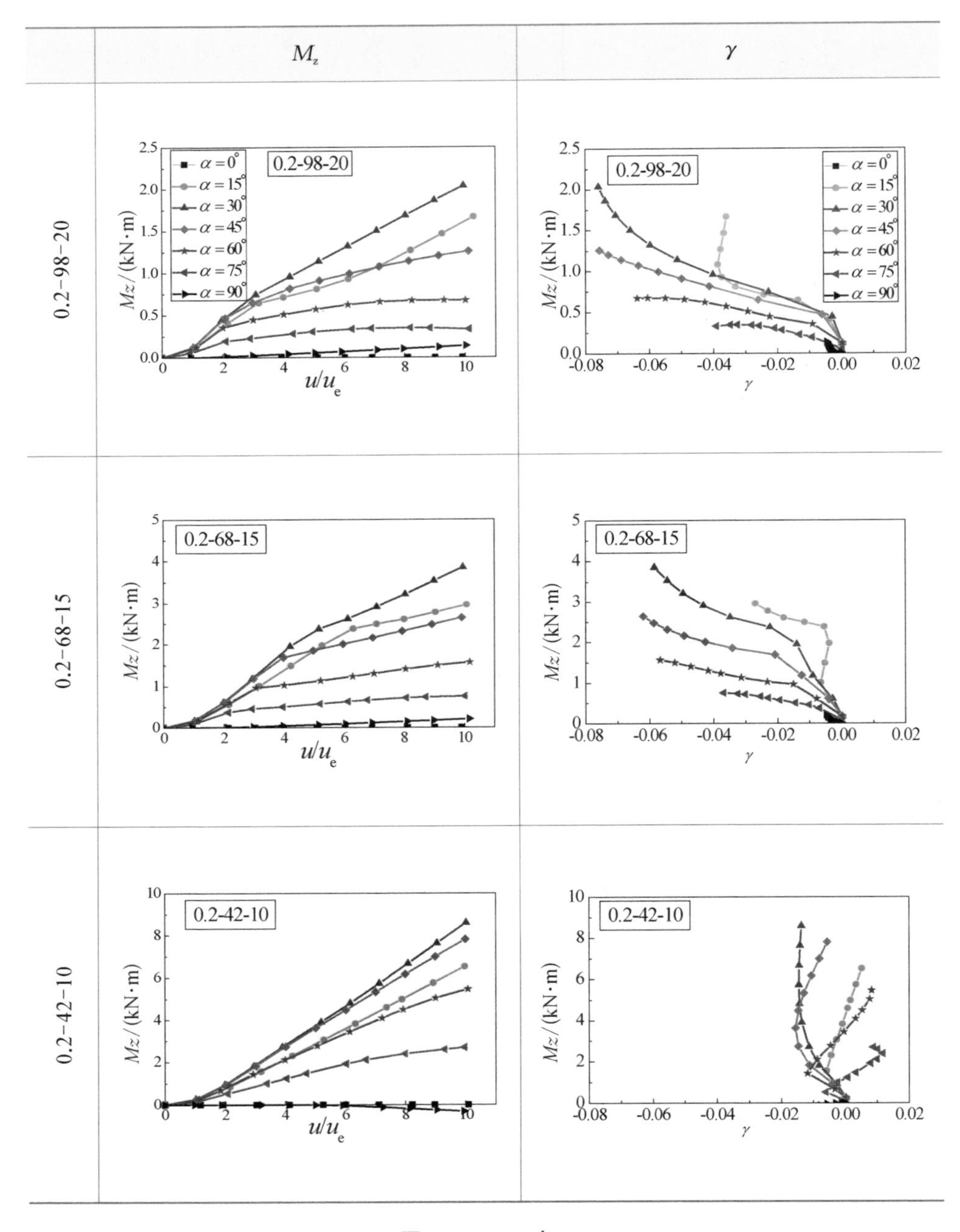

图 7-10　M_z与 γ

7.3　H形构件双向压弯滞回性能

7.3.1　加载路径影响

绪论指出加载路径对构件双向滞回性能有较大影响，本节以构件 0.2－42－10，0.2－68－15 和 0.2－98－20 在方向角 $\alpha=45°$的加载条件为例，分别对每个构件进行了 4 种可能的加载路径下的往复计算，包括直线型，十字型，矩形型和菱形型，如图 7－11 所示，从中选择最不利的加载路径。

有限元加载分为两个加载步，第一步，以力加载的方式施加常轴压力；第二步，以位移加载的方式按照图 7－11 所示的加载方法在柱顶沿两主轴方向分别施加往复水平位移，以弹性理论计算得到的构件屈服位移 u_e或 u_{ex}，u_{ey}为倍数为级差进行加载，即取$\pm1u_e$、$\pm2u_e$、$\pm3u_e$、$\pm4u_e$……作为加载的回载控制点，每级循环一圈，直至 $u/u_e=10$ 停止计算。各构件在不同加载路径下两主轴弯矩 M_x/M_{ecx}和 M_y/M_{ecy} 与相对位移的滞回曲线计算结果分别列于图 7－12 和图 7－13中。

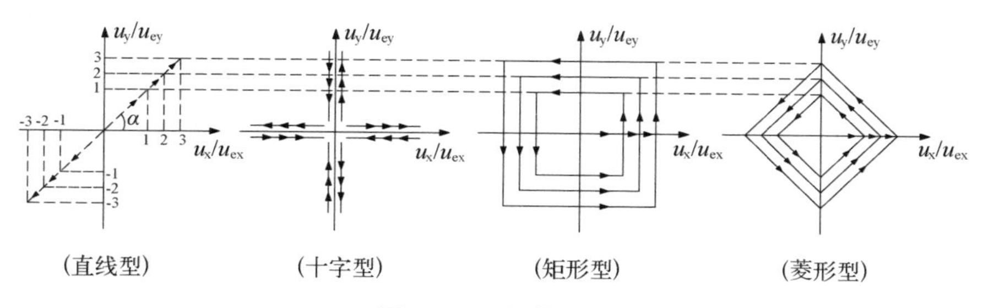

图 7－11　加载路径

图 7－12 显示绕强轴 $M_x/M_{ecx}-u/u_e$滞回曲线受加载路径的影响不大，稍加比较可以看出直线型加载方式最为不利，矩形加载方式最有利。图 7－13 显示绕弱轴 $M_y/M_{ecy}-u/u_e$滞回曲线受加载路径的影响较大，其中直线型加载方式的滞回曲线较为稳定，但耗能能力较弱；十字型加载方式下构件局部失稳后，曲线变得非常不稳定，扭曲很严重；矩形加载方式的滞回曲线最为有利；菱形加载方式呈发散状，也不稳定。故可认为直线型加载路径是所选 4 种加载路径中对 H 形构件双向压弯滞回性能最为不利的加载路径，因此在后续的双向滞回参数分析中可只对直线型的加载路径进行研究。虽然这种加载方式表面上是在一个任

意轴的平面内加载行为，但由于构件两主轴弯矩及扭矩的变化都是空间的，因此直线型加载方式下构件的反应依然是空间的，可真实反映构件的空间非线性性能。

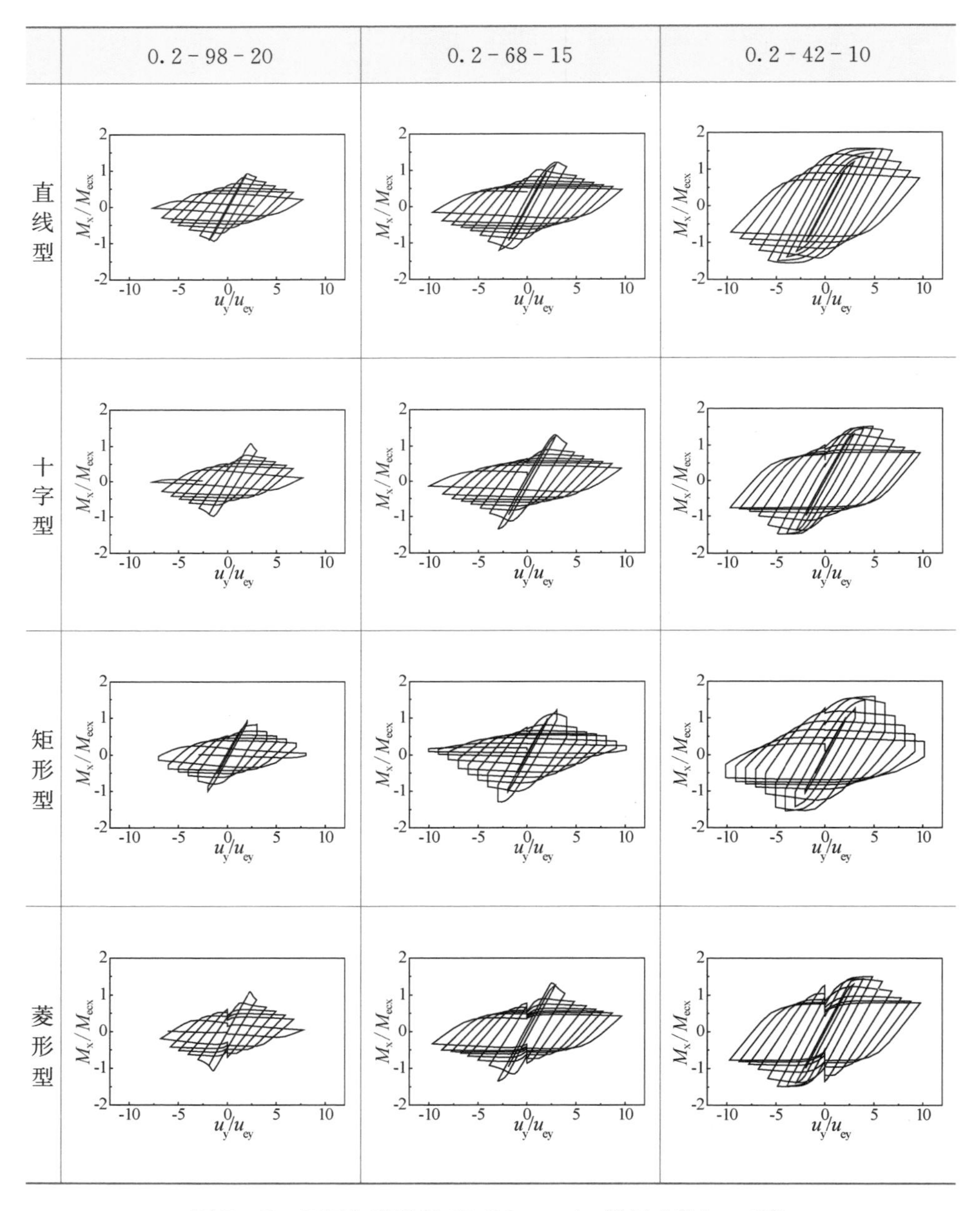

图 7-12　不同加载路径 M_x/M_{ecx}-u_y/u_{ey} 滞回曲线($\alpha=45°$)

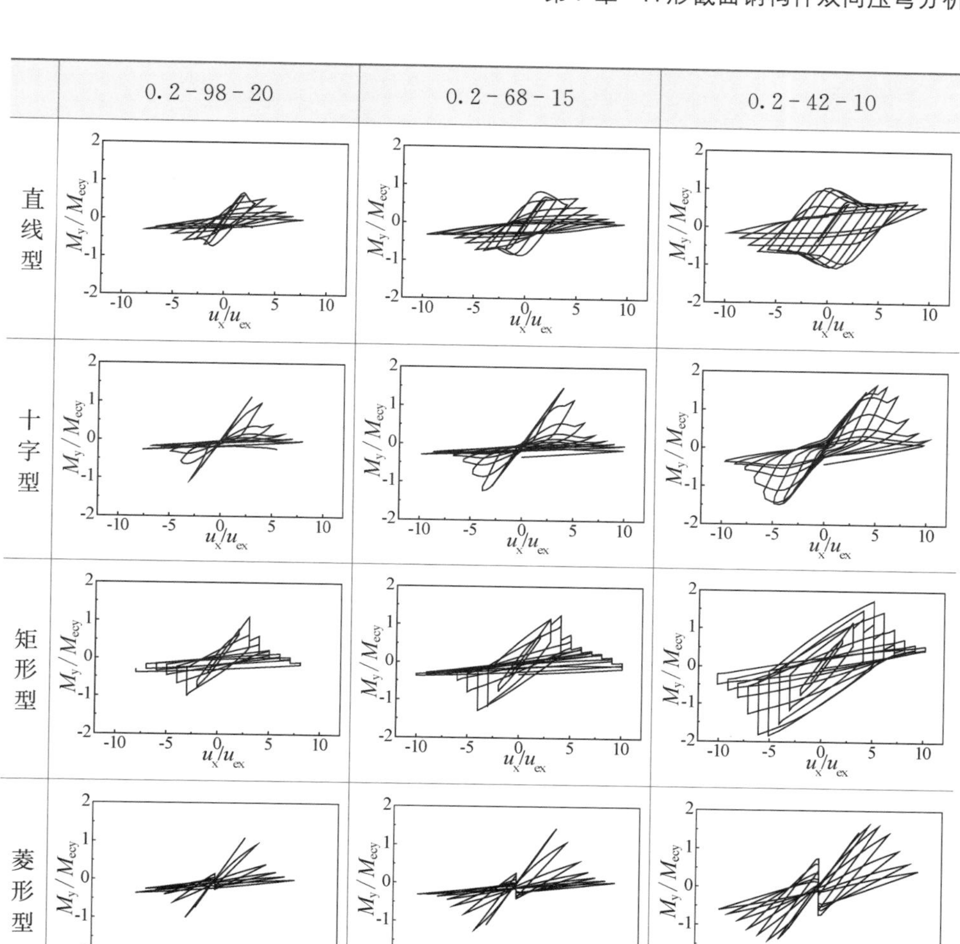

图 7-13 不同加载路径 M_y/M_{ecy}-u_x/u_{ex} 滞回曲线(α=45°)

7.3.2 滞回参数分析结果

本节对构件 0.2-42-10、0.2-68-15 和 0.2-98-20 分别进行了方向角 α=0°、15°、30°、45°、60°、75°和 90°的直线型滞回加载分析，以考察方向角及板件宽厚比对构件双向滞回性能的影响。当加载时，以 u_e 为倍数为级差进行加载，即取 $\pm 1u_e$、$\pm 2u_e$、$\pm 3u_e$、$\pm 4u_e$……作为加载的回载控制点，每级循环一圈，直至 u/u_e=10 或构件完全破坏停止计算。

1. 两主轴弯矩-位移滞回曲线

提取各构件柱底截面 M_x/M_{ecx}-u/u_e 和 M_y/M_{ecy}-u/u_e 滞回曲线分别列于图

7－14 和图 7－15 中。

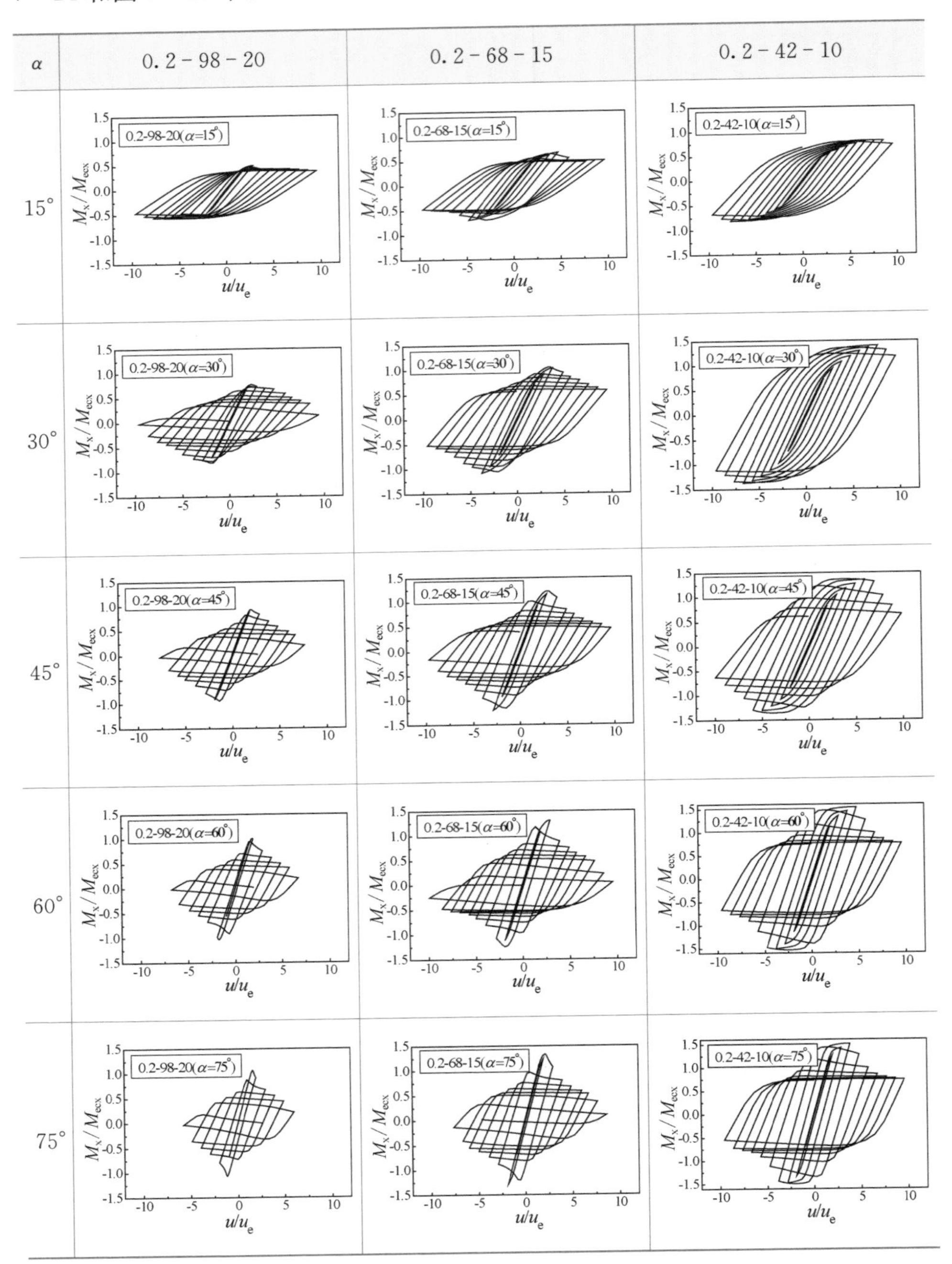

图 7－14　M_x/M_{ecx}－u/u_e 滞回曲线

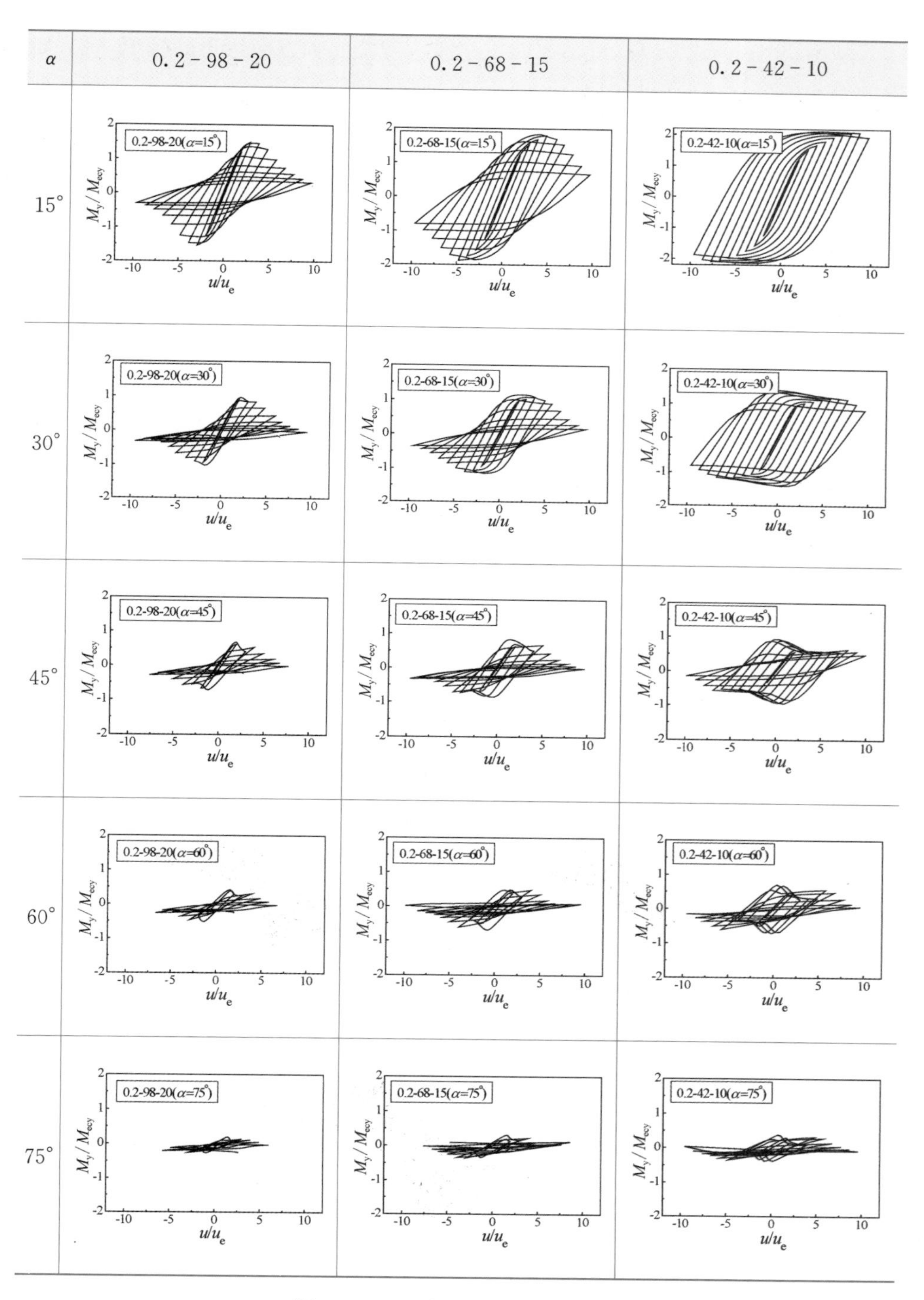

图 7-15　M_y/M_{ecy}-u/u_e滞回曲线

从图7-14可以发现，局部屈曲发生对应着绕强轴方向弯矩的峰值，绕强轴滞回曲线以局部屈曲发生时刻为界，分为屈曲前和屈曲后两阶段。在局部屈曲发生前，刚度随着塑性应变的发展逐渐退化，但承载力保持增长。当板件塑性应变达到一定程度，板件发生屈曲，屈曲后应力发生重分布，屈曲变形从屈曲域向未屈曲域扩展，M_x达到极限承载力，随着屈曲变形和塑性变形的不断发展，承载力和刚度(包括卸载刚度)均发生退化，构件开始以一种较为不利的形式耗能，耗能能力降低，且构件的退化程度与翼缘腹板宽厚比及方向角均有关，具体表现为板件宽厚比越大，方向角越大，退化越严重。部分构件承载力下降到一定程度后保持稳定，这是屈曲后强度在发挥作用。

从图7-15可以发现，绕弱轴方向的滞回性能对局部失稳很敏感，一旦发生局部失稳，弱轴方向在加载和卸载时的刚度都会发生很大的变化。且绕弱轴方向的抗弯承载力对方向角较为敏感，随着方向角的增加而急剧减小，在达到一定角度时，弱轴方向几乎失去抗弯承载力，但强轴方向依然存在较好的延性与耗能能力，这是因为方向角较大时，截面的抗力大部分用来抵抗强轴方向的弯矩。

2. 两主轴弯矩相关关系

提取各构件往复加载双向弯矩的相关曲线，列于图7-16中。可以看到，屈曲前，往复加载的双向弯矩关系呈规整的梭形，这是因为双向压弯时，宽厚比较小的构件绕弱轴的抗弯承载力往往要先于绕强轴的抗弯承载力达到峰值，宽厚

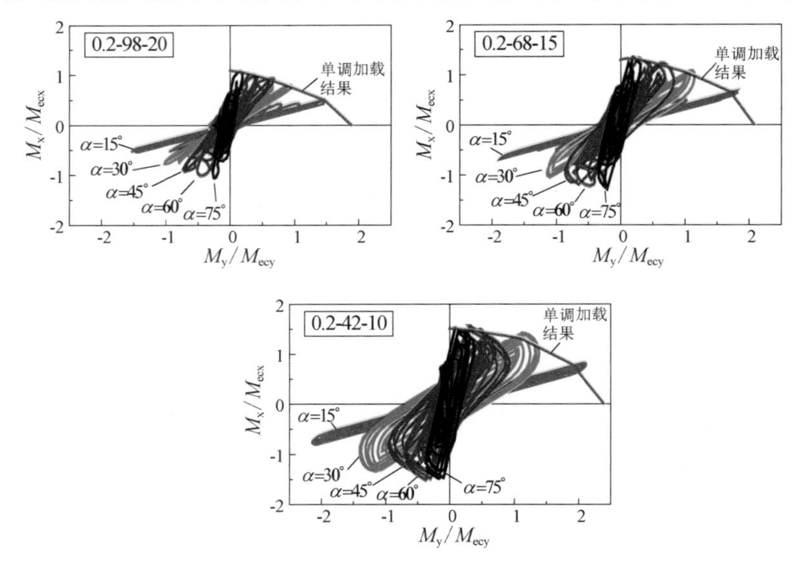

图7-16 各构件两主轴弯矩相关曲线

比较大的构件两主轴抗弯承载力同时达到峰值。屈曲后，双向弯矩相关曲线呈现不规则形状，主要是因为屈曲后绕强轴的抗弯承载力开始逐渐退化，而绕弱轴的抗弯承载力变化较为复杂。

将 7.2.3 节单调分析得到的极限状态相关曲线列于图 7-16 相应滞回加载图中。单调加载得到的包络线与滞回加载的包络线基本吻合。说明计算双向压弯极限抗弯承载力时，可用采用单调加载进行参数分析，以节省计算成本。

7.4 双向压弯极限承载力计算方法

7.4.1 各国规范双向压弯设计方法

中国钢结构设计规范[22]采用的是弹性设计方法，双向压弯的强度设计方法见 GB 50017 式 5.2.1，即

$$\frac{N}{A_n} \pm \frac{M_x}{\gamma_x W_{nx}} \pm \frac{M_y}{\gamma_y W_{ny}} \leqslant f \tag{7-17}$$

可转化成：

$$\frac{M_x}{M_{ecx}} + \frac{M_y}{M_{ecy}} \leqslant 1 \tag{7-18}$$

两主轴相关曲线见图 7-17(a)。

欧洲规范Ⅰ类、Ⅱ类截面采用的是塑性设计，Ⅲ类截面采用的是弹性设计，双向压弯截面承载力的设计方法见 EC3[23]式(6-41)和式(6-42)。两主轴相关曲线见图7-17(b)，M_{pcx}和 M_{pcy}为考虑轴压力作用的分别绕强弱轴单轴弯曲全塑性弯矩。

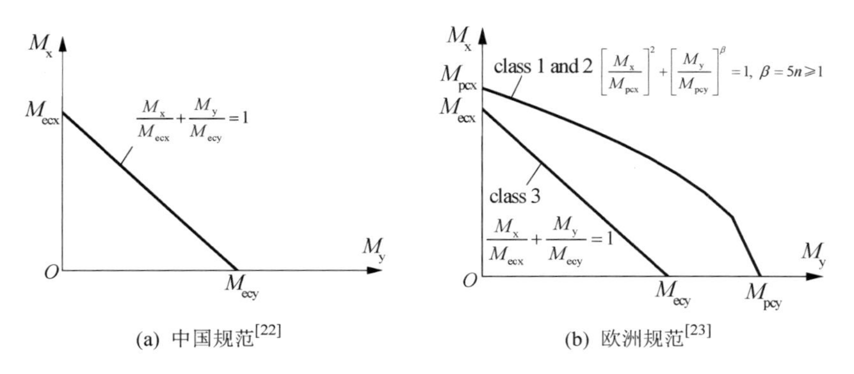

(a) 中国规范[22]　　(b) 欧洲规范[23]

图 7-17 规范两主轴弯矩相关曲线

7.4.2 参数化分析

第 4 章 H 形截面绕单轴弯曲或压弯极限抗弯承载力的研究显示现有规范对 H 形截面分类的处理不够准确，由于现有规范 H 形截面抗弯承载力是基于截面类别确定的，因此不准确的截面分类方法必然导致不准确的承载力，故有必要提出更为准确双向压弯的极限承载力计算方法。

7.3.2 节显示加载方式对极限承载力相关曲线影响较小，本节的研究目的在于获得 H 形截面极限承载力的计算方法，因此本节的参数分析采用单调加载的加载机制，以节省计算成本。固定截面高($h=300+t_f$)、宽($b=200$)和构件长度($L=1\,500$)，变化板件厚度(t_f和 t_w)和轴压力(N)来实现 r_f、r_w和 n 的变化，本节共设置了 3 个 n，6 个 r_f，5 个 r_w；将所选的三个参数(n, r_f, r_w)分别进行组合，只对其中按强轴分类不属于Ⅳ类截面的构件(参见 4.5.1 节分类方法)进行分析。分别对每个构件进行不同方向角加载条件下的单调加载分析，共设置了 8 个 α。r_f、r_w，n 和 α 的设置情况如表 7-2 所示。

表 7-2　参数设置

n	0,0.2,0.4
r_f	9,12,15,20,25,30
r_w	45,60,80,100,120
α	0°,7.5°,15°,30°,45°,60°,75°,90°

首先施加轴压力(轴压比为 0 的模型省略此步)，然后再柱顶沿两主轴方向施加单调水平位移，直至 $u/u_e=10$ 停止计算。提取各构件各方向角下两主轴极限抗弯承载力(本节记为 M_x和 M_y)，则每个构件可得到 8 个极值点(M_x，M_y)，将 M_x用每个构件 $\alpha=90°$的 M_x(记为 M_{ux})无量纲化，M_y用每个构件 $\alpha=0°$的 M_y(记为 M_{uy})无量纲化，即得到用单轴压弯承载力无量纲化的极限承载力相关曲线(M_x/M_{ux}，M_y/M_{uy})。

将各构件的 M_x/M_{ux}和 M_y/M_{uy}按 n、r_f和 r_w的顺序列于图 7-18 中，其中各分图的纵坐标均为 M_x/M_{ux}，横坐标均为 M_y/M_{uy}。从中可以看到板件宽厚比(r_f和 r_w)对相关曲线形状影响较小，轴压比 n 对相关曲线有影响。这是由于 r_f和 r_w对极限承载力的影响主要体现在 M_{ux}和 M_{uy}上，通过采用 M_{ux}和 M_{uy}进行无量纲化，因此相关曲线对 r_f和 r_w不敏感。

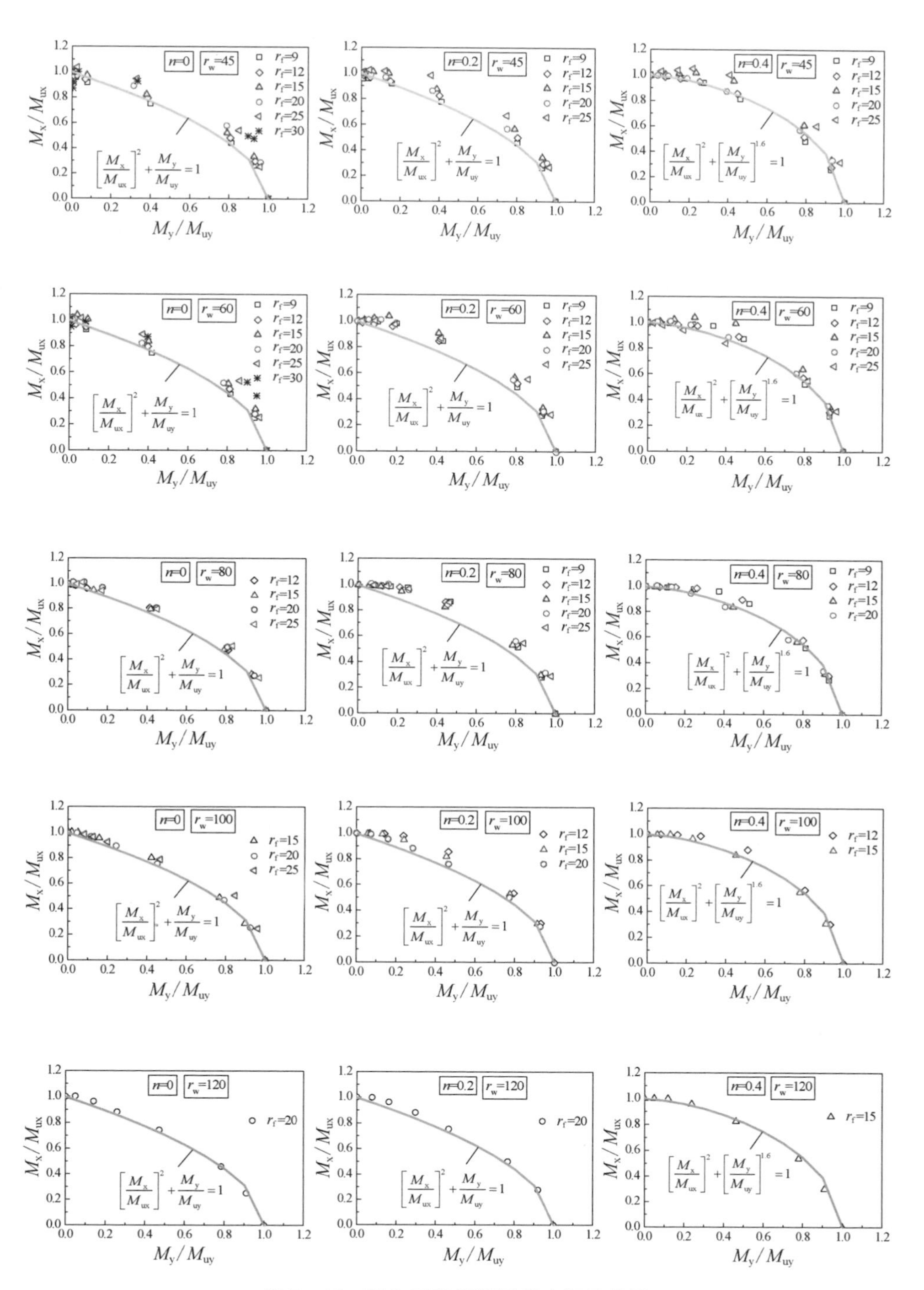

图7-18 双向压弯极限承载力相关曲线

7.4.3 基于单轴压弯极限承载力的双向相关曲线

不难发现有限元计算得到的双向压弯相关曲线形状与欧洲规范Ⅰ、Ⅱ类截面相关曲线形状相似。因此基于欧洲规范的基本形式，提出了基于单轴压弯极限承载力的双向压弯相关曲线表达式，如下：

$$\left[\frac{M_{x}}{M_{ux}}\right]^{2}+\left[\frac{M_{y}}{M_{uy}}\right]^{\beta}=1,\ \beta=4n\geqslant 1 \tag{7-19}$$

将式(7－19)得到的各构件相关曲线同样列于图 7－18 中，比较可以看到式(7－19)很好地代表了各构件的相关曲线形式。在进行设计时，M_{ux} 和 M_{uy} 可根据第 4 章给有效塑性宽度法得到。

由于有效塑性宽度法适用于各类截面，可基于截面几何构型与加载方式(轴压比，加载方向)直接得到，不以截面分类为基础。式(7－19)同样适用于各类截面，也是一种统一的计算方法和设计理念。

7.5 本章小结

本章进行了非塑性铰 H 形截面钢构件双向压弯单调和滞回加载的有限元数值分析，考察了加载方向、加载路径及截面几何构型对构件性能的影响，并提出了适用于各类截面的基于单向压弯极限承载力的双向压弯承载力相关关系的统一表达式。通过本章的分析，可得到以下结论：

(1) 双向构件的最终破坏模式为近柱底部分的局部屈曲破坏，其他部位由于弯矩作用较小在加载过程中处于弹性范围，不同构件局部屈曲发生时对应的累积塑性发展程度不同，说明第 5 章铰区的概念同样适用于双向压弯情况。

(2) M_{x}达到峰值时对应的是局部屈曲的发生，而M_{y}达到峰值对应的可能是局部屈曲的发生也可能是无屈曲塑性发展过程中的一点，因此将 M_{x}达到峰值作为构件的极限状态。

(3) 直线型加载路径是所选 4 种加载路径中对 H 形截面构件双向压弯滞回性能最为不利的加载路径，该加载路径下构件的反应依然是空间的，可真实反映构件的空间非线性性能。

(4) M_{y}对方向角 α 较为敏感，随着 α 的增加而急剧减小，在达到一定角度时，弱轴方向几乎失去抗弯承载力，但强轴方向依然存在较好的延性与耗能能力，这是因为方向角较大时，截面的抗力大部分用来抵抗强轴方向的弯矩。

（5）提出了基于单轴压弯有效塑性宽度法的双向压弯承载力相关曲线。

第8章 结论与展望

8.1 结　论

本书以非塑性铰H形截面钢构件为主要研究对象，采用试验与理论相结合的方法，研究其绕不同截面主轴压弯的各项抗震性能，包括极限承载力、延性、耗能能力等，解决极限承载力计算、恢复力模型及耗能能力评估方法等基本问题，深入揭示非塑性铰截面钢构件耗能机理的基本规律，为非塑性铰截面钢构件抵抗地震作用提供更为合理的设计建议。本书的主要研究结论如下：

(1) 屈曲铰是由局部失稳起控制作用的铰区，其力学性能由弯矩-平均曲率关系描述。无平面外弯扭失稳发生的梁柱构件可由若干段屈曲铰区组成。屈曲铰的承载、变形及耗能能力差异的根源由屈曲特性决定，屈曲特性包括无屈曲塑性与屈曲塑性的发生时序及屈曲塑性的发展程度两方面。试验及有限元研究均表明屈曲特性由截面几何条件(主要为板件宽厚比及其组配形式)与受荷条件(包括弯矩作用方向、轴压比及加载路径)共同决定，因此板件屈曲相关行为直接决定了屈曲铰的各项抗震性能。

(2) H形截面在不同方向的弯矩作用下达到极限状态时，受压翼缘均可分为平均应力几乎为0的边缘鼓曲段和平均应力近似等于屈服应力的近腹板段，可分别看作失效宽度和有效宽度；而腹板的应力分布形式随弯矩作用方向的不同有较大差别。基于极限状态的应力分布特征，本书提出了有效塑性宽度法计算单轴压弯的极限抗弯承载力，其核心在于求取有效截面上考虑轴力作用时的塑性弯矩；并在此基础上，提出了双向压弯时的极限承载力相关曲线。该方法与试验及有限元结果吻合良好，不受截面分类的限制，适用于各种类别的截面。以有效塑性宽度法为基础，为相关规范提供了考虑板件相关作用的Ⅱ类、Ⅲ类截面宽厚比上限值。

(3) 极限后承载能力的退化是非塑性铰截面构件滞回曲线的特征之一。屈曲铰的滞回曲线以极限承载力为分界点分为极限前及极限后。极限前承载力及卸载刚度均无退化；极限后抗弯承载力及加载卸载刚度均发生退化，而退化的程度由屈曲塑性的发生时序及屈曲塑性的发展程度决定。本书提出了包含屈曲前无退化及屈曲后退化影响的全程 H 形截面铰区的单轴压弯的弯矩-曲率恢复力模型，对绕弱轴压弯的情况，还考虑了构件加载后期的刚度提高现象。采用试验及有限元结果对该恢复力模型进行了验证，表明恢复力模型能够很好地体现 H 形截面铰区的各项滞回特征。该恢复力模型是不计长细比影响的截面层次的模型，对不发生平面外弯扭失稳的框架构件均适用。

(4) 定义屈曲耗能系数为屈曲铰转角达到 0.02 rad 时发生屈曲与不发生屈曲所消耗能量的比值，并拟合得到了 H 形截面屈曲铰分别绕强、弱轴压弯的屈曲耗能系数表达式。由于不发生屈曲的正则化(无量纲化)的耗能量是定值，因此屈曲耗能系数可直接表征屈曲特性对构件耗能能力的影响，可推荐作为评价构件耗能能力的设计指标。

(5) 为使包含非塑性铰截面构件的框架的内力重分布变成可能，要求屈曲铰极限后仍具有一定的变形能力且承载力不发生急剧退化，因此本书提出了可用于抗震设计的屈曲铰的承载-延性-耗能能力的要求，并得到了满足该要求的宽厚比及轴压比限值。

(6) 通过对 H 形截面构件双向压弯的初步分析，表明非塑性铰 H 形截面双向压弯构件的最终破坏模式为受弯最大区段的局部屈曲破坏，铰区模型同样适用于双向压弯的空间反应。构件弯曲方向对构件单调及滞回性能均影响较大，直线型加载路径可认为是对 H 形构件双向压弯滞回性能最为不利的加载路径，且该加载路径下构件的反应依然是空间的，可真实反映构件的空间非线性性能。

8.2 展　　望

对于非塑性铰截面钢构件的抗震性能而言，尚有以下问题需进一步研究：

(1) 本书只提出了非塑性铰 H 形截面层次的单轴压弯恢复力模型，尚需建立将含退化的恢复力模型引入到构件和框架体系中计算的方法。

(2) 本书只给出了屈曲铰的承载-延性-耗能特性和屈曲铰的限制条件，对于具体的抗震设计方法还需进一步研究。

(3) 本书对于 H 形截面双向压弯构件的滞回性能研究是初步的,要得到非塑性铰 H 形截面构件的空间抗震性能还需展开详细的试验及理论研究。

(4) 本书只针对 H 形截面,其中与局部屈曲相关的研究方法和研究成果可引入到由局部失稳控制的其他截面形式的非塑性铰截面构件中。

参考文献

[1] 沈祖炎. 我国建筑钢结构产业发展的现状及对策：2012 年建筑钢结构产业论坛论文集[C],上海：[出版者不详],2012.

[2] 沈祖炎. 我国低多层钢结构技术发展现状及展望：2012 年建筑钢结构产业论坛论文集[C],上海：[出版者不详],2012.

[3] Cheng X, Zhao X, Chen Y. Overall investigation of affordable residential housing in China: Electric Technology and Civil Engineering (ICETCE), 2011 International Conference on, 2011[C]. IEEE,2011.

[4] CEN. Eurocode 3: Design of steel structures — Part 1-1: General rules and rules for buildings[S]. Brussels: 2005.

[5] 陈以一,童乐为,岳昌智,等. 高频焊接 H 型钢在多层住宅轻钢结构体系中的应用研究[J]. 住宅科技,2004(4)：5.

[6] 中华人民共和国国家标准. GB 50011-2010 建筑抗震设计规范[S]. 北京：中国建筑工业出版社,2010.

[7] 陈以一,吴香香,程欣. 薄柔构件钢框架的承载性能特点研究[J]. 工程力学,2008(S2)：62-70.

[8] 陈以一,周锋,陈城. 宽肢薄腹 H 形截面钢柱的滞回性能[J]. 世界地震工程,2002,18(4)：23-29.

[9] 陈以一,马越,赵静,等. 薄柔高频焊接 H 钢柱的实验和抗震承载力评价[J]. 同济大学学报(自然科学版),2006,34(11)：6.

[10] 陈以一,吴香香,田海,等. 空间足尺薄柔构件钢框架滞回性能试验研究[J]. 土木工程学报,2006,39(5)：6.

[11] 徐勇,陈以一,程欣,等. 轻型门式刚架抗震性能试验研究[J]. 建筑结构学报,2010,31(10)：76-82.

[12] Gardner L, Theofanous M. Discrete and continuous treatment of local buckling in stainless steel elements[J]. Journal of Constructional Steel Research, 2008,64(11):

1207 - 1216.
[13] Bild S, Kulak G L. Local buckling rules for structural steel members[J]. Journal of Constructional Steel Research, 1991,20(1): 1 - 52.
[14] CEN. Eurocode 8: Design of structures for earthquake resistance — Part 1: General rules, seismic actions and rules for buildings[S]. Brussels: 2004.
[15] Elghazouli A Y. Assessment of European seismic design procedures for steel framed structures[J]. Bulletin of Earthquake Engineering, 2010,8(1): 65 - 89.
[16] ANSI/AISC 360 - 10 Specification for Structural Steel Buildings[S]. Chicago, Illinois: 2010.
[17] Yura J A, Ravindra M K, Galambos T V. The bending resistance of steel beams[J]. Journal of the Structural Division, 1978,104(9): 1355 - 1370.
[18] ANSI/AISC 341 - 10 Seismic provisions for structural steel buildings[S]. Chicago, Illinois: 2010.
[19] AIJ. Recommendation for limit state design of steel structures [S]. Tokyo: Architecture Institute of Japan, 2002.
[20] Kato B. Rotation capacity of H-section members as determined by local buckling[J]. Journal of Constructional Steel Research, 1989,13: 95 - 109.
[21] Kato B. Deformation capacity of steel structures[J]. Journal of Constructional Steel Research, 1990,17: 33 - 94.
[22] 中华人民共和国国家标准. GB 50017 - 2003 钢结构设计规范[S]. 北京：中国计划出版社,2003.
[23] CEN. Eurocode 3: Design of steel structures — Part 1 - 5: Plated structural elements [S]. Brussels: 2006.
[24] 陈绍蕃. 钢结构稳定设计指南[M]. 北京：中国建筑工业出版社,2004.
[25] Kuhlmann U. Definition of flange slenderness limits on the basis of rotation capacity values[J]. Journal of Constructional Steel Research, 1989,14: 21 - 40.
[26] Daali M L, Korol R M. Prediction of local buckling and rotation capacity at maximum moment[J]. Journal of Constructional Steel Research, 1995,32: 1 - 13.
[27] Gioncu V, Petcu D. Available rotation capacity of wide-flange beams and beam-columns 1. Theoretical approaches[J]. Journal of Constructional Steel Research, 1997,43(1 - 3): 161 - 217.
[28] Gioncu V, Petcu D. Rotation capacity of wide-flange beams and beam-columns 2. Experimental and numerical tests[J]. Journal of Constructional Steel Research, 1997, 43(1 - 3): 219 - 244.
[29] Petcu D, Gioncu V. Computer program for available ductility analysis of steel

structures[J]. Computers & Structures, 2003,81(22-23): 2149-2164.

[30] Bradford M A. Inelastic local buckling of fabricated I-beams [J]. Journal of Constructional Steel Research, 1987,7: 317-334.

[31] Beg D, Hladnik L. Slenderness limit of Class 3 I cross-sections made of high strength steel[J]. Journal of Constructional Steel Research, 1996,38(3): 201-217.

[32] Salem A H, Sayed-Ahmed E Y. Ultimate section capacity of steel thin-walled I-section beam-columns[J]. Steel & Composite Structures, 2004,4(5): 367-384.

[33] Hasham A S, Rasmussen K J R. Section capacity of thin-walled I-section beam-columns[J]. Journal of Structural Engineering-ASCE, 1998,124(4): 351-359.

[34] Hasham A S, Rasmussen K J R. Interaction curves for locally buckled I-section beam-columns[J]. Journal of Constructional Steel Research, 2002,58(2): 213-241.

[35] 周江.焊接H型截面钢构件弹塑性相关屈曲试验与有限元分析[D].上海:同济大学,2012.

[36] Lee G C, Lee E T. Local buckling of steel sections under cyclic loading[J]. Journal of Constructional Steel Research, 1994,29(1-3): 55-70.

[37] Goto Y. Analysis of localization of plastic buckling patterns under cyclic loading[J]. Engineering Structures, 1998,20(4-6): 413-424.

[38] Nakashima M, Nakamura T, Wakabayashi M. Post-buckling instability of steel beam-columns[J]. Journal of Structural Engineering-ASCE, 1983,109(6): 1414-1430.

[39] Nakashima M, Takanashi K, Kato H. Test of steel beam-columns subject to sidesway [J]. Journal of Structural Engineering-ASCE, 1990,116(9): 2516-2531.

[40] Nakashima M, Morino S, Koba S. Statistical evaluation of strength of steel beam columns[J]. Journal of Structural Engineering-ASCE, 1991,117(11): 1195-3375.

[41] Nakashima M. Variation of ductility capacity of steel beam-columns[J]. Journal of Structural Engineering-ASCE, 1994,120(7): 1941-1960.

[42] Nakashima M, Kanao I, Liu D. Lateral instability and lateral bracing of steel beams subjected to cyclic loading[J]. Journal of Structural Engineering-ASCE, 2002,128(10): 1308-1316.

[43] Liu D, Nakashima M, Kanao I. Behavior to complete failure of steel beams subjected to cyclic loading[J]. Engineering Structures, 2003,25(5): 525-535.

[44] Okazaki T, Liu D W, Nakashima M, et al. Stability requirements for beams in seismic steel moment frames[J]. Journal of Structural Engineering-ASCE, 2006,132(9): 1334-1342.

[45] Hsu H L, Shyu Y F. Cyclic responses of thin-walled structural steel members subjected to three-dimensional loading[J]. Thin-Walled Structures, 2001,39(7): 571-

582.
[46] Newell J D, Uang C M. Cyclic behavior of steel wide-flange columns subjected to large drift[J]. Journal of Structural Engineering-ASCE, 2008,134(8): 1334 - 1342.
[47] 陈以一,沈祖炎,大井谦一. 反复变动轴力作用下钢柱的数值分析模型[J]. 同济大学学报,1994,22(4): 499 - 504.
[48] 周锋. 宽肢薄腹钢柱滞回性能的试验研究与数值分析[D]. 上海: 同济大学,2002.
[49] 赵静. 薄柔截面H形钢构件抗震性能研究[D]. 上海: 同济大学,2004.
[50] 吴香香. 多层薄柔钢框架的抗震设计[D]. 上海: 同济大学,2006.
[51] 徐勇. 轻型门式刚架端板连接节点及结构抗震性能研究[D]. 上海: 同济大学,2011.
[52] Calderoni B, De Martino A, Formisano A, et al. Cold formed steel beams under monotonic and cyclic loading: Experimental investigation[J]. Journal of Constructional Steel Research, 2009,65(1): 219 - 227.
[53] Bradford M A, Azhari M. Local buckling of i-sections bent about the minor axis[J]. Journal of Constructional Steel Research, 1994,31(1): 73 - 89.
[54] Seif M, Schafer B W. Local buckling of structural steel shapes[J]. Journal of Constructional Steel Research, 2010,66(10): 1232 - 1247.
[55] Kim S E, Chen W F. Further studies of practical advanced analysis for weak-axis bending[J]. Engineering Structures, 1997,19(6): 407 - 416.
[56] Zubydan A H. Inelastic second order analysis of steel frame elements flexed about minor axis[J]. Engineering Structures, 2011,33(4): 1240 - 1250.
[57] Rusch A, Lindner J. Remarks to the direct strength method[J]. Thin-Walled Structures, 2001,39(9): 807 - 820.
[58] Chick C G, Rasmussen K J R. Thin-walled beam-columns. I: Sequential loading and moment gradient tests[J]. Journal of Structural Engineering-ASCE, 1999,125(11): 1257 - 1266.
[59] Chick C G, Rasmussen K J R. Thin-walled beam-columns. II: Proportional loading tests[J]. Journal of Structural Engineering-ASCE, 1999,125(11): 1267 - 1276.
[60] Bambach M R, Rasmussen K J R. Tests of unstiffened plate elements under combined compression and bending[J]. Journal of Structural Engineering-ASCE, 2004,130(10): 1602 - 1610.
[61] Bambach M R, Rasmussen K J R. Effective widths of unstiffened elements with stress gradient[J]. Journal of Structural Engineering-ASCE, 2004,130(10): 1611 - 1619.
[62] Bambach M R, Rasmussen K J R. Design provisions for sections containing unstiffened elements with stress gradient[J]. Journal of Structural Engineering-ASCE, 2004,130(10): 1620 - 1628.

[63] Bambach M R. Local buckling and post-local buckling redistribution of stress in slender plates and sections[J]. Thin-Walled Structures, 2006,44(10): 1118 - 1128.

[64] Bambach M R, Rasmussen K J R, Ungureanu V. Inelastic behaviour and design of slender I-sections in minor axis bending[J]. Journal of Constructional Steel Research, 2007,63(1): 1 - 12.

[65] 李宏男.结构多维抗震理论[M].北京：科学出版社,2006.

[66] Zeris C A, Mahin S A. Behavior of reinforced concrete structures subjected to biaxial excitation[J]. Journal of structural engineering, 1991,117(9): 2657 - 2673.

[67] Bousias S N, Verzeletti G, Fardis M N, et al. Load-path effects in column biaxial bending with axial force[J]. Journal of Engineering Mechanics, 1995, 121(5): 596 - 605.

[68] Qiu F, Li W, Pan P, et al. Experimental tests on reinforced concrete columns under biaxial quasi-static loading[J]. Engineering Structures, 2002,24(4): 419 - 428.

[69] Stefano M D, Faella G. An evaluation of the inelastic response of systems under biaxial seismic excitations[J]. Engineering structures, 1996,18(9): 724 - 731.

[70] Birnstiel C. Experiments on H-columns under biaxial bending[J]. Journal of the Structural Division, 1968,94: 2429 - 2450.

[71] Harstead G A, Birnstiel C, Leu K C. Inelastic H-columns under biaxial bending[J]. Journal of the Structural Division, 1968,94(ST10): 2371 - 2398.

[72] Sharma S S, Gaylord E H. Strength of Steel Columns With Biaxially Eccentric Load [J]. Journal of the Structural Division-ASCE, 1969,95(ST12): 2797 - 2812.

[73] Baptista A M. Resistance of steel I-sections under axial force and biaxial bending[J]. Journal of Constructional Steel Research, 2012,72: 1 - 11.

[74] Bradford M A. Local buckling of semi-compact i-beams under biaxial bending and compression[J]. Journal of Constructional Steel Research, 1991,19: 33 - 48.

[75] Salem A H, El Aghoury M, El Dib F F, et al. Post local buckling strength of bi-axially loaded slender I-section columns[J]. Thin-Walled Structures, 2005, 43(7): 1003 - 1019.

[76] Salem A H, El Aghoury M, El Dib F F, et al. Strength of biaxially loaded slender I-section beam-columns[J]. Canadian Journal of Civil Engineering, 2007, 34(2): 219 - 227.

[77] El Aghoury I M, El Aghoury M, Salem A H. Behaviour of bi-axially loaded thin-walled tapered beam-columns with doubly symmetric sections[J]. Thin-Walled Structures, 2009,47(12): 1535 - 1543.

[78] Chao S, Loh C. A biaxial hysteretic model for a structural system incorporating

strength deterioration and pinching phenomena[J]. International Journal of Non-Linear Mechanics, 2009,44(7): 745-756.

[79] Watanabe E, Sugiura K, Oyawa W. Effects of multi-directional displacement paths on the cyclic behaviour of rectangular hollow steel columns[J]. Journal of Structural Earthquake Engineering-JSCE, 2000,17(1): 79-95.

[80] Guerrero N, Marante M E, Picon R, et al. Model of local buckling in steel hollow structural elements subjected to biaxial bending[J]. Journal of Constructional Steel Research, 2007,63(6): 779-790.

[81] Goto Y, Jiang K S, Obata M. Stability and ductility of thin-walled circular steel columns under cyclic bidirectional loading[J]. Journal of Structural Engineering-ASCE, 2006,132(10): 1621-1631.

[82] Obata M, Goto Y. Development of multidirectional structural testing system applicable to pseudodynamic test[J]. Journal of Structural Engineering-ASCE, 2007,133(5): 638-645.

[83] Goto Y, Muraki M, Obata M. Ultimate state of thin-walled circular steel columns under bidirectional seismic accelerations[J]. Journal of Structural Engineering-ASCE, 2009,135(12): 1481-1490.

[84] 聂桂波,支旭东,范峰. 圆钢管空间滞回性能试验[J]. 哈尔滨工业大学学报,2010(2): 169-174.

[85] 范峰,聂桂波,支旭东,等. 圆钢管空间滞回试验及材料本构模型[J]. 土木工程学报,2011,44(12): 18-24.

[86] Li G, Shen Z, Huang J. Spatial hysteretic model and elasto-plastic stiffness of steel columns[J]. Journal of Constructional Steel Research, 1999,50(3): 283-303.

[87] Hsu H L, Jan F J, Juang J L. Performance of composite members subjected to axial load and bi-axial bending[J]. Journal of Constructional Steel Research, 2009,65(4): 869-878.

[88] 胡聿贤. 地震工程学[M]. 北京: 地震出版社,2006.

[89] 范立础,卓卫东. 桥梁延性抗震设计[M]. 北京: 人民交通出版社,2001.

[90] Gioncu V, Mazzolani F M. Ductility of seismic resistant steel structures[M]. CRC Press, 2002.

[91] Housner G W. Limit design of structures to resist earthquakes[C]//Proc. of 1st WCEE, 1956.

[92] Newmark N M, Hall W J. Earthquake spectra and design[J]. Earth System Dynamics, 1982,1.

[93] Housner G W. Behavior of structures during earthquakes[J]. Journal of the

Engineering Mechanics Dicision, 1959, 85(4): 109 - 130.

[94] 秋山宏. 基于能量平衡的建筑结构抗震设计[M]. 北京：清华大学出版社，2010.

[95] 陈炯，路志浩. 论地震作用和钢框架板件宽厚比限值的对应关系(上)——我国规范与国际主流规范的地震作用比较[J]. 钢结构，2008(5): 38 - 44.

[96] 陈炯，路志浩. 论地震作用和钢框架板件宽厚比限值的对应关系(下)——截面等级及宽厚比限值的界定[J]. 钢结构，2008(6): 51 - 58.

[97] 沈祖炎，孙飞飞. 关于钢结构抗震设计方法的讨论与建议[J]. 建筑结构，2009(11): 115 - 122.

[98] 童根树. 钢结构的平面外稳定[M]. 北京：中国建筑工业出版社，2007.

[99] 陈惠发，萨里普 A F，余天庆，等. 弹性与塑性力学[M]. 北京：中国建筑工业出版社，2004.

[100] Dafalias Y F, Popov E P. Plastic internal variables formalism of cyclic plasticity[J]. ASME, Transactions, Series E-Journal of Applied Mechanics, 1976,43: 645 - 651.

[101] Popov E P, Petersson H. Cyclic metal plasticity: experiments and theory[J]. Journal of the Engineering Mechanics Division, 1978,104(6): 1371 - 1388.

[102] Chang K C, Lee G C. Constitutive relations of structure steel under nonproportional loading[J]. Journal of engineering mechanics, 1986,112(8): 806 - 820.

[103] Minagawa M, Nishiwaki T, Masuda N. Modelling cyclic plasticity of structural steels [J]. Proc. of JSCE, Structural Engineering/Earthquake Engineering, 1987,4(2): 361s - 370s.

[104] 孙伟. 钢结构常用钢材滞回性能试验研究[D]. 上海：同济大学，2010.

[105] 吴旗. 结构钢材大应变滞回性能试验研究[D]. 上海：同济大学，2012.

[106] Pi Y L, Trahair N S. Nonlinear Inelastic Analysis of Steel Beam-Columns 1. Theory [J]. Journal of Structural Engineering-ASCE, 1994,120(7): 2041 - 2061.

[107] Izzuddin B A, Smith D L. Large-displacement analysis of elastoplastic thin-walled frames. I: Formulation and implementation[J]. Journal of Structural Engineering, 1996,122(8): 905 - 914.

[108] Jiang X, Chen H, Liew J Y. Spread-of-plasticity analysis of three-dimensional steel frames[J]. Journal of Constructional Steel Research, 2002,58(2): 193 - 212.

[109] 陈绍蕃，郝际平. 循环荷载作用下钢结构滞回性能的数值模型[J]. 西安建筑科技大学学报，1996(2): 119 - 123.

[110] 董宝，沈祖炎，孙飞飞. 考虑损伤累积影响的钢柱空间滞回过程的仿真[J]. 同济大学学报，1999,27(1): 11 - 15.

[111] Jiang L Z, Goto Y, Obata M. Hysteretic modeling of thin-walled circular steel columns under biaxial bending[J]. Journal of Structural Engineering-ASCE, 2002,

128(3): 319 - 327.

[112] 刘永明,陈以一,陈扬骥. 考虑钢框架节点局部断裂的滞回模型[J]. 同济大学学报(自然科学版),2003,5: 4.

[113] Wang M, Shi Y, Wang Y. Equivalent constitutive model of steel with cumulative degradation and damage[J]. Journal of Constructional Steel Research, 2012,79: 101 - 114.

[114] Ngo-Huu C, Kim S E, Oh J R. Nonlinear analysis of space steel frames using fiber plastic hinge concept[J]. Engineering Structures, 2007,29(4): 649 - 657.

[115] 朱慈勉. 计算结构力学[M]. 上海: 科学技术出版社,1992.

[116] Kim S E, Lee J, Park J S. 3 - D second-order plastic-hinge analysis accounting for local buckling[J]. Engineering Structures, 2003,25(1): 81 - 90.

[117] Kim S E, Lee J H. Improved refined plastic-hinge analysis accounting for local buckling[J]. Engineering Structures, 2001,23(8): 1031 - 1042.

[118] Ngo-Huu C, Nguyen P C, Kim S E. Second-order plastic-hinge analysis of space semi-rigid steel frames[J]. Thin-Walled Structures, 2012,60: 98 - 104.

[119] Cuong N H, Kim S E. Practical advanced analysis of space steel frames using fiber hinge method[J]. Thin-Walled Structures, 2009,47(4): 421 - 430.

[120] Gioncu V. Framed structures. ductility and seismic response — General report[J]. Journal of Constructional Steel Research, 2000,55(1 - 3): 125 - 154.

[121] Nethercot D A. The importance of combining experimental and numerical study in advancing structural engineering understanding[J]. Journal of Constructional Steel Research, 2002,58(10): 1283 - 1296.

[122] Chen W F, Atsuta T. Theory of beam-columns: In plane behavior and design: Vol. 1 [M]. New York: McGraw-Hill, 1976.

[123] 童根树. 钢结构平面内稳定[M]. 北京: 中国建筑工业出版社,2005.

[124] 中华人民共和国行业标准. JGJ 101 - 96 建筑抗震试验方法规程[S]. 北京: 中国建筑工业出版社,1996.

[125] 中华人民共和国国家标准. GB 50018 - 2002 冷弯薄壁型钢结构技术规范[S]. 北京: 中国计划出版社,2002.

[126] 吴香香,陈以一,童乐为,等. 低多层薄柔钢框架的抗震设计[C]//第三届全国防震减灾工程学术研讨会论文集,2007.

[127] 沈祖炎,陈扬骥,陈以一. 钢结构基本原理[M]. 北京: 中国建筑工业出版社,2000.

[128] 陈骥. 钢结构稳定理论与设计[M]. 北京: 科学出版社,2001.

后　记

光阴似箭，在同济大学6年多的硕士和博士学习即将结束。同济的研究生生活让我学会沉静，摈弃浮躁和焦虑，顺利完成学业！值此本书完成之际，谨向所有给予我关心和帮助的老师、同学和朋友致以衷心的感谢。感谢你们的不吝赐教，感谢你们的指点迷津，感谢你们的陪伴和支持！

首先衷心感谢导师陈以一教授在课题研究过程中对我的指导、支持和帮助。他渊博的学术知识、敏锐的洞察力、严谨的治学态度、不断创新的科学精神都给我极大的影响，为我打开一道科研的大门。从最初课题的选定、试验设计、理论分析到最后论文的成稿，每一步都渗透着陈老师的教导。我从中学到的不仅是学科的知识，还有从事科研工作的能力，及作为一名科研工作者应具备的素质。这一切我将铭记于心，并将成为我终身努力学习的榜样和奋斗目标。

感谢教研室的童乐为老师、赵宪忠老师、王伟老师和周锋老师。四位老师在我的研究学习中给予许多指导和帮助。尤其是赵老师悉心指导我 affordable house 的课题，为我博士课题提供了坚实的基础。

感谢钢与轻型结构研究室的兄弟姐妹们，共同度过的岁月让我们见证了彼此的付出收获和成长，也让我更为珍惜这份难得的情谊。特别感谢潘伶俐和吴旗在我做试验时的全程陪伴和无私帮助。感谢王海生、李万祺、孟宪德、徐勇、赵必大、张梁在试验前期给予的指导，感谢廖芳芳、秦浩、王斌、李玲、王拓、邵铁峰、李志强、柯珂、严鹏、传光红、牛立等对本书写作过程中给予的帮助和指点。

感谢英国伦敦帝国理工学院的 David A Nethercot 教授在我联合培养期间对我学术和生活上的关照。Nethercot 教授学识渊博，平易近人，给了我非常大的鼓励和帮助。感谢帝国理工的方成博士对我英文写作的指导。感谢当时一起奋战在帝国理工的邢佶慧、孟涛、曲秀姝、吴志根等给我的帮助与支持。

感谢我的爸爸、妈妈、哥哥、嫂嫂，你们是我前进的最大动力也是我内心平静的港湾，没有你们，我不可能完成此书。感谢我的爱人安毅，十年来始终支持我，鼓励我，陪我一起往前走。

最后，衷心感谢所有曾经给予我支持与帮助，而在这里无法一一尽述的师长、同学、亲友。

程　欣